Die Zukunft des betrieblichen Lernens

Jutta Rump/Silke Eilers

Die Zukunft des betrieblichen Lernens

Trends – Kompetenzen – Instrumente

1. Auflage

Schäffer-Poeschel Verlag Stuttgart

Bibliografische Information der Deutschen Nationalbibliothek

Die Deutsche Nationalbibliothek verzeichnet diese Publikation in der Deutschen Nationalbibliografie; detaillierte bibliografische Daten sind im Internet über http://dnb.dnb.de/ abrufbar.

Print:	ISBN 978-3-7910-4969-4	Bestell-Nr. 10564-0001
ePub:	ISBN 978-3-7910-4970-0	Bestell-Nr. 10564-0100
ePDF:	ISBN 978-3-7910-4971-7	Bestell-Nr. 10564-0150

Jutta Rump/Silke Eilers
Die Zukunft des betrieblichen Lernens
1. Auflage, Juli 2021

www.schaeffer-poeschel.de
service@schaeffer-poeschel.de

Bildnachweis (Cover): © Boris SV, gettyimages

Produktmanagement: Dr. Frank Baumgärtner
Lektorat: Dr. Angelika Schulz, Zülpich

Schäffer-Poeschel Verlag Stuttgart
Ein Unternehmen der Haufe Group

Vorwort

Die Arbeitswelt befindet sich im Wandel – eine seit Jahren häufig zu lesende Aussage, die nicht selten Arbeitgeber wie Arbeitnehmer*innen ratlos zurücklässt. Auch wenn bestimmte Auswirkungen dieses Wandels bereits heute spürbar sind – zu denken ist an veränderte Beschäftigungsmodelle und Arbeitsverhältnisse –, erscheinen andere doch noch vergleichsweise abstrakt, wie beispielsweise die Implikationen der digitalen Transformation. Insbesondere wenn es darum geht, sich adäquat auf diesen bevorstehenden beziehungsweise in Teilen bereits vollzogenen Wandel vorzubereiten, fehlt es auf beiden Seiten nicht selten an einer klaren Strategie. Dies bezieht sich nicht zuletzt darauf, wie das Lernen für die Zukunft und in der Zukunft, also »Future Learning«, aussehen kann und soll. Das vorliegende Buch zeigt einen Orientierungsrahmen auf. Hierfür gilt es zunächst, die Thematik des Lernens in den Kontext der zentralen Trends und Entwicklungen in unserer Arbeitswelt zu stellen. Dies schließt auch einen kurzen Blick zurück mit ein. Wie hat sich unsere Lernkultur entwickelt? Welche Erfahrungen haben unser Verständnis von Lernen, Lehren und Bildung geprägt? Es folgen die Betrachtung der Art und Weise, in der wir heute lernen, und der Blick in die Zukunft, die an einigen Stellen in Institutionen und Unternehmen bereits begonnen hat.

Um Empfehlungen für »Future Learning« geben zu können, ist auch die Frage zu stellen, worauf Lernen uns vorbereiten soll – in vielerlei Hinsicht. Welche Kompetenzen sind erfolgskritisch in der Arbeitswelt von morgen, welche Berufsbilder und Tätigkeitsprofile haben Bestand, welche werden neu hinzukommen oder auch wegfallen? Es wäre vermessen zu glauben, eindeutige Antworten auf all diese Fragen geben zu können. Dies hat die von der Corona-Pandemie ausgelöste Krise sehr deutlich vor Augen geführt – innerhalb weniger Monate ereigneten sich disruptive Veränderungen, wie sie sich so wohl kaum jemand hätte vorstellen können. Vieles, was selbstverständlich schien, wurde plötzlich in Frage gestellt. Und doch lassen sich Tendenzen ableiten, die uns dabei helfen können, Lernen so zu gestalten und Lernende so zu befähigen, dass eine möglichst hohe Passgenauigkeit zwischen den Erfordernissen der Arbeitswelt und den Kompetenzen jedes und jeder Einzelnen erreicht wird – heute und in Zukunft. Dabei sind Arbeitgeber ebenso in der Pflicht wie wir als Individuen – in einem Wechselspiel aus Eigen- und Fremdverantwortung. Empfehlungen sind dabei gleichermaßen für das betriebliche Lernen und Lehren auszusprechen, auf das dieses Buch sein hauptsächliches Augenmerk legt, als auch für die Bildungspolitik, die letztlich gerade im Bereich von Schule und Ausbildung das Fundament für unser Lernen bildet. Nicht zuletzt kommen Expert*innen aus Wissenschaft und Praxis zu Wort, die ihre Erfahrungen und Einschätzungen zu bestimmten Aspekten des Lernens und Lehrens mit uns teilen.

Wir wünschen Ihnen eine anregende Lektüre!
Jutta Rump und Silke Eilers

Inhaltsverzeichnis

Teil I
Einordnung von »Future Learning« in zentrale Entwicklungen und deren Implikationen

Um sich der Frage zu nähern, wie »Future Learning«, also Lehr- und Lernkonzepte, und ein adäquates Lernverhalten für die Zukunft aussehen sollten, wird zunächst ein kurzer Blick darauf geworfen, wie sich das Verständnis von Lernen und Bildung über die vergangenen Jahrzehnte verändert hat und welche Treiber damals und heute die Weichen für »Future Learning« stell(t) en. Hier stehen

Bildungspolitik (s. Abschn. 1.1),
- Demografie (s. Abschn. 1.2),
- Gesellschaft (s. Abschn. 1.3),
- Ökonomie (s. Abschn. 1.4) und
- Technologie (s. Abschn. 1.5)

gleichermaßen im Fokus.

Darauf aufbauend ergeben sich insbesondere die folgenden Effekte:
- quantitative Beschäftigungseffekte (s. Abschn. 2.1),
- qualitative Beschäftigungseffekte(s. Abschn. 2.2), sowie
- Bildungseffekte (s. Abschn. 2.3).

Abbildung 1 gibt einen Überblick.

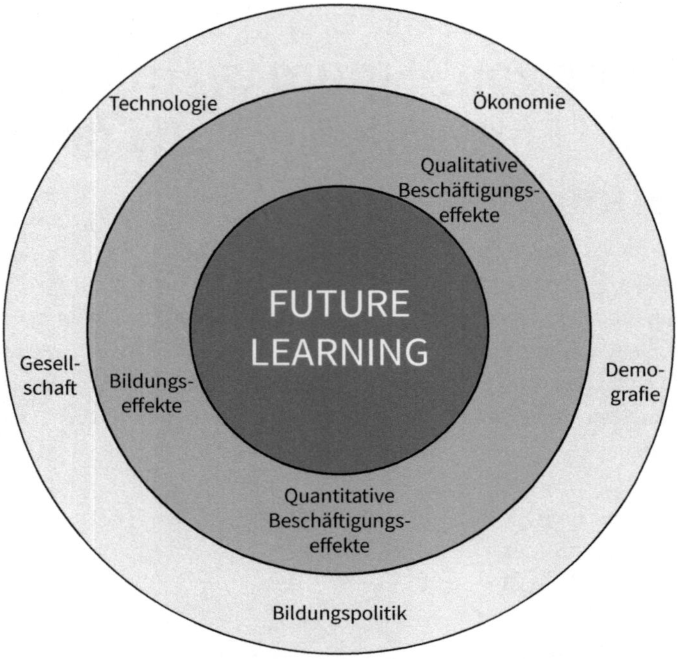

Abb. 1: Future Learning im Kontext zentraler Treiber und Effekte (eigene Darstellung)

1 Zentrale Treiber in Bezug auf Bildung und Lernen

Für viele Beschäftigte und ihre Arbeitgeber stellt es heute eine Selbstverständlichkeit dar, sich für ein langes Erwerbsleben mit der entsprechenden Qualifizierung zu rüsten, die eigenen Kompetenzen beständig zu hinterfragen und sich wandelnden Bedingungen anzupassen. Individualisierte Konzepte zielen auf ein gleichberechtigtes Fordern und Fördern ab, und jedem bzw. jeder Einzelnen stehen unterschiedliche Optionen offen, sich in der persönlichen Lebens- und Berufssituation optimal entwickeln zu können. Doch das war nicht immer so: Zahlreiche, teils widersprüchliche Paradigmen haben Bildung, Lernen und Lehren in den vergangenen Jahrzehnten in Deutschland geprägt. Einige haben seither Bestand, andere kamen neu hinzu, wieder andere verschwanden im Zeitverlauf wieder. Viele Aspekte der heutigen Bildungs- und Karrierepfade sind aktuellen und vorangegangenen Trends geschuldet, gewissermaßen als eine unmittelbare Reaktion auf Impulse von außen. Zu denken ist hier beispielsweise an die Digitalisierung als eine der jüngsten und tiefgreifendsten Entwicklungen. Andere Aspekte jedoch sind das Ergebnis jahrzehntelanger, insbesondere gesellschaftlicher Umbrüche wie zum Beispiel die zunehmenden Bestrebungen nach Diversity und Individualisierung. Um verstehen und einordnen zu können, worauf unser heutiges Bildungsverständnis basiert und wie Lernen heute und in Zukunft beschaffen sein muss, um den Herausforderungen an Individuen und Unternehmen gerecht zu werden, ist der Blick auf (bildungs-)politische, demografische, gesellschaftliche, ökonomische und technologische Trends unerlässlich. Dabei wird eines ganz besonders deutlich: Niemals zuvor war Bildung und Kompetenzentwicklung ein so entscheidender Wettbewerbsfaktor und Lernen ein so facettenreicher Begriff wie heute (Rump u. Eilers 2019).

1.1 Bildungspolitik

In Bezug auf die zentralen Weichenstellungen in der Bildungspolitik, die Einfluss auf Bildung und Lernen nahmen und nehmen, stehen vor allem die Umgestaltung des Bildungswesens sowie die Entwicklung der öffentlichen Weiterbildungsförderung im Fokus.

1.1.1 Umgestaltung des Bildungswesens

In diesem Kontext ist insbesondere die Bildungsreform 1970 hervorzuheben. Deren zentralen Ziele waren (Liebenwein 2019):

- das Recht auf Bildung für alle entsprechend ihrer Begabungen zur Herstellung von Chancengleichheit (insbesondere umgesetzt durch die Stärkung des Unterrichtsprinzips der Differenzierung und Individualisierung),
- die Schaffung eines demokratischen, leistungs- und reformfähigen Bildungssystems,

- eine bessere Abstimmung zwischen Bildungs- und Beschäftigungssystem,
- die Umsetzung der Erziehungszieledemokratische Mitwirkung, Partizipation, Emanzipation, kritische Reflexionsfähigkeit, Mündigkeit, Selbstbestimmung, Kreativität und individuelle Initiative (insbesondere umgesetzt durch eine Umstrukturierung der Unterrichtsorganisation hin zu mehr offenen, sozialen Lernformen sowie problemlösendem und entdeckendem Lernen) sowie
- die Förderung der Bereitschaft zu lebenslangem Lernen durch Weckung der Lernfreude.

In der Konsequenz verdoppelten sich zwischen 1960 und 1975 die Zahlen der Lernenden an Gymnasien, ebenso erhöhte sich die Erfolgsquote an Gymnasien. Auch die Zahl der Studierenden verdreifachte sich (ebd.). Gleichzeitig stieg die Arbeitslosenquote von Menschen ohne Schulabschluss sprunghaft an.

Langfristig ist eher eine ernüchternde Bilanz zu ziehen. Die mit der Bildungsreform angestrebte Chancengleichheit wurde nicht flächendeckend erreicht, die Passung zwischen Schul- und Beschäftigungssystem ist nach wie vor nicht optimal, und auch das ursprüngliche Ziel, dass die Gesamtschule als Einheitsschule das dreigliedrige Schulsystem komplett ablösen sollte, wurde in keinem einzigen Bundesland erreicht. Vielmehr wird ein Verfall des Bildungsanspruchs, vor allem an Gymnasien, durch die Erosion der Schulform »Hauptschule« beklagt (ebd.).

In engem Zusammenhang hierzu steht auch das Streben nach einer größeren Durchlässigkeit[1] im Bildungssystem, das bereits in den 1960er Jahren artikuliert wurde. In den 1970er Jahren entstand die Forderung nach einer »sozialen Öffnung der Hochschulen« für mehr soziale Gerechtigkeit in der Verteilung der Studienchancen. Ausgang der 1980er wurde die Forderung nach einer institutionellen Umsetzung des Postulats der Gleichwertigkeit von allgemeiner und beruflicher Bildung lauter, doch erst Anfang der 1990er Jahre entstand das letztendliche Konzept der Gleichwertigkeit zwischen den beiden Bildungswegen. Der entscheidende Impuls kam schließlich von der damaligen Europäischen Gemeinschaft mit dem im Jahr 2000 veröffentlichen »Memorandum über Lebenslanges Lernen«, in dem insbesondere ein verbesserter Zugang zu Bildung und Bildungsabschlüssen für alle Bevölkerungsgruppen gefordert wurde, sowie der Empfehlung zur Einrichtung des Europäischen Qualifikationsrahmens für lebenslanges Lernen durch das Europäische Parlament und den Rat der Europäischen Union im Jahr 2008. 2009 beschloss die Kultusministerkonferenz eine weitgehende Neuregelung des Hochschulzugangs für berufliche qualifizierte Bewerber*innen ohne schulische Hochschulzugangsberechtigung. 2013 schließlich einigten sich Bund und Länder in Deutschland auf die Einführung des »Deutschen Qualifikationsrahmens für lebenslanges Lernen – DQR«, in dem die Qualifikationen des deutschen Bildungssystems in acht unterschiedliche Niveaus

1 Durchlässigkeit beschreibt die Möglichkeit des individuellen Wechsels innerhalb und zwischen den Bildungsbereichen unter Berücksichtigung bereits erworbener Kompetenzen sowie der Annäherung der Bildungsbereiche durch Vergleichbarkeit und Validierung von Lernleistungen (BiBB o.A.).

eingeordnet wurden (BiBB o.A.; Vogel 2017; Wolter 2013). Gerade in jüngster Zeit rückt die Durchlässigkeit wieder stärker in den Fokus – insbesondere vor dem Hintergrund des demografischen Wandels und der Fachkräftebedarfe, aber auch der gesellschaftlichen Forderung nach einer stärkeren Individualisierung und der im Zuge der Digitalisierung stark im Wandel befindlichen Qualifikationsanforderungen. Wenngleich die zunehmende Akademisierung nicht nur gesellschaftlich erwünscht ist, sondern auch politisch gefördert wurde, gehen nun die Bemühungen angesichts eines drastischen Rückgangs der Auszubildendenquote dahin, einen »Konkurrenzkampf« zwischen beruflicher und akademischer Bildung zu verhindern, indem durch eine Annäherung der Bereiche die Vorteile beider Ausbildungswege genutzt werden können (Vogel 2017).

Hauptziele einer erhöhten Durchlässigkeit sind

- die Gestaltung wechselseitiger Übergänge zwischen Berufsbildung und Hochschule (reziproke Durchlässigkeit),
- die Entwicklung innovativer, bereichsübergreifender Bildungsgänge mit Gültigkeit in Berufsbildung und Hochschule (konvergente Durchlässigkeit),
- die Kombination beruflicher und hochschulischer Bildungs- und Lernformen (hybride Durchlässigkeit) sowie
- die Verbesserung der Chancengerechtigkeit im Bildungssystem und Anerkennung von erworbenen Kompetenzen (BiBB o.A.; Vogel 2017).

Es ist allerdings zu konstatieren, dass die Effekte der Durchlässigkeitsbestrebungen bislang eher moderat ausgefallen sind. In der Konsequenz besteht nach wie vor erhöhter Handlungsbedarf in Bezug auf das Schnittstellen- und Übergangsmanagement, die Anerkennung und Anrechnung von Abschlüssen (unter anderem Fragen des Hochschulzugangs und der Hochschulzulassung) sowie die Information und Beratung. Zudem sollten noch mehr flexible Formate für ein Studium, zum Beispiel berufsbegleitend, online oder über ein Fernstudium, angeboten werden, die es bereits Berufstätigen erleichtern, diesen Weg einzuschlagen (BiBB o.A.; Wolter et al. 2014).

1.1.2 Öffentliche Weiterbildungsförderung

Noch bis zu Beginn der 1970er Jahre fokussierten die beitragsfinanzierten Leistungen der beruflichen Weiterbildung insbesondere auf den beruflichen Aufstieg. Die dann aber rasch ansteigende Arbeitslosigkeit und damit verbundene Notwendigkeit, steigenden Teilnehmerzahlen an beruflicher (Um-)Qualifizierung gerecht zu werden, führten allerdings Mitte der 1970er Jahre bereits zu einer deutlichen Aufstockung der Beitragsmittel zur Weiterbildungsförderung durch Bundesmittel.

Grundsätzlich erfolgte mit Beginn der 1970er Jahre erstmals der Wandel von einem rein aufklärerischen Bildungsbegriff zu einer engen Verknüpfung von Bildung und Qualifikation mit der wirtschaftlichen Standortfrage, was sich auch auf die Aufwertung und Neuausrichtung der beruflichen Weiterbildung auswirkte. Diese hatte nun insbesondere zum Ziel, zuvor entstandene Lerndefizite zu kompensieren und dafür Sorge zu tragen, dass eine entsprechende Anpassung der Kompetenzen an den technologischen und wirtschaftlichen Strukturwandel gewährleistet war (Baethge et al. 2003).

Anfang der 1990er Jahre wurden in großem Umfang Mittel der Arbeitsförderung und speziell der beruflichen Qualifizierung eingesetzt, um Erwerbstätige aus den neuen Bundesländern in einer breit angelegten Qualifizierungsoffensive auf die neuen Anforderungen vorzubereiten. Hintergrund war die Feststellung, das Beschäftigungssystem der damaligen DDR weise einen etwa 20-jährigen Rückstand gegenüber dem der damaligen Bundesrepublik auf. Die sogenannte Hartz-Reform im Rahmen der Agenda 2010 brachte den Grundsatz »Fördern durch Fordern« auf. Dabei veränderten sich insbesondere die Bedingungen der beruflichen Weiterbildungsförderung. So wurden fortan seitens der Arbeitsagenturen auf drei Monate begrenzte sogenannte Bildungsgutscheine an den infrage kommenden Personenkreis ausgegeben, in denen die Bildungsziele und die Maßnahmendauer festgelegt waren. Zudem wurden Bildungsmaßnahmen nur noch dann durch die damaligen Arbeitsämter unterstützt, wenn sowohl die Maßnahme selbst als auch der Bildungsträger von einer unabhängigen, akkreditierten Stelle zugelassen worden waren. In der Folge kam es zu einem stärkeren Konkurrenzdruck unter den Weiterbildungseinrichtungen und einer deutlichen Reduzierung der Teilnehmerzahlen und des Finanzierungsvolumens, insbesondere in den neuen Bundesländern (Dobischat 2004; Schneider u. Uhlendorff 2006).

Heute sind zentrale Instrumente der öffentlichen Weiterbildungsförderung Bildungsgutscheine für Arbeitslose oder von Arbeitslosigkeit bedrohte Menschen, Maßnahmen zur Aktivierung und beruflichen Eingliederung, Aktivierungs- und Vermittlungsgutscheine, Förderungen nach dem Aufstiegsfortbildungsförderungsgesetz (sog. »Meister-BAföG«), die Bildungsprämie und Bildungsgutscheine für Beschäftigte. Die letztgenannten Gutscheine stehen in Zusammenhang mit dem Programm »Weiterbildung Geringqualifizierter und beschäftigter älterer Arbeitnehmer*innen in Unternehmen« (WeGebAU), über das die Bundesagentur für Arbeit unter bestimmten Voraussetzungen zum einen geringqualifizierte Beschäftigte dabei fördert, einen anerkannten Berufsabschluss oder eine anschlussfähige Teilqualifikation zu erwerben, und zum anderen ältere Beschäftigte in kleinen und mittelständischen Betrieben bei der Teilnahme an Weiterbildungen unterstützt, die über die Vermittlung arbeitsplatzbezogener Kenntnisse und Fertigkeiten hinausgehen (Ambos et al. 2016). Das Anfang des Jahres 2019 in Kraft getretene Qualifizierungschancengesetz soll die Weiterbildungsförderung beschäftigter Arbeitnehmer*innen verbessern, »deren berufliche Tätigkeiten durch Technologien ersetzt werden können, die in sonstiger Weise vom Strukturwandel betroffen sind oder die eine berufliche Weiterbildung in einem Engpassberuf anstreben« (BMBF 2019, S. 95). Diese Möglichkeit besteht für alle Arbeitnehmer*innen, unabhängig von ihrer Ausbildung, ihrem Lebensalter und der Größe des Betriebs, in dem sie tätig sind. Lehrgangskosten und Zuschüsse zum Arbeitsentgelt werden durch die Arbeitsagenturen bzw. Jobcenter übernommen[2] (BMBF 2019).

Auf einen Blick

Implikationen für Future Learning

- Umgestaltung des Bildungswesens hin zu mehr Durchlässigkeit und Chancengleichheit,
- Hauptziele: Gestaltung wechselseitiger Übergänge zwischen Berufsbildung und Hochschule (reziproke Durchlässigkeit), Entwicklung innovativer, bereichsübergreifender Bildungsgänge mit Gültigkeit in Berufsbildung und Hochschule (konvergente Durchlässigkeit), Kombination beruflicher und hochschulischer Bildungs- und Lernformen (hybride Durchlässigkeit) sowie Verbesserung der Chancengerechtigkeit im Bildungssystem und Anerkennung von erworbenen Kompetenzen,
- zunehmende öffentliche Förderung der Weiterbildung.

1.2 Demografie

Der Blick auf die demografische Entwicklung in Deutschland zeigt, dass insbesondere die Veränderung der Altersstruktur – weg von einer jüngeren und hin zu einer zunehmend alternden Bevölkerung – Einfluss auf die Entwicklung von Belegschaften und Zielgruppen von Bildung nimmt. Seit den 1970er Jahren steigt das Medianalter der Bevölkerung, und auch die Veränderung des Altenquotienten spricht eine deutliche Sprache[3] (Statistisches Bundesamt 2015a), wie Tabelle 1 zeigt.

Jahr	Medianalter der Bevölkerung in Jahren	Altenquotient
1970	33,8	25
1980	36,2	27
1990	37,1	24
2000	39,6	27
2010	44,1	34

Tab. 1: Medianalter und Altenquotienten (eigene Darstellung mit Zahlen aus: Statistisches Bundesamt 2015a)

Auch das Bildungssystem wird seit Jahrzehnten von demografischen Prozessen geprägt – sowohl direkt als auch indirekt. Direkte Effekte sind beispielsweise die Geburtenzahl oder die Altersstruktur in der Bevölkerung, die Einfluss auf die Zahl der Bildungsteilnehmer*innen in den verschiedenen Stufen des Bildungssystems sowie deren Zusammensetzung im Hinblick

2 Hier besteht eine Abhängigkeit der Höhe von der Betriebsgröße sowie notwendiger Kofinanzierung durch den Arbeitgeber (BMBF 2019).

3 Der Altenquotient gibt das Verhältnis der Anzahl von Personen, die nicht im erwerbstätigen Alter sind, zur Anzahl von Personen im erwerbstätigen Alter an.

auf Altersgruppen und Sozialstruktur nehmen. Dabei können sich deutliche regionale Unterschiede, auch im Hinblick auf die Bildungsnachfrage und den Qualifikationsbedarf, ergeben. Der indirekte Einfluss der demografischen Entwicklung auf das Bildungssystem vollzieht sich vorrangig über den Arbeitsmarkt, der seinerseits durch die quantitative und qualitative Arbeitsnachfrage gewisse Anforderungen und Erwartungen an das Bildungssystem generiert. Umgekehrt wird allerdings auch der Arbeitsmarkt vom Bildungssystem beeinflusst. Als Beispiel sei hier die erhöhte Erwerbsbeteiligung von Frauen als Folge einer wachsenden Bildungsbeteiligung und gestiegener Bildungsabschlüsse genannt (Seeber et al. 2013; Rump u. Eilers 2019).

1.2.1 Einflussfaktoren des demografischen Wandels

Die drei zentralen Einflussfaktoren des demografischen Wandels sind die Geburtenrate, die Lebenserwartung und die Zuwanderung. Während die ersten beiden Faktoren vergleichsweise gut vorhersehbar bzw. berechenbar sind, schwankt die **Zuwanderung** stark. Jüngstes Beispiel ist die unmittelbar nach der 13. koordinierenden Bevölkerungsvorausberechnung einsetzende Flüchtlingswelle des Jahres 2015, die weit über den getroffenen Annahmen zur Zuwanderung lag. In der Folge zeigt sich, dass die Vorausberechnungen und die tatsächliche Bevölkerungszahl vor allem bei den jüngsten Kohorten stark auseinander gehen, während die Zahl der 45- bis 70-Jährigen vergleichsweise gut getroffen ist. Hier schlägt sich nieder, dass die Zuwander*innen nahezu ausschließlich jüngeren Altersgruppen angehörten und sich viele von ihnen im Familiengründungsalter befanden, sodass sich dies auch auf die Zahl der Geburten auswirkte. Insgesamt ist festzuhalten, dass zwar die absolute Bevölkerungszahl nicht den Vorausberechnungen entspricht, die Alterung sich jedoch wie erwartet einstellt. Dennoch lässt sich auch nicht mit Sicherheit vorhersagen, inwieweit die höheren Bevölkerungszahlen längerfristig Bestand haben werden (Slupina 2018). Des Weiteren ist auch Vorsicht dabei geboten, durch den massiven Zuzug vorschnell eine Lösung des demografischen Problems im Hinblick auf drohende Fachkräfteengpässe in Deutschland zu erwarten. Denn die rein quantitative Betrachtung der demografischen Entwicklung muss auch um eine qualitative Betrachtung ergänzt werden. So lässt sich trotz aller Bemühungen nicht von der Hand weisen, dass die vollständige Integration der Geflüchteten in den Arbeitsmarkt aufgrund sprachlicher, qualifikatorischer und kultureller Barrieren erst mit einer gewissen Zeitverzögerung erfolgen wird.

Die **Geburtenrate** in Deutschland hat sich in jüngster Zeit positiver entwickelt als erwartet und liegt derzeit wieder gleich hoch wie im Jahr 1972. Dies liegt zum einen in den o. g. Entwicklungen begründet, zum anderen in einem sogenannten Echoeffekt, da derzeit die Kinder der geburtenstarken Babyboomer-Jahrgänge deren Enkelkinder zur Welt bringen (ebd.). Dennoch sterben nach wie vor – und das ebenfalls bereits seit dem Jahr 1972 – mehr Menschen als Kinder geboren werden (Statistisches Bundesamt 2017a).

Die durchschnittliche **Lebenserwartung** liegt aktuell bei rund 80 Jahren. Ein Anstieg auf rund 85 Jahre bis zum Jahr 2050 wird prognostiziert. Allerdings wird kontrovers diskutiert, inwieweit sich der Trend zu einer steigenden Lebenserwartung ungebrochen fortsetzen wird. Hier spielen auch Faktoren wie der sozioökonomische Status oder der Bildungsstand eine zunehmende Rolle (Slupina 2018).

1.2.2 Verlängerung der Lebensarbeitszeit

Während die Erwerbsbeteiligung der 55- bis 64-jährigen Männer im Jahr 1970 noch bei 84 % lag (bei Frauen galt dies lediglich für 30 %), war in den darauffolgenden zwanzig Jahren ein ständiger Rückgang dieser Quote zu beobachten, der 1990 einen gewissermaßen historischen Tiefstand erreichte, wie Abbildung 2 zeigt. Dieser Rückgang ist insbesondere auf den Strukturwandel auf dem Arbeitsmarkt und die großzügigere Ausgestaltung von Frühverrentungsmöglichkeiten in diesem Zeitraum zurückzuführen (BIB 2018). Etwa seit der Jahrtausendwende steigt der Anteil sowohl 55- bis 64-jähriger Frauen als auch Männer an den Erwerbstätigen stetig an und erreichte 2014 erstmals eine nahezu ausgeglichene Bilanz zum Anteil der 20- bis 25-Jährigen. Zu deren Anteil ist zu konstatieren, dass dieser nicht nur aufgrund demografischer Entwicklungen gesunken ist, sondern vielmehr auch wegen der Tendenz zur Akademisierung und des dadurch immer längeren Verbleibs im Bildungssystem.

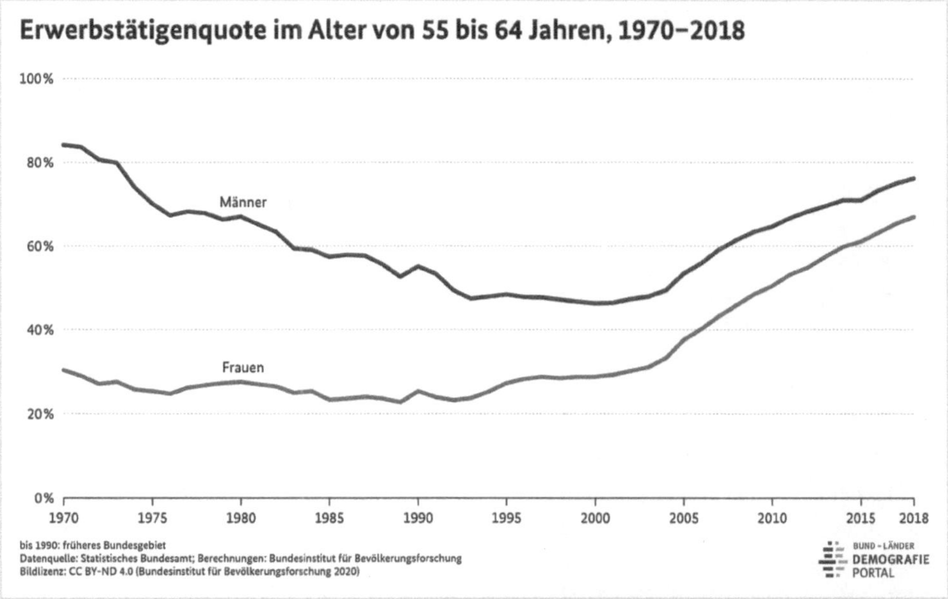

Abb. 2: Entwicklung der geschlechtsspezifischen Erwerbstätigenquote bei den 55- bis 64-Jährigen von 1970 bis 2015 (BIB 2018)

Einen nicht unerheblichen Einfluss auf diese Entwicklungen nahmen die Rentenreformen der vergangenen dreißig Jahre. Zu einer umfassenden Reform kam es zunächst im Jahr 1992, wobei unter anderem die schrittweise Erhöhung des Renteneintrittsalters auf 65 Jahre festgesetzt und gleichzeitig mit der Einführung einer Teilrente die Möglichkeit eines flexiblen Übergangs in die Rente geschaffen wurde. Bis zum Jahr 2009 wurde der vorzeitige Ausstieg aus dem Erwerbsleben finanziell durch die Bundesagentur für Arbeit gefördert. Genutzt wurde diese Option von einer Vielzahl von Arbeitnehmer*innen, überwiegend im sogenannten Blockmodell. Heute ist eine solche Altersteilzeit – wahlweise im Blockmodell oder in Form einer Reduzierung der Wochenarbeitszeit – nur dann möglich, wenn der Arbeitgeber sie anbietet und entsprechend unterstützt. In einigen Branchen wurden hierfür Tarifabschlüsse auf Basis der zuvor geltenden finanziellen Konditionen getroffen. 2014 bezogen zwei Drittel der Neuzugänge von Versichertenrenten vor dem Erreichen der Regelaltersgrenze von 65 Jahren eine vorgezogene Altersrente oder eine Erwerbsminderungsrente (Bäcker u. Kistler 2016). Das Flexirentengesetz bietet seit 2017 älteren Beschäftigten mehr Anreize, über das Rentenalter hinaus zu arbeiten – mit gedrosselter Stundenzahl und flexibler Teilrente (ebd.; Deutsche Rentenversicherung Bund 2014 u. 2019). Die Entwicklung stellt Abbildung 3 grafisch dar.

Speziell für die 60- bis 64-Jährigen zeigt sich, dass der Anteil der Beschäftigten in dieser Altersgruppe von 27,6 % im Jahr 2008 auf 51,7 % im Jahr 2018 angestiegen ist und sich bei den 65- bis 69-Jährigen im gleichen Zeitraum der Anteil der Beschäftigten von 4,1 % auf 11,3 % erhöht hat (Statistisches Bundesamt 2019a). In einer Umfrage der XING AG geben 58 % der Teilnehmer*innen an, damit zu rechnen, auch nach Eintritt des regulären Rentenalters beruflich aktiv zu bleiben (XING 2018). 37 % der Erwerbstätigen ab 65 Jahre sind selbstständig, 63 % abhängig beschäftigt. Darunter findet sich eine hohe Zahl an sogenannten Minijobbern (Statistisches Bundesamt 2019a). Befragungen zu den Gründen für die Fortführung einer Erwerbstätigkeit auch nach Erreichen des Rentenalters zeigen übereinstimmend, dass es weniger der finanzielle Aspekt alleine ist, der die Menschen treibt, sondern vielmehr eine Kombination unterschiedlicher Beweggründe wie der Spaß an der Arbeit, das Pflegen sozialer Kontakte oder die Strukturierung des Tagesablaufs (u. a. Deller u. Maxin 2008; Scherger et al. 2012; Hagemann et al. 2017). Es gibt also eine wachsende Zahl gut ausgebildeter Menschen, die sich vorstellen können, über das Renteneintrittsalter hinaus beruflich aktiv zu sein – wenngleich nicht zwangsläufig in den gleichen Strukturen beziehungsweise im gleichen zeitlichen Umfang oder auf der gleichen Hierarchieebene wie bisher.

Als Reaktion auf die Verlängerung der Lebensarbeitszeit lässt sich auch eine steigende Weiterbildungsteilnahme der 50- bis 64-Jährigen feststellen, am stärksten bei den 60- bis 64-Jährigen (Anstieg um 14 % zwischen 2007 und 2012). 2014 beteiligten sich 39 % der 55- bis 64-Jährigen an Weiterbildung – ein Wert, der in den 1970er oder 1980er Jahren noch undenkbar gewesen wäre (Bilger et al. 2017; DIE 2017; BMBF 2015).

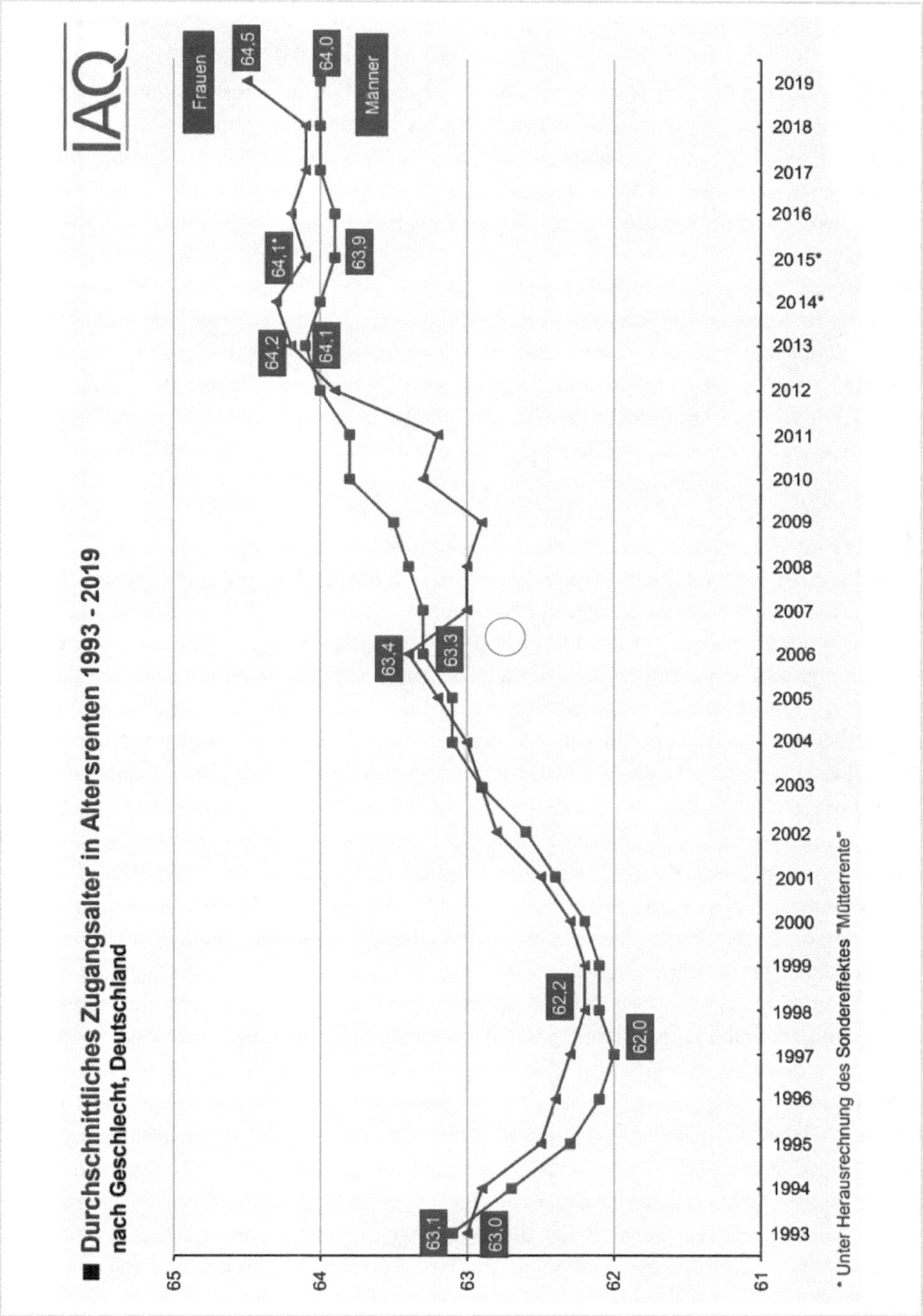

Abb. 3: Durchschnittliches Rentenzugangsalter 1993–2019 (IAQ 2019a)

1.2.3 Verknappung der Jüngeren und der Personen im erwerbsfähigen Alter

Während es 2018 in Deutschland noch 51,8 Millionen Menschen im erwerbsfähigen Alter (20–66 Jahre) gab, wird sich diese Zahl bis 2035 auf 45,8 bis 47,4 Millionen (abhängig von der Art des Szenarios bezüglich Geburtenhäufigkeit, Lebenserwartung und Nettozuwanderung) reduzieren. Danach folgt eine Phase der Stabilisierung, bevor die Zahl 2060 auf 40 bis 46 Millionen (abhängig von der Nettozuwanderung) absinkt (Statistisches Bundesamt 2019b).

Die Zahl der Kinder und Jugendlichen im Alter bis 18 Jahre wird bis zum Jahr 2030 voraussichtlich zunächst weiter steigen. Je nach Nettozuwanderung und Geburtenrate sind anschließend unterschiedliche Szenarien denkbar. Eine Stabilisierung wäre bei einer steigenden Geburtenhäufigkeit möglich, für eine Steigerung bedürfe es zusätzlich eines dauerhaft hohen Wanderungssaldos von durchschnittlich mehr als 300.000 Personen pro Jahr. Ausgehend von einer eher moderaten Entwicklung beziehungsweise einem Sinken der Geburtenhäufigkeit würde nach 2030 die Zahl junger Menschen wieder abnehmen (ebd.).

Es liegt somit auf der Hand, dass sich die heute bereits in vielen Bereichen erkennbaren Knappheiten in Bezug auf Nachwuchs- und Fachkräfte mittel- bis langfristig noch weiter verschärfen werden. Die Diskussion um den Fachkräftebedarf muss um die sogenannte Mismatch-Problematik ergänzt werden. Arbeitslosigkeit bei gleichzeitigem Fachkräftebedarf deutet auf ein Mismatch hin. Mismatch ist definiert als Ungleichgewicht zwischen Arbeitsangebot und Arbeitsnachfrage. Dabei ist zu unterscheiden zwischen einem qualifikatorischen Mismatching, wenn die Qualifikation der potenziellen Bewerber*innen nicht zu den Anforderungen der offenen Stellen passt, sowie einem regionalen Mismatching, wenn die räumliche Distanz zwischen den zu besetzenden Stellen und den Arbeitssuchenden nicht überwunden werden kann (Bauer u. Gartner 2014; Prognos 2015). Hinzu kommt der zeitliche Aspekt: Nicht selten entsteht ein Mismatch auch dadurch, dass die zeitliche Verfügbarkeit der potenziellen Kandidat*innen und die betrieblichen Erfordernisse des Unternehmens nicht zusammenpassen. Wann und in welchem Umfang einzelne Betriebe von Engpässen in Bezug auf das verfügbare Nachwuchs- und Arbeitskräftepotenzial betroffen sein werden bzw. ob sie es schon heute sind, hängt von mehreren Faktoren ab, wie der räumlichen Lage, der Branche und den gesuchten Kompetenzen. Von einem generellen Fachkräfteengpass zu sprechen, entspricht also nicht den Tatsachen. Allerdings steuert Deutschland Knappheiten an Fachkräften in Bezug auf bestimmte Qualifikationsstufen, Berufsgruppen und Branchen entgegen, die bereits heute zutage treten. Im Fokus stehen dabei zum einen die sogenannten MINT[4]-Berufe. Der MINT-Report des Instituts der deutschen Wirtschaft Köln e.V. zeigt: Während noch vor wenigen Jahren ein Mangel an MINT-Akademiker*innen beklagt wurde, sind es heute in steigendem Maße MINT-Facharbeiter*innen, -Meister*innen sowie -Techniker*innen, die fehlen, und dies insbesondere aus dem Bereich IT (Plünnecke 2019). Zum anderen wird immer stärker der strukturelle Fachkräftemangel in vielen

4 Die Abkürzung MINT steht für die Begriffe Mathematik, Informatik, Naturwissenschaften und Technik.

Gesundheits- und Pflegeberufen thematisiert, der sich im Zuge der demografischen Entwicklung in den kommenden Jahren und Jahrzehnten massiv verschärfen wird. So fehlen bereits heute examinierte Altenpflegekräfte, und dies bei einem prognostizierten massiven Anstieg der Zahl der Pflegebedürftigen. Nicht zuletzt ist davon auszugehen, dass im Bereich »Erziehung und Unterricht« bis zum Jahr 2035 ein Mangel an Akademiker*innen besteht und auch in der Fertigung, im Vertrieb sowie in Forschung und Entwicklung mit Engpässen zu rechnen ist. Auch Handwerksbetriebe suchen seit einigen Jahren vielfach erfolglos nach Auszubildenden und Fachkräften, derzeit wird die Fachkräftelücke mit etwa 250.000 Personen angegeben (BDA 2015; BIBB 2014; Prognos 2015; Wollseifer 2019). Hierzu ist anzumerken, dass die Konsequenzen der Corona-Pandemie in all diesen Szenarien naturgemäß noch keine Berücksichtigung finden und abzuwarten bleibt, wie sich infolge existenzbedrohender Entwicklungen in einigen Branchen Angebot und Nachfrage an Fachkräften mittel- bis langfristig darstellen werden.

1.2.4 Generationendiversität

Bis zu vier Generationen finden sich derzeit in Unternehmen und in Teams – unweigerlich treffen hier unterschiedliche Sozialisationserfahrungen, Werte und Erwartungen an die Arbeit aufeinander. Dabei bewegen sich insbesondere die Vertreter*innen der sogenannten Generation Y mit Geburtsjahrgängen von 1985 bis 2000 in Spannungsfeldern – zwischen Lebensgenuss und Leistungsorientierung, Familie und Beruf sowie Herausforderung und Entschleunigung. Sie streben in Bezug auf die Arbeitswelt gleichermaßen nach Respekt, Spaß und Sinnhaftigkeit. Diese Generation der heute unter 40-Jährigen wird im Jahr 2030 mit ihren Werten und Erwartungen an die Arbeit, die aufgrund der demografisch bedingten Knappheitssituation auch sehr offensiv eingefordert werden können, die Arbeitswelt maßgeblich prägen. Sie zeichnet sich im betrieblichen Miteinander durch ein hohes Interesse an persönlicher Weiterentwicklung sowie partnerschaftlicher Führung und ausgeprägter Kollegialität – auch über das berufliche Maß hinaus – aus. Ihre Loyalität für einen Arbeitgeber ist während der Dauer des Beschäftigungsverhältnisses zwar gegeben, doch nicht bedingungslos und keinesfalls »lebenslang« ausgerichtet. Ihr durchaus vorhandenes Sicherheitsbedürfnis steht in engem Zusammenhang zu diesen Grundwerten, das heißt »Sicherheit um jeden Preis« kommt zumindest für die gut Qualifizierten nicht mehr in Frage (Klös et al. 2016). Die Generation Y ist mit den neuen technologischen Mitteln gewissermaßen aufgewachsen und weist eine sehr hohe Affinität zu neuartigen technologischen Produkten auf (Appel u. Michel-Dittgen 2013). Diese Generation profitiert von der Globalisierung sowie von der demografischen Entwicklung und nutzt die Vorteile zu eigenen Gunsten in der Berufsfindung, sodass nicht zuletzt häufigere Berufs- oder Arbeitgeberwechsel stattfinden und die Erfüllung der eigenen Grundbedürfnisse im Vordergrund steht (Bruch et al. 2010). Spannende Arbeitsaufgaben, immer wieder neue Herausforderungen und interessante Fragestellungen machen bei der Wahl eines Arbeitgebers und bei der Entstehung von Motivation und Bindung für viele Vertreter*innen dieser Generation den Unterschied. Zu einem interessanten und herausfordernden Arbeitsumfeld gehört für sie auch die Möglichkeit, selbstständig zu arbeiten, Verantwortung zu übernehmen, Entscheidungen zu treffen sowie sich in gewisser Weise selbst zu verwirklichen und »Autonomie« zu erfahren (Rump u. Eilers 2015).

Der Generation Y zur Seite steht die heutige mittlere Generation, geboren zwischen 1966 und 1984, auch als Generation X bezeichnet, die bis zum Jahr 2030 in die Reihen der älteren Beschäftigten aufgerückt bzw. zum Teil auch bereits aus dem Erwerbsleben ausgeschieden sein wird. Vertreter*innen dieser Generation wurden noch überwiegend traditionell sozialisiert und leben meist die Vereinbarkeit von Beruf und Familie in Form des Zuverdienermodells. Die verschwimmenden Grenzen zwischen privater und beruflicher Sphäre akzeptieren sie, ohne sie jedoch vorbehaltlos zu befürworten. Vielmehr stehen sie einer Überschneidung eher skeptisch gegenüber, da sie eine zu starke Beeinflussung ihres Privatlebens durch den Arbeitgeber befürchten. Die Sozialisation der Generation X war geprägt durch einen Anstieg der Unsicherheiten im privaten und beruflichen Kontext (wie z. B. steigende Arbeitslosenquote, steigende Scheidungsrate, Wiedervereinigung Deutschlands) (Bruch et al. 2010; Appel u. Michel-Dittgen 2013). Dadurch ist auch die Arbeitseinstellung der in dieser Zeit geborenen und aufgewachsenen Personen typischerweise dadurch bestimmt, dass eher Sicherheit im Beruf, zur selben Zeit jedoch auch die berufliche Weiterentwicklung und materieller Wohlstand angestrebt werden. Gleichzeitig geht es nun nicht mehr primär darum, die Arbeitsleistung zu erbringen und dem Arbeitgeber durch Fleiß seine Loyalität zu erweisen, sondern Arbeitnehmer*innen dieser Generation fordern inzwischen vielmehr einen Ausgleich zum Berufsleben. Man spricht in diesem Zusammenhang auch vom »psychologischen Vertrag«, bei dem der Arbeitgeber im Hinblick auf seine eigenen Ziele die passenden Mitarbeiter*innen für einen definierten Zeitraum an sich bindet. Der oder die Mitarbeiter*in geht nur mit demjenigen Unternehmen einen Vertrag ein, das seine oder ihre Kompetenzen aktuell nachfragt und vor allem wertschätzt (Blancke et al. 2000; Rump u. Eilers 2015). Der technologische Wandel prägte die berufliche Sozialisation der Angehörigen dieser Generation bereits merklich und führte nicht zuletzt auch zu der veränderten Grundhaltung, sich fachlich weiter zu entwickeln und zunehmend nach Wissen zu streben (Bruch et al. 2010). Die jüngeren Vertreter*innen der sogenannten Babyboomer-Generation, die bis 1965 geboren wurden, sind in Zeiten des wirtschaftlichen Aufschwungs aufgewachsen, meist in materiellem Wohlstand und geprägt von einem hohen Maß an Eigeninitiative. Dies schlug sich auch auf ihre Haltung im späteren Berufsleben nieder, wo Ehrgeiz und Konkurrenzfähigkeit, neben hoher Sozialkompetenz, diese Jahrgänge charakterisieren (Oertel 2007). Viele Babyboomer agieren heute in Fach- und Führungspositionen und erleben den Wandel der Arbeitshaltung in den nachfolgenden Generationen mit (Appel u. Michel-Dittgen 2013). Sowohl die Babyboomer als auch die Generation X setzen auf einen kooperativen Führungsstil und sehen das Team im Zusammenhang mit der betrieblich gewollten Struktur und kollegialen Zusammenarbeit. Ihre Leistungsorientierung verbinden sie mit der Freude an der Arbeit, aber vor allem auch mit einem starken Pflichtgefühl und einem hohen Maß an Disziplin.

Für die meisten ab dem Jahr 2000 geborenen Vertreter*innen der Generation Z steht der Einstieg in das Berufsleben erst noch bevor. Ihnen werden in der aktuellen Shell-Jugendstudie ein hoher Pragmatismus, eine ausgeprägte Anpassungsfähigkeit sowie der Wunsch nach Sicherheit und sozialen Beziehungen sowie nach der Möglichkeit, im späteren Berufsleben genügend Zeit für Familie und Freizeit zu haben, bescheinigt (Albert et al. 2015). Verschwimmende Grenzen zwischen Beruf und Privatleben entsprechen nicht ihren Vorstellungen, vielmehr streben sie ein angemessenes Maß an tatsächlich freier Zeit an (XING 2018; Rump u. Eilers 2020).

Auf einen Blick

Implikationen für Future Learning

- Zunehmende Zahl von Menschen, die über das Renteneintrittsalter hinaus erwerbstätig bleiben,
- alternde Belegschaften führen auch zu mehr älteren Bildungsteilnehmer*innen,
- zunehmende Bedeutung der Beachtung von Generationenunterschieden im betrieblichen Miteinander und bei der Gestaltung von Weiterbildungsangeboten,
- Verknappung der Personen im erwerbsfähigen Alter und dadurch steigende Notwendigkeit einer adäquaten Qualifikation der Erwerbstätigen und der lebenslangen Beschäftigungsfähigkeit.

1.3 Gesellschaft

Bereits 1974 postulierte der Bildungsforscher Dieter Mertens, eine moderne Gesellschaft solle durch einen hohen technischen und wirtschaftlichen Entwicklungsstand, Dynamik, Rationalität, Humanität, Kreativität, Flexibilität und eine Multioptionalität der Selbstverwirklichung gekennzeichnet sein (Mertens 1974). Fast alle dieser Attribute können heute als zutreffend erachtet werden. Im Folgenden werden zentrale gesellschaftliche Treiber in Bezug auf die (Weiter-)entwicklung von Lernen und Bildung dargestellt.

1.3.1 Individualisierung und Multioptionsgesellschaft

Der Begriff der Individualisierung wurde im Jahr 1986 von dem Soziologen Ulrich Beck geprägt. Er grenzte sich damit klar von den eher kollektivistischen Ansätzen der 1970er und beginnenden 1980er Jahre ab (Ewinger et al. 2016). Neben Selbstverwirklichung sind in Bezug auf die Individualisierung Begriffe wie Selbstkontrolle, Selbstverantwortung und Selbststeuerung zentral (Zinn 2006). Einzug in die öffentliche Diskussion erhielt die Thematik insbesondere mit dem Eintritt der Generation Y in den Arbeitsmarkt. Denn ihr Anspruch an Selbstverwirklichung ist deutlich höher als bei den Vorhängerkohorten, sind sie doch in die individualisierte Welt hineingeboren, während insbesondere die Vertreter*innen der zahlenmäßig sehr starken Gruppe der Babyboomer in ihrer Sozialisation wenig Individualisierung erfuhren.

Die Individualisierung äußert sich nicht zuletzt darin, dass Lebensentwürfe und Lebensläufe vielfältiger werden. Man spricht in diesem Zusammenhang auch von der Multioptionsgesellschaft, eine Begrifflichkeit, die in den 1990er Jahren durch den Schweizer Soziologen Peter Gross (1994) aufkam. Im Kern sagt er aus, dass Menschen sich einer immer größeren Anzahl an Optionen in allen möglichen Bereichen ihres Lebens gegenübersehen. Diese verschiedenen

Wahlmöglichkeiten führen dazu, dass Selbstfindung und Selbstverwirklichung einfacher zu realisieren sind und einen hohen Stellenwert im Leben einnehmen. Die »Freiheit der Wahl« geht allerdings auch einher mit dem Anspruch, sich den eigenen Lebensweg selbst zu suchen und aus der Vielfalt der gebotenen Möglichkeiten das Beste zu machen. Und so steht der Chance der Selbstverwirklichung in einem nie dagewesenen Umfang auch das Risiko des Scheiterns oder der Fehlentscheidungen gegenüber, dem sich durchaus viele, gerade junge Menschen bewusst sind. Allerdings gilt es auch festzuhalten, dass die besten Möglichkeiten, dem Streben nach Individualisierung auch Ausdruck im Leben und Arbeiten zu verleihen, für diejenigen bestehen, die über ein gewisses Bildungs- und Wohlstandsniveau verfügen (Rump u. Eilers 2017a).

Während noch bis in die 1990er Jahre berufliche und private Erwerbs- und Lebensverläufe vergleichsweise klar vorgezeichnet waren und für die meisten Menschen in ähnlichen Phasen verliefen, ist heute eine große Pluralität an sich abwechselnden biografischen Elementen zu erkennen (Haaf u. Bauer 2012). Wie ein Mosaik setzt sich die Berufsbiografie aus unterschiedlichen Phasen zusammen, in denen sich Selbstständigkeit und Angestelltendasein, Vollzeit- und Teilzeitbeschäftigung, Führungs-, Projekt- bzw. Fachlaufbahnen oder auch Auszeiten für außerberufliche Aufgaben und Interessen abwechseln (Schuldt u. Ehret 2015). Im privaten Bereich steigt die Komplexität der Familienformen ebenfalls stetig an. Zwar ist die klassische Form des Ehepaars mit einem oder mehr Kindern in Deutschland derzeit noch vorherrschend, doch hat sich die Zahl der unverheirateten sowie der gleichgeschlechtlichen Elternpaare, der Alleinerziehenden sowie der Stief- und Patchworkfamilien deutlich erhöht (BMFSFJ 2015). Aus der Normalbiografie der Vergangenheit, die sich in die drei Phasen Kindheit und Jugend, Berufstätigkeit und Familienzeit sowie Ruhestand differenzierte, wird die variantenreiche »Multigrafie«, ein Begriff, den das Zukunftsinstitut in Kelkheim geprägt hat und in dem die Normalbiografie durch die Postadoleszenz als Phase des Ausprobierens und der Selbstfindung nach der Kindheit und Jugend, durch die »Rushhour des Lebens« zwischen Ende 20 und Anfang 50 sowie durch den »Zweiten Aufbruch« von Menschen um die 50 ergänzt wird. Dies drückt sich auch in einer starken Varianz an Lebensstilen, ebenfalls identifiziert durch das Zukunftsinstitut Kelkheim, aus. So finden sich insgesamt 18 verschiedene Gruppen, von denen die sogenannten Neo-Hippies und Self-Balancer besonders stark vertreten sind. Während die Erstgenannten insbesondere auf Gemeinschaft als identitätsstiftende Kraft setzen und die Sharing- und Event-Kultur vorantreiben, streben Self-Balancer vor allem nach Beständigkeit und Balance. Sie wünschen sich zwar Erfolg im Beruf, jedoch nicht um den Preis, einen gestressten Lebensstil zu verfolgen (Zukunftsinstitut 2017; Zukunftsinstitut 2019).

1.3.2 Wertewandel und Life-Balance

Bereits seit den 2000er Jahren lässt sich eine zunehmende Wertesynthese feststellen, das heißt ein Streben nach einem ausbalancierten Lebenskonzept, in dem unterschiedliche Werte gleichberechtigt nebeneinanderstehen und die Gesellschaft traditionelle und moderne

Werte gleichermaßen schätzt und verkörpert. In diesem Zusammenhang lässt sich eine Rückbesinnung auf Kernwerte wie Ehe und Familie ebenso erkennen wie die verstärkte soziale Anerkennung ehrenamtlicher und freiwilliger Tätigkeiten und die grundlegende Neubewertung von Arbeit und Leistung hin zu einer zunehmenden Sinnsuche in außerberuflichen Bereichen. Arbeits- und Privatleben werden dabei zunehmend als verbundene Bereiche wahrgenommen. Erst in den 1990er Jahren entwickelte sich allerdings allmählich auch im betrieblichen Kontext ein Bewusstsein für die Notwendigkeit einer ausgewogenen Balance zwischen beruflicher und privater Sphäre. Zuvor wurde der private Bereich in der Regel nicht zum Gegenstand der Diskussion im Arbeitsumfeld gemacht. Vielmehr arrangierten die Beschäftigten ihr Privatleben so, dass es den beruflichen Belangen gerecht wurde (Maitland u. Thomson 2011). Angesichts der zunehmenden Veränderungsgeschwindigkeit und Komplexität sowie der Verlängerung der Lebensarbeitszeit lässt sich jedoch ein stetiger Bedeutungszuwachs dieser Thematik beobachten. Heute ist eine ausgewogene Work-Life-Balance – so der noch immer geläufigste Begriff in einschlägigen Befragungen – gerade für jüngere Beschäftigte eine der Hauptforderungen an einen attraktiven Arbeitgeber. Ihnen ist bewusst, dass ein »Durchhalten« über ein mehr als 40-jähriges Erwerbsleben nur dann möglich ist, wenn von Anfang an eine ausgewogene Balance zwischen Be- und Entlastung gegeben ist (Rump u. Eilers 2015; BMAS 2015). Zudem gilt nicht zuletzt angesichts sinkender Erwerbspersonenzahlen und steigender Nachfrage nach qualifizierten Arbeitskräften auch: »Work-life balance has always been a consideration in a career but never before have employees had the leverage to demand it.« (McCrindle u. Wolfinger 2009, S. 141) Gerade von den besser Qualifizierten der jüngeren Generation aus den höheren sozialen Schichten wird ein einseitiges Karrierestreben zunehmend abgelehnt, wie unter anderem die Shell-Jugendstudien, aber auch zahlreiche Absolventenbefragungen verdeutlichen. Sie sind es auch, die nicht selten bei Bewerbungsgesprächen offensiv ihre Ansprüche an die Vereinbarkeit der künftigen Tätigkeit mit privaten Belangen wie Hobbys oder der Familie bekunden.

Die Begrifflichkeit der Work-Life-Balance allerdings ist nicht unumstritten. An ihre Stelle treten weiter gefasste Umschreibungen wie die »Life-Domain-Balance« (Ulich 2005) oder der »Life-Domain-Fit« (Pangert u. Schüpbach 2012) mit der Begründung, dass auch die Erwerbsarbeit einen Lebensbereich darstellt. Väth (2016) plädiert für die Begrifflichkeit des »Work-Life-Blending«, um deutlich zu machen, dass es das Ziel sein muss, Arbeit und Privatleben so miteinander zu kombinieren, dass es nicht zu negativen Entgrenzungswirkungen kommt. Im Folgenden soll auf den Begriff der Life-Balance zurückgegriffen werden, wenngleich in zahlreichen Studien nach wie vor »Work-Life-Balance« Verwendung findet. Sowohl in der Literatur als auch in der betrieblichen Praxis wird Life-Balance nicht selten mit der Vereinbarkeit von Beruf und Familie gleichgesetzt. Dies greift allerdings eindeutig zu kurz. Denn alle Beschäftigten – ganz gleich, welchen persönlichen Hintergrund sie mitbringen – sind auf ein ausgewogenes Verhältnis zwischen be- und entlastenden Aspekten angewiesen, um physisch und psychisch gesund und damit auch arbeitsfähig zu bleiben. Es ist daher gerade im betrieblichen Kontext ein »Life«-Begriff zu bevorzugen, der ganz bewusst Singles, kinderlose Paare, Eltern sowie pflegende Angehörige gleichermaßen in den Fokus rückt und neben familiären Verpflichtungen im privaten

Bereich auch ehrenamtliches Engagement, die Pflege sozialer Kontakte, Weiterbildung oder sportliche beziehungsweise gesundheitsförderliche Aktivitäten berücksichtigt. Nach der o. g. Definition ist »Work« ebenfalls Teil des erweiterten »Life«-Begriffs und umfasst mehr als die reine Erwerbstätigkeit. Vielmehr gehören in diesen Bereich auch ehrenamtliche Tätigkeiten oder ein etwaiger Nebenerwerb, der für viele Menschen inzwischen zur Existenzgrundlage geworden ist. Die »Life-Balance« impliziert im Sinne einer subjektiv empfundenen »Lebensqualität« neben einem entsprechend ausgewogenen Zeitmanagement auch die Übereinstimmung der persönlichen Situation (Einkommen, Wohnverhältnisse, Arbeitsbedingungen, Familienbeziehungen, soziale Kontakte etc.) mit den individuellen Bedürfnissen und Zielen (Haufe-Akademie u. Hochschule Deggendorf 2009). Wo, wann und in welchem Maße Personen Belastung empfinden und im Gegenzug »auftanken« und wie positiv oder negativ sie »Grenzüberschreitungen« zwischen den unterschiedlichen »Life«-Bestandteilen empfinden, hängt also in hohem Maße von der persönlichen Situation in Beruf und Privatleben, von Lebens- und Berufsphasen, von Neigungen und individuellen Einschätzungen ab. In der Folge sieht auch für jeden Menschen seine Life-Balance anders aus. Hinzu kommt, dass das Empfinden bezüglich dieser Balance einem beständigen Wandel im Laufe eines Erwerbslebens unterliegt, das von unterschiedlichen Berufs- und Lebensphasen gekennzeichnet ist (Rump u. Eilers 2020).

In gleichem Maße, wie die Notwendigkeit einer ausgewogenen Life-Balance steigt, wird es auch immer schwieriger, diese Balance zu erreichen, da die Anforderungen an Flexibilität und Mobilität – nicht zuletzt im Sinne einer »Flexibilisierung von privaten Routinen«, die Beschäftigten vielfach abverlangt wird – ebenfalls stetig steigen und moderne Kommunikationsmittel die Entgrenzung fördern. Hinzu kommt, dass in Bezug auf die Vereinbarkeit beruflicher und familiärer Verpflichtungen durch die zunehmende Erwerbstätigkeit von Frauen ein traditioneller »Zeitpuffer« in Familien immer stärker wegfällt. Das heißt, die disponible Zeit, die Frauen für die Organisation des Familienlebens, die Hausarbeit, die Betreuung von Kindern oder pflegebedürftigen Angehörigen aufwenden können, reduziert sich zusehends. Sie muss somit neu zwischen den Partnern aufgeteilt und »ausgehandelt« werden, während in der Vergangenheit Männer und Väter in der Regel primär die Rolle des »Familienernährers« übernahmen und insofern nicht in nennenswertem Maße unterschiedliche Lebensbereiche ausbalancieren mussten. Erschwerend kommt hinzu, dass gesellschaftliche Strukturen auf diese Veränderung noch nicht in ausreichendem Maße reagiert haben und vielfach die Verfügbarkeit eines Elternteils – beispielsweise für Unterstützung im schulischen Bereich oder für die Organisation von außerschulischen sportlichen oder musikalischen Aktivitäten – vorausgesetzt wird (Sachverständigenkommission zum Achten Familienbericht 2011). In der Literatur wird sogar darauf hingewiesen, dass die Wahrscheinlichkeit für Väter, einen Konflikt in diesem Bereich zu erleben, höher ist als für Mütter. Dies ist nicht zuletzt in einem Spannungsfeld begründet: Einerseits ist noch immer in vielen Köpfen (auch von Männern selbst) die Vorstellung vorherrschend, ein Mann müsse beruflich erfolgreich sein und »eine Familie ernähren«. Gleichzeitig wächst die Erwartungshaltung seitens der Gesellschaft bezüglich der Übernahme familiärer Verpflichtungen durch Männer (Maitland u. Thomson 2011; Rump u. Eilers 2014a).

1.3.3 Zunehmende Vielfalt in der Gesellschaft

Vielfalt ist gleichermaßen Treiber der vorab beschriebenen Entwicklungen als auch Antwort auf die durch sie entstehenden Herausforderungen. Dabei bezieht sich Vielfalt zum einen auf die bereits thematisierte zunehmende Varianz in den Lebensentwürfen von Menschen im Zuge der Individualisierung, zum anderen aber auch klassisch auf die Differenzierung in bestimmte Interessensgruppen. Dabei ist zu bemerken, dass die Vielfalt in der deutschen Gesellschaft und Arbeitswelt in den vergangenen knapp fünfzig Jahren deutlich zugenommen hat. Seit den 2000er Jahren wird hierfür auch vielfach die Begrifflichkeit der Diversity verwendet. Für sie gibt es in der Literatur keine einheitliche Definition. In den USA, aus denen der Begriff ursprünglich stammt, werden in der Regel die »Big 8« (Race, Gender, Ethnicity/Nationality, Organizational Role/Function, Age, Sexual Orientation, Mental/Physical Ability, Religion) als Dimensionen berücksichtigt (Plummer 2003), während in Deutschland der Fokus vermehr auf den Dimensionen Gender, Ageing, Generationen und Kultur liegt. Da auf die Alterung und Generationendiversität bereits eingegangen wurde, beziehen sich die folgenden Ausführungen auf die Vielfaltsdimensionen Gender und Kultur.

1.3.3.1 Kulturelle Vielfalt

Bereits in der Nachkriegsökonomie in den 1950er und 1960er Jahren nahm mit der Gewinnung der sogenannten »Gastarbeiter*innen« der Ausländeranteil an der Wohnbevölkerung deutlich zu – von 1,2 % im Jahr 1960 auf über 4,9 % im Jahr 1970. Zunächst war der Zuzug als temporäre Lösung mit dem Ziel der Rückkehr in die Herkunftsländer beabsichtigt, doch die Aufenthaltszeiten verlängerten sich zusehends und nach einigen Jahren setzte der Nachzug von Familienangehörigen, verbunden mit Niederlassungstendenzen, ein. Die wirtschaftliche Rezession der späten 1960er Jahre führte zu einem Rückgang der Ausländerbeschäftigung, die Ölkrise schließlich zu einem Anwerbestopp im Jahr 1973. In der Konsequenz nahm der Familiennachzug enorm zu, da er die einzig noch zugelassene Form der Zuwanderung darstellte. Erstmals wurden schulische Probleme und die Bildungsintegration der nachgezogenen Kinder thematisiert und unter anderem Förder- oder Ausländerklassen eingerichtet. Ende der 1970er Jahre wurde der erste Ausländerbeauftragte der Bundesregierung eingesetzt, der sich vehement für eine konsequente Integrationspolitik engagierte und die reale Gleichberechtigung vor allem der sogenannten zweiten Generation in Bezug auf Bildung und Ausbildung, Arbeit und Wohnen förderte. Zu einer tatsächlichen Wende in der Ausländerpolitik kam es jedoch erst zu Beginn der 1980er Jahre, als auch vermehrt Asylsuchende und andere Geflüchtete nach Deutschland einwanderten. Als migrationspolitische Leitlinien wurden die Aufrechterhaltung des Anwerbestopps, die Einschränkung des Familiennachzugs und die Förderung der Rückkehrbereitschaft festgelegt, jedoch gleichzeitig die Integrationsangebote für bereits in Deutschland lebende Ausländer*innen ausgeweitet (Butterwegge 2005). Die Grenzöffnung der ehemaligen Ostblockstaaten führte zu Beginn der 1990er Jahre zu einem sprunghaften

Anstieg der Zuzüge von Ausländer*innen aus diesen Gebieten, von denen viele aufgrund ihrer deutschen Abstammung (sog. Aussiedler*innen) die deutsche Staatsbürgerschaft erhielten. Gleichzeitig verstärkte sich auch die Zuwanderung von Geflüchteten, vor allem aus Asien und Afrika sowie im späteren Verlauf der 1990er Jahre aus dem ehemaligen Jugoslawien. 1993 traten ein neues Asylverfahrensgesetz und ein Asylbewerberleistungsgesetz in Kraft und es bildete sich eine zunehmend strukturierte Integrationspolitik für bereits in Deutschland lebende Zuwander*innen mit gesichertem Aufenthaltsstatus heraus. Mit Beginn der 2000er Jahre und der zunehmenden Auseinandersetzung mit den Implikationen des demografischen Wandels rückte die Bedeutung einer kontinuierlichen Integrationspolitik ebenso in den Fokus wie die gezielte Anwerbung ausländischer Fachkräfte. Das Zuwanderungsgesetz von 2005 legte Integration als staatliche Aufgabe fest, der nationale Integrationsplan von 2007 als Aufgabe von nationaler Bedeutung. Hier wurde eine aktivierende und nachhaltige Integrationspolitik definiert, die Potenziale erkennt und stärkt und nicht nur auf Defizite fokussiert (Butterwegge 2005; Seifert 2012). Das Jahr 2015 schließlich war gekennzeichnet von einem nie da gewesenen Zustrom geflüchteter Menschen nach Deutschland. In den Jahren 2015 und 2016 stellten doppelt so viele Geflüchtete einen Antrag auf Asyl wie insgesamt in den zehn Jahren zuvor (BMI 2016; Hentze u. Kolev 2017). In den Folgejahren ging die Zuwanderung allerdings wieder deutlich zurück.

In der Konsequenz gilt es, in drei unterschiedliche Gruppen zu differenzieren, durch die kulturelle Vielfalt entsteht. So suchen immer mehr Unternehmen auch im Ausland aktiv nach Fach- und Führungskräften, um sie ins Land zu holen oder auf virtuellem Wege mit ihnen zusammenzuarbeiten. Die zweite Gruppe stellen die in Deutschland vielfach bereits in zweiter oder dritter Generation lebenden Menschen mit Migrationshintergrund dar, durch die sich die kulturelle Vielfalt in der Gesellschaft und in der Arbeitswelt erhöht. Nicht zuletzt sind es die Geflüchteten als dritte Gruppe, die es zu integrieren gilt. Heute leben in Deutschland rund 21,1 Millionen Menschen mit Migrationshintergrund (das entspricht 26 % der Bevölkerung), etwas mehr als die Hälfte von ihnen sind Ausländer*innen (Statistisches Bundesamt 2020). Die Herausforderung besteht darin, das Potenzial der bereits in Deutschland lebenden Menschen mit Migrationshintergrund besser als bislang zu nutzen und bei neu Ankommenden zunächst so schnell und umfassend wie möglich eine Integration in das deutsche Bildungs- und Arbeitssystem und in die deutsche Gesellschaft zu erreichen. Denn der Blick auf die Situation ausländischer Menschen in Deutschland zeigt, dass trotz aller Bemühungen und auch Erfolge, gerade in Bezug auf die jüngste Flüchtlingswelle, noch ein erhebliches Aufholpotenzial besteht. Dies gilt für die Bildung ebenso wie für die Arbeitsmarktintegration. Eine Studie weist darauf hin, dass von den Schüler*innen mit Migrationshintergrund zwar 69 % in Deutschland geboren sind, jedoch trotzdem zwischen dem Leistungsniveau von Neuntklässler*innen mit Migrationshintergrund mehr als zwei Jahre im Vergleich zu dem von Schüler*innen ohne Migrationshintergrund liegen können (Klein 2017). Kinder aus Familien mit Migrationshintergrund sind insgesamt überproportional häufig von bildungsbezogenen Risikolagen betroffen

(Autorengruppe Bildungsberichterstattung 2020). Im Ausbildungsbereich ist festzustellen, dass noch immer 60 % aller Ausbildungsbetriebe in Deutschland bislang keine Auszubildenden mit ausländischen Wurzeln eingestellt haben (Bertelsmann Stiftung 2015). Die International Labour Organization (ILO) befand bereits im Jahr 1995, dass es in der betrieblichen Einstellungspraxis in Deutschland Diskriminierungen aufgrund des Namens und der Herkunft gebe – ein Ergebnis, das sich auch in neueren Studien bestätigt (Dälken 2015; Sachverständigenrat deutscher Stiftungen für Integration und Migration 2014). Ebenso stellt unter anderem eine Studie der Hans-Böckler-Stiftung ein höheres Risiko von Arbeitslosigkeit und Beschäftigung unter Qualifikation für Menschen mit Migrationshintergrund fest (Hans-Böckler-Stiftung 2015). Die Arbeitslosenquote in der ausländischen Bevölkerung liegt dann in der Folge auch mit etwa 12 % mehr als doppelt so hoch wie in der Gesamtbevölkerung (IAB 2018). Dies steht auch im Zusammenhang damit, dass sich deutliche Unterschiede beim Anteil der Personen ohne beruflichen Bildungsabschluss zeigen. Laut aktuellem Bildungsbericht verfügen Migrant*innen zwischen 25 und 64 Jahren, die in Deutschland geboren wurden und Bildungseinrichtungen in Deutschland besuchten, mit 28 % häufiger über keinen beruflichen Abschluss als Menschen ohne Migrationshintergrund (10 %). Auch in Bezug auf das Erlangen eines Hochschulabschlusses liegt diese Personengruppe mit 16 % hinter Gleichaltrigen ohne Migrationshintergrund (23 %) (Autorengruppe Bildungsberichterstattung 2020).

1.3.3.2 Gender-Vielfalt

Einem enormen Wandel ist seit den 1970er Jahren das Geschlechterverhältnis in Bezug auf Bildungsverläufe, gesellschaftliche Rollen und Erwerbstätigkeit unterworfen. Während 1950 nur etwa ein Drittel der Abiturient*innen in Deutschland weiblich waren, trifft dies seit Mitte der 2010er Jahre auf mehr als die Hälfte zu (Statistisches Bundesamt 2014; SPIEGEL ONLINE Schulspiegel 2011; WSI 2017). Der Anteil weiblicher Studienanfänger*innen stieg von 36,9 % im Jahr 1975 auf 47,8 % im Jahr 1995 und schließlich 50,7 % im Jahr 2017 (Autorengruppe Bildungsberichterstattung 2018). Innerhalb einer Generation hat sich auch das Geschlechterverhältnis in Bezug auf akademische Abschlüsse gedreht: Unter den heute 60- bis 64-Jährigen haben noch deutlich mehr Männer als Frauen einen akademischen Abschluss, während es unter den 30- bis 34-Jährigen mehr Frauen sind (Statistisches Bundesamt 2018a).

In beruflicher Hinsicht ist zu konstatieren, dass die Erwerbstätigenquoten von Frauen seit den 1970er Jahren kontinuierlich gestiegen sind (Abbildung 4). Im Vergleich zu 1950, als 26 % der verheirateten Frauen erwerbstätig waren, hatte sich in Westdeutschland dieser Anteil 1980 bereits nahezu verdoppelt. In der damaligen Deutschen Demokratischen Republik wurden Frauen bereits früh systematisch in den Arbeitsmarkt eingebunden, sodass ihre Erwerbsquote bereits 1950 bei 44 % lag (Grunow 2010). Seither sind die Erwerbstätigenquoten von Frauen weiter angestiegen – auf heute 75 % (Statistisches Bundesamt 2018b).

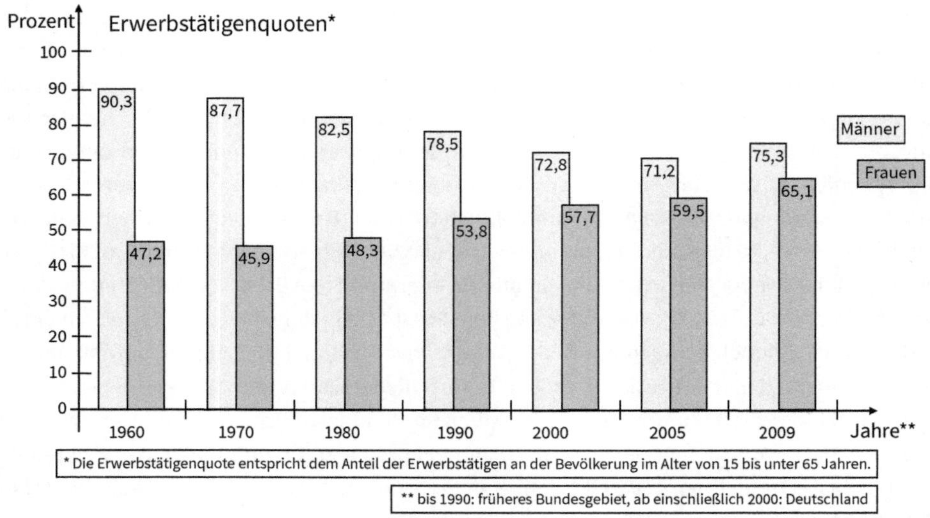

Abb. 4: Erwerbstätigenquoten Frauen und Männer im Vergleich von 1960 bis 2009 (nach Grunow 2010)

Neben den besseren Bildungsabschlüssen von Frauen ist diese Entwicklung auch dem sich wandelnden gesellschaftlichen Rollenmodell, auf das noch einzugehen sein wird, und auch dem sektoralen Wandel geschuldet. Denn gerade in den Wirtschaftsbereichen, in denen sich besonders häufig Frauen finden – wie beispielsweise dem Dienstleistungssektor –, hat die Beschäftigung in dem Betrachtungszeitraum stark zugenommen, während sie in traditionell eher männlich besetzten Branchen – wie dem produzierenden Gewerbe – rückläufig war. Zudem kam es durch den Ausbau des Sozialstaats in den 1960er Jahren dazu, dass unter anderem Versorgung und Pflege in bezahlte Arbeit im öffentlichen Sektor umgewandelt wurde. Dadurch weiteten sich »klassische Frauenberufe« wie Erzieherin, Krankenpflegerin oder Verwaltungsangestellte aus. Die Gesamtzahl der Beschäftigten im öffentlichen Sektor stieg in der Konsequenz von 3,2 Mio. im Jahr 1960 auf 4,6 Mio. im Jahr 1982. Im gleichen Zeitraum stieg auch die Frauenquote in diesem Sektor enorm an (Statistisches Bundesamt 2005; Statistisches Bundesamt 2010).

Mit zunehmender Erwerbstätigkeit der Frauen etablierte sich immer stärker das sogenannte Zuverdienermodell mit einem (meist männlichen) Hauptverdiener und einem (meist weiblichen) Zuverdiener im Sinne einer Teilzeitbeschäftigung oder einer geringfügigen Beschäftigung. Die ökonomische Abhängigkeit der Frauen von ihren Ehemännern ging damit deutlich zurück. Allerdings hat sich bis heute an dem o. g. Zuverdienermodell nicht viel verändert, das heißt, die durchschnittlichen Arbeitszeiten von Frauen liegen auch heute noch deutlich unter denen von Männern (jede zweite Frau arbeitet nicht in Vollzeit), und unter den Müttern sind 69 % in Teilzeit beschäftigt (verglichen mit 6 % der Väter) (Statistisches Bundesamt 2018c). Und so ist der starke Anstieg der Erwerbstätigenquote unter Frauen insbesondere einem ebenfalls starken Anstieg der Teilzeitbeschäftigung im gleichen Zeitraum geschuldet.

Charakteristisch für Teilzeitbeschäftigung in Deutschland ist noch heute die vergleichsweise kurze durchschnittliche Arbeitszeit von knapp 19 Stunden pro Woche. Diese findet sich wiederum insbesondere bei Frauen (Statistisches Bundesamt 2015b; WSI 2015). Zwar zeigen Umfragen unter jungen Menschen bereits seit Ende der 1990er Jahre den Wunsch nach einer gleichberechtigten Aufteilung von Familien- und Erwerbsarbeit, jedoch findet sich mit der Geburt des ersten Kindes nach wie vor in der Großzahl der Partnerschaften das beschriebene Zuverdienermodell. Der erste Gleichstellungsbericht spricht in diesem Zusammenhang auch von »Knotenpunkten« im Leben von Frauen, die deren weiteren Berufs- und Karriereweg beeinflussen (Sachverständigenkommission zur Erstellung des Ersten Gleichstellungsberichtes der Bundesregierung u. Fraunhofer-Gesellschaft zur Förderung der angewandten Forschung e. V. 2011). So lässt sich feststellen, dass Frauen nach der Vollendung des 35. Lebensjahres – der Phase nach der Familiengründung – deutlich seltener Führungsaufgaben wahrnehmen (Statistisches Bundesamt 2015b). Auch die Teilzeitquote von Frauen steigt vor allem im Alter zwischen Mitte 20 und Anfang 40 stark an (WSI 2013).

Diese nach wie vor vorherrschende Entwicklung ist allerdings nicht nur gesellschaftlichen Traditionen geschuldet, sondern vielmehr auch einer in vielen Regionen Deutschlands nach wie vor unzureichenden Kinderbetreuungsinfrastruktur sowie rein wirtschaftlichen Überlegungen. Zum einen besteht noch immer ein sogenannter Gender Pay Gap mit geringeren Verdienstmöglichkeiten von Frauen bei gleicher Qualifikation, zum anderen fördert das sogenannte Ehegattensplitting auf steuerlicher Ebene noch immer Alleinverdienerehen. Zudem selektieren sich Frauen nach wie vor überdurchschnittlich häufig in Berufsfelder, die mit einem geringeren Einkommen und verringerten Aufstiegschancen einhergehen. So finden sich neun von zehn berufstätigen Frauen im Dienstleistungsbereich wieder (Autorengruppe Bildungsberichterstattung 2018). Auch zahlreiche Initiativen zur stärkeren Integration von Frauen in die sogenannten MINT-Berufe sowie in Führungspositionen, die seit den 1990er Jahren im Zuge der Gender-Mainstreaming-Bewegung angestoßen wurden, zeigen zwar Erfolge, haben jedoch nicht zu durchschlagenden Veränderungen geführt. Vielmehr stagniert der Anteil von Frauen in Führungspositionen seit Jahrzehnten auf einem Niveau von etwa 30 % (Statistisches Bundesamt 2015c; Schmidt u. Stettes 2018; Rump u. Eilers 2020).[5]

1.3.4 Veränderung des Gesundheitsbewusstseins

Der Wunsch, die eigene Gesundheit im Auge zu behalten und zu stärken, steigt in dem Maße, in dem das Arbeiten und Leben einer zunehmenden Komplexität und Beschleunigung ausgesetzt ist. In der zunehmenden »Entgrenzung« zwischen beruflicher und privater Sphäre, der vermeintlich ständigen Erreichbarkeit sowie einer unzureichenden Balance zwischen Be- und Ent-

5 Unterschiedliche Studien verwenden verschiedene Klassifizierungen und kommen daher auch zu leicht abweichenden Zahlen.

lastung wird eine der Ursachen für den sprunghaften Anstieg psychischer Erkrankungen in den vergangenen Jahren gesehen (u. a. Pangert u. Schüpbach 2013). Allerdings ist dies differenziert zu betrachten. Während es zu unterschiedlichen Arbeitszeitformen und auch zur psychischen Gesundheit bereits seit Jahren zahlreiche Untersuchungen gibt, handelt es sich bei der Wirkungsanalyse der Arbeitszeitgestaltung bezogen auf psychische Belastungen um einen eher neuen Forschungsgegenstand. Gleiches gilt für die Thematik der Erreichbarkeit und atypischer Arbeitszeiten (Schütte 2014) sowie die Frage, inwieweit Konflikte, die aus widersprüchlichen Anforderungen von Arbeits- und Privatleben resultieren, zu kurz- oder langfristigen Konsequenzen für die psychische Gesundheit führen (Hüffmeier 2014).

Tatsächlich sind psychische Erkrankungen aber auf dem Vormarsch. Als Ursache für Arbeitsunfähigkeit nahmen sie alleine im Zeitraum von 2008 bis 2018 um 64,2 % zu (Meyer et al. 2019). Diese starke Zunahme ist zum einen darauf zurückzuführen, dass die Fallzahlen ansteigen. Hierzu besteht ein wissenschaftlicher Diskurs dahingehend, inwieweit der Anstieg auf eine tatsächliche drastische Zunahme dieser Erkrankungsform oder auch auf eine Verbesserung der Diagnostik und Reduzierung der Stigmatisierung psychischer Leiden zurückzuführen ist (Meier u. Hauth 2015; Jacobi et al. 2015). Zum anderen spielt die Dauer der Krankheitsfälle eine entscheidende Rolle. Die durchschnittlichen Ausfallzeiten bei dieser Art von Erkrankung sind vergleichsweise lang. Als »Spitzenreiter« bei der Falldauer liegen sie bei ca. 40 Tagen pro Fall (verglichen mit 12,3 Tagen über alle Erkrankungsarten hinweg) (Kliner et al. 2015). Die Kostenbelastung, die Unternehmen infolge psychischer Belastungen, Burnout oder Depressionen heute bereits spüren, ist also nicht unerheblich und wird voraussichtlich weiter ansteigen. Es liegt auf der Hand, dass es erklärtes Ziel sein sollte, diese Erkrankungen möglichst zu reduzieren und dafür präventive Maßnahmen zu ergreifen. Auf individueller Ebene trägt dem das gestiegene Gesundheitsbewusstsein in der Bevölkerung Rechnung. Dieses äußert sich einerseits in dem bereits angesprochenen Streben nach einem ausbalancierten Lebenskonzept, andererseits aber auch in konkreten Aktivitäten zur Verbesserung und Überwachung der eigenen Gesundheit (Rump u. Eilers 2020).

1.3.5 Entwicklung zu mehr Partizipation und Demokratisierung

Das zunehmende Streben nach Partizipation wird nicht selten als Konsequenz der Digitalisierung und Virtualisierung gesehen (u. a. Hofmann et al. 2019), liegt jedoch auch in der Sozialisation begründet. So wurden die Vertreter*innen der heutigen jüngeren Generation sehr viel stärker dazu erzogen, ihre Werte und Meinungen zu vertreten als die Generationen vor ihnen, und die Freiräume und Mitspracherechte von Kindern und Jugendlichen wachsen stetig. Sie werden bei der Urlaubsplanung und Freizeitgestaltung beteiligt, in der Schule werden interaktive Designs angewendet, in der Politik finden Bürgerdialoge statt, das Internet lässt alle an allem teilhaben. In der Folge weisen die Vertreter*innen der jüngeren Generation eine hohe Bereitschaft auf und sehen es als selbstverständlich an, auch im Arbeitskontext ihre eigenen Meinungen und Wünsche kundzutun und an Entscheidungsfindungen sowie an der Planung ihrer beruflichen (Weiter-)entwicklung zu partizipieren (Kienbaum Institut @ ISM 2015). Eigenverantwortlich zu leben und zu handeln, ist für 88 % der in der Shell-Jugendstudie 2015 befragten 12- bis 25-Jährigen ein wichtiger Wert (Deutsche Shell Holding GmbH 2015).

Grundsätzlich hat Partizipation für Beschäftigte insbesondere etwas mit der Mitgestaltung ihrer Arbeitsumgebung, Arbeitsweise und Arbeitsorganisation zu tun. Dabei nimmt einer Untersuchung des Fraunhofer IAO zufolge die flexible Gestaltung von Arbeitszeit und Arbeitsort gemäß der individuellen Lebensphase und Präferenz die gewichtigste Rolle ein (Kaiser 2018). Ebenfalls zunehmend bedeutsam wird es für Beschäftigte, die Zukunft ihres Unternehmens aktiv mitzugestalten und an Entscheidungs- und Innovationsprozessen mitzuwirken. Das Global Shapers Annual Survey unter jungen Menschen zeigt, dass es insbesondere die Möglichkeiten zur Mitwirkung bei der Unternehmensvision und -strategie sind, die einen attraktiven Arbeitgeber für sie ausmachen (WEF 2017). In einer Studie der Hays AG, der ZukunftsAllianz Arbeit & Gesellschaft und der Gesellschaft für Wissensmanagement e. V. wünschen sich 68 % der Befragten mehr Freiheit und Souveränität bei ihrer Arbeit. Mehrheitlich sind die Teilnehmer*innen überzeugt davon, dass sie dies innovativer machen würde. 70 % würden gerne selbst ihre Führungskräfte wählen und mehr als 80 % glauben, mehr Einfluss der Beschäftigten auf unternehmensrelevante Entscheidungen und die Beteiligung am Unternehmensgewinn würden die Produktivität des Unternehmens erhöhen (Hays et al. 2016). Nicht zuletzt wird Partizipation und Mitgestaltung als eines der Grundprinzipien von »New Work« erachtet und im Kontext von Agilität diskutiert. Für Führungskräfte stellt Partizipation die Chance dar, dem umfangreichen Aufgaben- und Rollenprofil sowie dem Anforderungsprofil gerecht zu werden, mit dem sie sich infolge der Veränderungen in der Arbeitswelt konfrontiert sehen. Viel mehr als auf das Ausfüllen der klassischen Führungsrolle kommt es darauf an, eine Orientierung und einen Rahmen für Zusammenarbeit zu bieten und nicht zuletzt die kollektive Intelligenz des Teams und des Netzwerks zu nutzen. Dazu braucht es Resonanz im Sinne einer Offenheit für Ideen und Anregungen, eine hohe Empathie im Umgang mit Mitarbeiter*innen zur Abstimmung einer gemeinsamen Strategie und nicht zuletzt Resilienz, um auch im Zusammenhang mit den in einem volatilen Umfeld immer wieder auftretenden Krisen, Veränderungen und Unsicherheiten den Mitarbeiter*innen Sicherheit zu vermitteln und sie zu befähigen, mit den entsprechenden Situationen umgehen zu können (Müller-Wieland u. Heidingsfelder 2018; Rump u. Eilers 2020).

Auf einen Blick

Implikationen für Future Learning

- Steigender gesellschaftlicher Wunsch nach Partizipation und Demokratisierung,
- zunehmende Individualisierung und Vielfalt in der Gesellschaft und dadurch Notwendigkeit entsprechender Bildungsangebote, um »jede*n dort abzuholen, wo er/sie steht« (Ort, Zeit, Didaktik...),
- steigende Ansprüche an die Gestaltung von Bildungsangeboten im Kontext von Life-Balance, Gesundheitsbewusstsein und Nachhaltigkeit,
- Wunsch nach mehr Unterstützung bei der Vereinbarkeit von Beruf und Familie, auch für Männer, um mehr Vollzeitarbeit und persönliche Entwicklung von Frauen zu fördern.

1.4 Ökonomie

Zur Betrachtung der ökonomischen Trends, die für Bildung und Lernen relevant sind, gehört insbesondere der Blick auf die Globalisierung (s. Abschn. 1.4.1), die Entwicklung zur sogenannten VUCA-Welt (s. Abschn. 1.4.2) sowie die Entwicklung zur Wissens- und Innovationsgesellschaft (s. Abschn. 1.4.3).

1.4.1 Globalisierung

Eine entscheidende Rolle im Hinblick auf die ökonomische Entwicklung Deutschlands nahm und nimmt die Globalisierung ein, die bereits seit den 1970er Jahren zu beobachten ist. Insbesondere nach dem Ende des »Kalten Krieges« erlebte sie einen enormen Schub. Wenngleich die internationale Finanz- und Wirtschaftskrise zu einem flächendeckenden Rückgang der Globalisierung seit 2007 geführt hat – ein ähnlicher Effekt ist im Hinblick auf die Corona-Krise zu erwarten –, profitiert einer Studie der Bertelsmann Stiftung zufolge nach wie vor kaum eine andere große Volkswirtschaft so stark von der Globalisierung wie Deutschland (Böhmer et al. 2016). Nach dem KOF Index of Globalization belegt Deutschland aktuell Rang 8 der am stärksten globalisierten Länder (Statista 2018).[6] Seit einigen Jahren ist allerdings zu beobachten, dass es zunehmend zu einer Machtverschiebung von West nach Ost mit einem Erstarken des asiatischen Raumes kommt (Z_Punkt 2019).

Eine Folge der Globalisierung besteht in der zunehmenden Entkoppelung der Arbeit vom Ort ihrer Ausführung, das heißt, vermehrt werden Produktionsschritte oder Dienstleistungen an Orten ausgeführt, an denen dies zu vergleichsweise günstigen Kosten möglich ist oder an denen ausgewiesene Expert*innen zu der jeweiligen Thematik zu finden sind – die Arbeit überschreitet somit geografische, sprachliche und kulturelle Grenzen. Eine erste Globalisierungswelle, in deren Rahmen zahlreiche niedrig qualifizierte Tätigkeiten in Niedriglohnländer abwanderten, ist einer zweiten Globalisierungswelle gewichen. Diese bezieht sich auf nicht-produzierende Bereiche, insbesondere Dienstleistungen, und wird in den kommenden Jahrzehnten noch weiter voranschreiten. Dazu tragen neue Zielländer mit entsprechend geringen Lohnkosten, Skaleneffekten, sinkenden Transaktionskosten und einer Ausweitung des Spektrums an auslagerbaren Dienstleistungen durch Automatisierung und Standardisierung bei. Eine dritte Globalisierungswelle, die Unternehmensfelder wie Forschung & Entwicklung, Konstruktion etc. umfasst, ist durchaus nicht unrealistisch. Dies wird bestärkt durch den Umstand, dass sich der Bildungsgrad der Bevölkerung in den Zielländern der Auslagerung zusehends verbessert und Kommunikationskanäle eine immer größere Verbreiterung aufweisen. Erfolgreiche Schwellenländer sind immer mehr in der Position, selbst die niederkomplexen Produktions- und Dienst-

6 Der KOF Index of Globalization misst drei Hauptdimensionen der Globalisierung: ökonomische Globalisierung, soziale Globalisierung und politische Globalisierung. Diese Dimensionen werden in weitere Unterdimensionen untergliedert. Je höher der Indexwert, desto globalisierter ist ein Land.

leistungstätigkeiten in Regionen mit wiederum geringeren Arbeitskosten auszulagern. Neben diesem Offshoring ist auch mit einer Abwanderung kompletter Wertschöpfungsketten bzw. Produktionsbereiche zu rechnen.

Es ist jedoch auch in Erwägung zu ziehen, dass sich ein gegenteiliger Trend entwickeln kann: die Ausrichtung der Prozessgestaltung im Hinblick auf die Ressourcenoptimierung, das heißt, die optimale Nutzung der Ressourcen Zeit, Know-how, Rohstoffe, Energie und Finanzen anstelle der Kostenreduktion in den Fokus zu rücken (Fischer u. Rump et al. 2013). Zunehmend entscheiden sich Unternehmen für das sogenannte Inshoring oder Reshoring – ausgelagerte Prozesse werden also zurück in das Ursprungsland geholt. Hintergrund ist, dass die Kostenvorteile in den klassischen Offshoring-Ländern vielfach schwinden, insbesondere da die Errungenschaften der Digitalisierung im Kontext von Industrie 4.0 ebenfalls zu deutlichen Kostenreduktionen und Kapazitätsverbesserungen führen können. Die Boston Consulting Group stellt in einer Studie bei einer steigenden Zahl US-amerikanischer Unternehmen die Bereitschaft zum Reshoring fest (BCG 2015), doch auch in Deutschland ist diese zu beobachten, insbesondere in der chemischen Industrie, der Metallindustrie sowie der Elektro- und Elektronikbranche (Rump u. Eilers 2020). Diese Entwicklung, die bereits in der Finanzkrise 2008/2009 ihren Anfang nahm, wurde durch die Corona-Krise noch einmal verstärkt, insbesondere für solche Sektoren, die stark von globalen Wertschöpfungsketten abhängig sind und schmerzlich erfahren mussten, wie sehr diese im Falle einer weltweiten Krise in Mitleidenschaft gezogen wurden. Dazu zählen die Auto- und Transportzulieferer sowie die Elektro- und Textilindustrie. Diese Branchen importierten bisher etwa 12 % ihrer Vorprodukte aus Niedriglohnländern (Marin 2020).

Als Gegentrend zur Globalisierung wird nicht selten die Begrifflichkeit der Glokalisierung (engl. Glocalisation) ins Spiel gebracht. Interessanterweise finden sich hierzu unterschiedliche Interpretationsansätze. So verstehen einige Autoren unter Glokalisierung eine Zusammenführung der scheinbar widersprüchlichen Begriffe Globalisierung und Lokalisierung. Dabei geht es in einem Interpretationsansatz (u. a. Seibert 2016) um die Auswirkungen der Globalisierung auf lokale Entwicklungen, Prozesse und Kulturen und das Bestreben danach, trotz der voranschreitenden Globalisierung nationale und individuelle Identitäten und Charakteristika zu bewahren. Für Robertson (1995) ist das Lokale Teil der Globalisierung bzw. beide Elemente bedingen einander. So wird seiner Ansicht nach beispielsweise die Sehnsucht der Menschen nach »Heimat« und »Wurzeln« von der Globalisierung getrieben. Die ökonomische Perspektive betonen u. a. Haas u. Neumair (2007) im Sinne des Verhältnisses zwischen der globalen Ausrichtung von Organisationen und Unternehmen und der vielfach lokal verorteten industriellen Produktion sowie lokal angepassten (Produktions-)Strategien. Dahinter steht die Rückbesinnung auf regionale Märkte und deren Vernetzung mit internationalen Märkten bei gleichzeitiger transnationaler Ausrichtung von Unternehmen. Andere Autoren wiederum stellen diesen Begriff in dem Kontext der Urbanisierung (Rump u. Eilers 2020).

1.4.2 Entwicklung zur VUCA-Welt

Ein Kennzeichen der neuen Arbeitswelt ist die zunehmende Instabilität von Märkten vor allem durch kürzere Produktlebenszyklen und schnellere Innovationszyklen. Es wird zu einem Wettbewerbsfaktor, Unsicherheiten und Instabilitäten und damit letztlich eine neue Dimension der Komplexität zu steuern (BDI u. Z_Punkt 2011). Bestehende Geschäftsmodelle müssen transformiert, neue zukunftsträchtige Geschäftsfelder besetzt und gleichzeitig auch das noch profitable Kerngeschäft so effizient wie möglich verfolgt werden. Es ergeben sich Innovationen an den Schnittstellen bislang separater Sektoren und es entstehen sektorübergreifende Wertschöpfungsnetzwerke und -strukturen, so beispielsweise die sogenannte Plattform-Ökonomie. Strategische Allianzen im Sinne von Wertschöpfungspartnerschaften erlangen dabei eine zunehmende Bedeutung, da es immer schwieriger wird, alleine Innovationen zu erarbeiten und am Markt durchzusetzen. Solche Allianzen können branchenübergreifend und/oder auf internationaler Ebene erfolgen, in bestimmten Segmenten, wie beispielsweise bei der Komponenten- oder Produktentwicklung in der Automobilindustrie durchaus auch mit Wettbewerbern im Sinne einer »coopetition«. Durch die Zunahme an integrierten Produkten und Dienstleistungen verschwimmen die Grenzen immer stärker, es entstehen hoch flexible Prozesse und Strukturen. Auch die Ziele der Geschäftstätigkeit wandeln sich und schließen immer häufiger auch positive Effekte auf Gesellschaft und/oder Umwelt ein (Z_Punkt 2019; BMWI 2015). Unternehmen bewegen sich in einem Spannungsfeld zwischen Kostendruck und Innovationsdruck. Es zeigt sich jedoch, dass die Unternehmen, die sich dem beständigen Wandel stellen, indem sie sich stetig weiterentwickeln und neu erfinden, dreimal so schnell wachsen wie andere und höhere Gewinne erzielen (Grabmeier 2014). Nicht zuletzt gilt es, sich auf neue Kundenbeziehungen einzustellen. Denn Kund*innen werden »mündiger«, sind besser informiert und erwarten, dass ihre Bedürfnisse in hohem Maße durch kompetente Ansprechpersonen und individualisierte »Rundum-Lösungen« umgesetzt werden und sie, wenn möglich, bereits in den Entwicklungsprozess einbezogen werden. Dadurch kommt es auch zu Entwicklungen wie »Open Innovation«, die sich auf Kooperationen mit F&E-Partnern, Universitäten, Lieferanten, Behörden, Wettbewerbern oder Kund*innen bezieht. Gerade durch die Digitalisierung bestehen hier immense Potenziale (Prognos 2015; Kofler 2018).

Im Zusammenhang mit diesen Entwicklungen wird vielfach das Synonym VUCA herangezogen. Dieses diente in den 1990ern auf dem US Army War College dazu, die ungewohnte Situation nach dem Ende des Kalten Krieges begrifflich zu erfassen (Gläser 2018; Bartlett-Mattis 2017). Im aktuell diskutierten Kontext verbergen sich hinter dem Akronym VUCA die in Tabelle 2 aufgeführten Zusammenhänge.

Grundsätzlich lassen sich folgende Implikationen ableiten (Lindner 2016; Bennett u. Lemoine 2014; Bartlett-Mattis 2017):

- Untätigkeit und Unentschlossenheit können schwerwiegende Folgen haben.
- Probleme und Herausforderungen sind stets aus mehreren Perspektiven zu betrachten.

Volatility	Volatilität/ Flüchtigkeit	• Die (Arbeits-)Welt unterliegt einem permanenten Wandel, Veränderung wird zum Normalzustand. • Die Veränderungsgeschwindigkeit steigt rasant an, vielfach ist die Dauer einer Herausforderung nicht absehbar.
Uncertainty	Unsicherheit/ Ungewissheit	• Entwicklungen werden immer schwerer vorhersehbar und/oder berechenbar. • Erfahrungen verlieren ihre Relevanz als Grundlage für Prognosen.
Complexity	Komplexität/ Unübersichtlichkeit	• Es kommt zur Vermischung verschiedener Ebenen, zahlreiche Variablen sind miteinander verknüpft. • Hierarchien und traditionelle Muster werden vielfach obsolet. • Viele Prozesse sind nicht mehr standardisierbar oder vereinfachbar. • Die verfügbaren Informationen sind teils im Überfluss vorhanden und schwer zu überblicken.
Ambiguity	Ambiguität/ Mehrdeutigkeit	• Vielfach ist das Verstehen der Zusammenhänge zwischen Ursache und Wirkung nur schwer möglich. • Es gibt keine »one fits all«-Lösungen mehr. • Entscheidungen erfordern Mut, Fehlertoleranz und die Bereitschaft, sie jederzeit zu revidieren.

Tab. 2: Zusammenhänge der VUCA-Welt (eigene Darstellung in Anlehnung an Gläser 2018; Bartlett-Mattis 2017; Lindner 2016; Bennett u. Lemoine 2014)

- Vielfach ist »trial and error« der einzige Weg, mit unvorhersehbaren Situationen umzugehen. Dazu gehört auch ein hohes Maß an Fehlertoleranz.
- Alternative Realitäten und Herausforderungen zu antizipieren, wird essentiell. Es braucht einen »Plan B« oder gar einen »Plan C«.
- Führungskräfte müssen befähigt werden, den Mitarbeiter*innen Orientierung zu geben, auch wenn sie selbst die Rahmenbedingungen oder das Ziel noch nicht absehen können.
- Lineare Entscheidungsprozesse anhand fest definierter Rahmenbedingungen und anhand bestimmter Tools sind nicht mehr zielführend.

Treiber der VUCA-Welt sind in erster Linie die Globalisierung, die Digitalisierung und die Entwicklung zur Wissens- und Innovationsgesellschaft. So haben sich globale Abhängigkeiten stark erhöht und aus lokalen Ereignissen oder Krisen können schnell weltweite disruptive Phänomene werden. Dies hat die Corona-Krise eindrucksvoll verdeutlicht. Vor dem Hintergrund einer steigenden Zahl internationaler Krisen sowie einer weitgehend unberechenbaren Wirtschafts- und Handelspolitik fällt es den nationalen Volkswirtschaften zunehmend schwer, sich vollständig zu erholen und entsprechend zu positionieren (Z_Punkt 2019). Digitale Technologien sind dabei nicht nur Ursache, sondern auch Mittel zum Zweck, wenn es darum geht, diese Herausforderungen der VUCA-Welt zu meistern (Lemke 2020; Rump u. Eilers 2020). Umso mehr braucht man die kollektive Intelligenz und Partizipationsmodelle.

1.4.3 Wissens- und Innovationsgesellschaft

Die seit Jahrzehnten beständige Erhöhung der Veränderungsgeschwindigkeit und -dynamik und der daraus resultierende Anspruch an Flexibilität sowie Innovationsfähigkeit und -bereitschaft von Unternehmen und ihren Belegschaften sind nicht zu unterschätzen und stellen nicht zuletzt auch eine Konsequenz der Globalisierung dar. Wissen, Kompetenzen, Fertigkeiten und Motivation der Mitarbeiter*innen werden dadurch zum erfolgskritischen Faktor eines Unternehmens, um auf einem zunehmend vielfältigeren und komplexeren Markt zu überleben. Gleichzeitig sinkt die Halbwertzeit von Wissen rapide, und es wird in der Folge zunehmend zur Herausforderung, Wissen und Kompetenzen »ein Leben lang« aktuell zu halten und die Komplexität zu überblicken.

Innovation und wissenschaftlicher Fortschritt finden nicht mehr nur in den hoch entwickelten Wirtschaftsnationen, sondern – nicht zuletzt bedingt durch die rasante Ausbreitung digitaler Technologien – in zunehmendem Maße auch in Schwellenländern statt. Und so wird auch zunehmend Wissensarbeit weltweit verteilt. Dadurch gehen gerade im mittleren Qualifikationssegment in den hoch entwickelten Wirtschaftsnationen Arbeitsplätze verloren (IZA 2015; Bauer 2015). Für Arbeitgeber ist dies mit der Konsequenz verbunden, dass sich der Wettbewerb um die besten Fachkräfte in Zukunft auch häufiger global abspielen wird und dass es gilt, das verfügbare Wissen bestmöglich miteinander zu kombinieren und die Zusammenarbeit auch über große Distanzen beziehungsweise in zunehmend heterogenen Teams zu optimieren (Gratton 2011).

Hinzu kommt ein weiterer Umstand: Aufgrund der komplexer gewordenen Voraussetzungen für Innovationsprozesse, insbesondere im Hinblick auf den digitalen Strukturwandel, können diese nur noch bedingt im eingeschränkten Rahmen eines Unternehmens stattfinden. Unter dem bereits angesprochenen Schlagwort der Open Innovation bilden sich bereits heute entsprechende Kooperationen mit F&E-Partnern, Universitäten, Lieferanten, Behörden, Wettbewerbern oder Kund*innen. Allerdings bedarf es zur Umsetzung von Open Innovation im Unternehmen des Aufbrechens traditioneller Denkstrukturen, um in Innovationsprozessen Offenheit sowohl für den Input interner (nicht unmittelbar entwicklungsnaher) Mitarbeiter*innen und auch externer Fachkräfte zuzulassen. Die Aufgabe der entwicklungsnahen Bereiche besteht nicht mehr in erster Linie darin, selbst Wissen zu generieren, sondern in gleichem Maße auch externe Wissensquellen zu akquirieren, deren Wissen zu beurteilen und zu integrieren. Hierbei können agile Arbeits- und Organisationsformen unterstützend wirken. Eine weitere Herausforderung besteht in der steigenden Vernetzungsdichte mit Externen (z. B. im Kontext von Crowdsourcing), die die Komplexität und auch den Aufwand für Kommunikation, Interaktion, Ideenbewertung etc. erheblich erhöht (Fischer u. Rump et al. 2013). Als Konsequenz der Entwicklung zur Wissens- und Innovationsgesellschaft investieren Unternehmen in zunehmendem Maße nicht mehr nur in Maschinen und Gebäude, sondern auch in ihr Wissenskapital. Dieses umfasst neben den Kompetenzen ihrer Mitarbeiter*innen auch entsprechende Software und Datenbanken, um mit der digitalen Transformation Schritt halten zu können. Bereits heute investiert die deutsche Wirtschaft mehr in Wissenskapital als in klassische Anlagegüter – im internationalen Vergleich stellen sich diese Investitionen allerdings nur durchschnittlich dar, zudem ist der Wissenskapitalstock überdurchschnittlich alt. Was die Art des Wissenskapitals angeht, hapert es insbesondere an Investitionen in Führungskompetenzen und die Aus- und Weiterbildung der Mitarbeiter*innen, bei denen Deutschland laut einer Studie des Deutschen Instituts für Wirtschaftsforschung (DIW) auf dem letzten Platz zu finden ist (Stühmeier 2019, Rump u. Eilers 2020).

Auf einen Blick

Implikationen für Future Learning

- Zunehmende Globalisierung von Wissen und Bildung,
- steigender Wettbewerbsdruck und steigende Ansprüche an Flexibilität sowie Anpassungsfähigkeit an sich wandelnde Kompetenz- und Leistungsanforderungen,
- zunehmende Bedeutung von Wissen und Kompetenzen,
- Bildung und Beschäftigungsfähigkeit werden zum Sicherungsanker in der VUCA-Welt,
- der Umgang mit Unvorhersehbarkeit und Unsicherheit wird zu einer Kernkompetenz, auch in Bezug auf Bildungs- und Karriereverläufe,
- »trial and error« ist vielfach unerlässlich, um Innovationen zu generieren und mit disruptiven Veränderungen umzugehen.

1.5 Technologie

Vielfach wird die Digitalisierung als Oberbegriff für die Konsequenzen genutzt, die sich durch verschiedenste technologische Trends und moderne Instrumente der Informations- und Kommunikationstechnologie sowohl im täglichen Leben als auch im Arbeitskontext ergeben. Die digitale Transformation beschreibt den Vorgang, mit dem die Möglichkeiten, die sich durch diese Technologien bieten, zu einer Neugestaltung von Prozessen, Strukturen, Geschäftsmodellen und nicht zuletzt auch gesamtgesellschaftlichen Verhaltensweisen führen. Das Weltwirtschaftsforum definiert insbesondere das allgegenwärtige mobile Hochgeschwindigkeitsinternet, die Künstliche Intelligenz, die umfängliche Anwendung von Big-Data-Analysen sowie die Cloud-Technologie als die entscheidenden Treiber für Wirtschaftswachstum in den Jahren 2018–2022 (WEF 2018).

1.5.1 Grundsätzliches zur digitalen Transformation

In der jüngsten BMWi-Befragung zum Digitalisierungsgrad der deutschen Wirtschaft (in Bezug auf die Nutzung digitaler Geräte und Infrastrukturen, die digitale Entwicklung der Unternehmen und Geschäftserfolge durch die Digitalisierung) wurden 54 von maximal 100 Punkten erreicht. Dabei lässt sich im Vergleich zu Vorgängerstudien ein deutliches Umdenken in der Industrie erkennen, die Digitalisierungsprojekte in zunehmendem Maße wichtig findet. Während 2018 im Rahmen der Befragung viele der beteiligten Unternehmen allerdings nicht davon ausgingen, in den darauffolgenden Jahren massive Fortschritte in Bezug auf die Digitalisierung zu machen (BMWi 2018), erfuhr diese im Rahmen der Corona-Krise einen ungeahnten Schub. Vieles, das in langwierigen Planungsschleifen verharrte, wurde plötzlich kurzfristig umgesetzt und neue Ansätze entwickelt, um die Situation besser beherrschbar zu machen.

Die disruptiven Kräfte der Digitalisierung zeigen sich vor allem dort, wo bestehende Strukturen von Märkten, Technologien, Akteur*innen unwiederbringlich verändert werden. Als Beispiele seien die Verdrängung der Analog- durch die Digitalfotografie oder der fortschreitende Abbau von Bankfilialen zugunsten von Online-Banking genannt. Dazu trägt auch bei, dass das Internet Verbraucher*innen die Möglichkeit gibt, Preise und Strukturen zu vergleichen und mündig ihre eigenen Entscheidungen auf Basis einer hohen Informationsdichte zu treffen (Lemke 2020; Rump u. Eilers 2020). Eine große Herausforderung für Unternehmen besteht zudem darin, die technologischen Potenziale, die sich ihnen bieten, zu überblicken, sie realistisch einzuschätzen und auch entsprechend zu nutzen. Dazu bedarf es neben einer modernen IT-Infrastruktur weiterer Voraussetzungen wie einer innovationsfreudigen Unternehmenskultur, agilen Arbeitsmethoden, der Optimierung von Geschäftsprozessen und einer adäquaten Innovationsentwicklung und -realisierung (Kofler 2018). Hierbei gilt es allerdings zu berücksichtigen, dass unterschiedliche Branchen und Wirtschaftsbereiche noch in unterschiedlicher Intensität von der digitalen Transformation beeinflusst werden.

Erfolgreiche digitale Geschäftsmodelle lassen sich wie folgt charakterisieren (Lemke 2020):

- Bestehende erfolgreiche Geschäftsmodelle werden gezielt rekombiniert.
- Die Möglichkeiten der Digitalisierung und Vernetzung hinsichtlich Usability, IT-Infrastruktur und digitaler Kundenprozesse werden konsequent genutzt.
- Durch Ausnutzung positiver Netzwerkeffekte werden kundenzentrierte Geschäftsmodelle aufgebaut.
- Das digitale Geschäftsmodell ist einfach skalierbar.

Vielfach wird die Digitalisierung als alleinige Ursache für zahlreiche Entwicklungen in Bezug auf Organisationsstrukturen, Lernen sowie Kompetenzanforderungen und Berufsbilder gesehen. Dies ist durchaus richtig und wichtig, doch greift es zu kurz, da die Digitalisierung in vielen Fällen eher der Treiber oder »Enabler« ist, um Veränderungen umzusetzen oder Verhaltensweisen zu unterstützen, die letztlich in anderen Megatrends begründet liegen (Mazari 2018; Stalder 2016). Ein Beispiel stellt die Zunahme des ortsflexiblen Arbeitens dar, das erst durch moderne Kommunikationstechnologie möglich wurde, aber letztendlich in einem engen Zusammenhang zu gesellschaftlichen Trends hin zu mehr Selbstbestimmtheit und einer besseren Vereinbarkeit von Beruf und Privatleben herrührt. Auch die Corona-Krise als unvorhersehbarer externer Einflussfaktor bewirkte hier eine immense Verhaltensänderung. Umgekehrt sind viele Konsequenzen der Digitalisierung nicht primär technischer Natur. Vielmehr verändert sie auch das soziale Miteinander in entscheidender Weise. Zu denken ist nur an die sozialen Netzwerke und Messenger-Dienste, die gerade für die jüngere Generation eine alltägliche Form des Austauschs darstellen und so den persönlichen Kontakt deutlich reduzieren (Mazari 2018). Generell trägt die Generation der sogenannten »Digital Natives«[7] ihre Technologieaffinität auch in das Arbeitsleben hinein. Allerdings gilt festzuhalten, dass der hohe Nutzungsgrad neuer Medien nicht zwangsläufig mit einer hohen technischen Kompetenz einhergeht. Vielmehr ist das Interesse an den zugrundeliegenden technischen Zusammenhängen eher gering und die Kompetenzen in Bezug auf bewertende und interpretierende Aspekte der Internetnutzung bei vielen Vertreter*innen der jüngeren Generation ebenfalls nicht besonders hoch ausgeprägt. Hier ist nicht selten eine Divergenz zwischen Selbst- und Fremdeinschätzung zu beobachten (Appel u. Michel-Dittgen 2013; Kofler 2018).

Nicht vergessen werden sollten beim Fortschritt der Informations- und Kommunikationstechnologien auch Herausforderungen wie die zunehmende Informationsüberflutung und sogenannte »Datenfriedhöfe«. Ebenso ist der Umstand zu beachten, dass Wissen und Wissensvermittlung immer Teil der Unternehmenskultur sind und an Personen festgemacht werden, sodass darauf zu achten ist, dass Wissen kein Privileg Einzelner sein darf. Intelligente Algorithmen für leistungsfähige Suchmaschinen können hier Abhilfe schaffen (BDI u. Z_Punkt 2011). Hinzu kommen Themen wie die Ausbildung der Mitarbeiter*innen, arbeitsrechtliche Fragestellungen sowie verschwimmende Grenzen zwischen freier und abhängiger Beschäftigung einerseits und Arbeit bzw. Freizeit andererseits (Rump u. Eilers 2021).

Die Corona-Krise hat zweifelsohne einen enormen Vorschub für die Digitalisierung geleistet. Dies erstreckt sich von der flächendeckenden Einführung von Homeoffice-Lösungen über E-Commerce-Angebote bis hin zu neuen Bildungsformaten. Nicht jede dieser Entwicklungen wird dauerhaft Bestand haben, doch es ist unwahrscheinlich, dass das Rad komplett zurückgedreht wird. Darauf deuten Befragungen (u. a. Rump et al. 2020b) ebenso hin wie die Einschätzung von Branchenexpert*innen (u. a. Bitkom 2020). Viele Digitalisierungsschritte, die bislang im Bereich der Bildung, aber auch im betrieblichen Kontext »auf die lange Bank geschoben« worden waren oder als nicht umsetzbar galten, wurden im März 2020 teils über Nacht realisiert. Zweifelsohne regierte gerade zu Beginn vielfach das Prinzip des »trial and error«, doch es lässt sich nicht von der Hand weisen, dass zahlreiche Prozesse angestoßen wurden, die auch nachhaltig Bestand haben dürften. Gleichwohl hat die Krise auch vielerorts schonungslos offengelegt, wie groß die Aufholpotenziale in Sachen Digitalisierung in Deutschland tatsächlich noch sind.

1.5.2 Internet und Konnektivität

In Zukunft wird das Internet noch stärker als bisher das Leben und Arbeiten der Menschen durch virtuelle Vernetzung sowie flexible Kooperations- und Organisationsformen durchdrin-

7 Marc Prensky, ein US-amerikanischer Pädagoge, Berater und Autor zahlreicher Publikationen entwickelte die Kategorisierung der Gesellschaft in »Digital Natives«, die im digitalen Zeitalter geboren wurden und sozusagen die digitalen Technologien als Muttersprache sprechen, und »Digital Immigrants«, in deren Leben digitale Technologien eingetreten sind, die ihnen allerdings zeitlebens etwas fremd bleiben (vgl. Prensky 2001, S. 1).

gen. Der Cisco Visual Networking Index geht bis zum Jahr 2022 von einem weltweiten Datentransfer über das Internet von mehr als 150 TB pro Sekunde aus (Cisco 2019). In der Konsequenz verschmelzen reale und virtuelle Welt immer mehr miteinander, man spricht in diesem Zusammenhang auch vom »Internet der Dinge«. Dieses bringt Entlastungen durch intelligente Umgebungen und interagierende Objekte mit sich. Geschäftspotenziale durch das »Internet der Dinge« ergeben sich vor allem in den Bereichen Automatisierung, Logistik, Automobil, Gesundheit, alternde Gesellschaft, Umwelt, Energie, Geschäftsprozesse und Sicherheit. Im betrieblichen Kontext entstehen neue Möglichkeiten zur Automatisierung bestehender und Schaffung neuer digitaler Prozesse, beispielsweise durch intelligente Sensoren und automatisierte Steuerungssysteme, sowie zur Entwicklung smarter Produkte und Dienstleistungen (Lemke 2020). Heute schon und in Zukunft noch stärker können Mitarbeiter*innen jederzeit und von jedem Ort aus auf Daten und Informationen zugreifen und so auch neues kontextbezogenes Wissen erzeugen. Mit diesen wissensbasierten Systemen und einem entsprechenden Wissensmanagement ist es möglich, Prozesse und ganze Unternehmen in Echtzeit global zu steuern. Die zunehmende Informationsflut wird damit beherrschbarer gemacht, interdisziplinäre Entwicklungen vereinfacht. Ebenso ist es möglich, Entscheidungen und Handlungsoptionen rechnergestützt zu modellieren, um Effizienz, Flexibilität und Beschleunigung zu erreichen.

Infolge der umfassenden Informatisierung entstehen auch neue Geschäftsmodelle, die stärker auf Vernetzung ausgerichtet sind. In diesem Zusammenhang ermöglicht z. B. »Crowdsourcing« eine neue Form des Outsourcings und erzielt Kostenvorteile bei gleichzeitiger Steigerung des Leistungsumfangs. Durch die unkomplizierte Vernetzung von Datenbanken können Kunden- oder Konstruktionsdaten ausgetauscht werden. Immer häufiger arbeiten Expertenteams aus aller Welt gemeinsam an Projekten. Durch die Vernetzung von Menschen, insbesondere aber durch die immense Ausweitung der Vernetzungsmöglichkeiten, lassen sich unterschiedliche Kenntnisse, Erfahrungen und Kompetenzen optimal miteinander kombinieren.

Hinzu kommt, dass in einem funktionierenden Netzwerk Anzeichen für Veränderungen des relevanten Umfelds vergleichsweise schnell erkannt werden, sodass eine beschleunigte und flexiblere Reaktion auf Marktveränderungen erfolgen kann. Man spricht in diesem Zusammenhang auch von Konnektivität oder auch Hyperkonnektivität. Dabei geht es nicht zuletzt um die Befähigung und Ermutigung von Mitarbeiter*innen und Führungskräften, an neuen Austauschformaten aktiv teilzunehmen und digitale Tools zu nutzen, um die Zusammenarbeit auch auf virtuellem Wege, über Landesgrenzen hinweg und in mobilen Arbeitssituationen zu fördern. Kundenwünsche und -bedürfnisse lassen sich über den gesamten Produktzyklus hinweg einbinden, sodass die Kundenzentrierung erheblich erhöht wird. Ein weiterer Aspekt der Konnektivität ist darin zu sehen, dass zuvor eigenständige Funktionalitäten und Technologien zu Gesamtangeboten verschmelzen und Nutzerprofile auf den unterschiedlichsten Endgeräten das gleiche Angebot verfügbar machen. Ein digitales Gut wie ein Dokument, ein Foto oder auch ein Tweet lassen sich nahezu kostenfrei millionenfach vertreiben und erzielen dadurch immense Netzwerkeffekte, die wiederum eine digitale Wertschöpfung nach sich ziehen (Lemke 2020; Rump u. Eilers 2020).

1.5.3 Künstliche Intelligenz (KI), Automatisierung, Robotics sowie Augmented und Virtual Reality

Künstliche Intelligenz, kurz KI oder im englischen Sprachgebrauch auch AI (Artificial Intelligence), versetzt Computer oder Roboter in die Lage, menschliches Verhalten zu simulieren und infolgedessen entsprechende Aktionen durchzuführen. KPMG (2018) identifiziert vier Kernaspekte, die KI charakterisieren:

- SENSE (Aufnahme strukturierter oder unstrukturierter Informationen und Daten ähnlich wie bei der menschlichen Wahrnehmung bzw. den menschlichen Sinnen)
- COMPREHEND (Verstehen und sinnvolles Verarbeiten dieser Informationen und Daten)
- ACT (Handeln auf Basis dieser Informationen und Daten und deren Verarbeitung)
- LEARN (selbstständiges Lernen auf Basis dieser Daten mittels Training und Feedback)

In zunehmendem Maße ergeben sich daraus Potenziale zur Substitution intellektueller menschlicher Denkleistungen und in der Konsequenz auch zur Automatisierung bestimmter intellektuell anspruchsvoller Tätigkeiten, wenngleich nicht davon auszugehen ist, dass in absehbarer Zukunft eine Art Superintelligenz existieren wird (Lemke 2020; Bostrom 2014; BCG 2018). In einigen Bereichen übertrifft KI zwar bereits das menschliche Vorbild, in anderen ist noch nicht absehbar, ob das jemals möglich sein wird (KPMG 2018). Die industrielle Fertigung verändert sich allerdings erheblich, indem technische Systeme Kontrolle, Steuerung und Planung selbst übernehmen können und eigenständig Wissen austauschen. Um all diese Potenziale bestmöglich auszuschöpfen, bedarf es intensiver interdisziplinärer Forschungs- und Entwicklungsarbeit sowie eines beschleunigten Transfers von Forschungsergebnissen in die Praxis. Hinzu kommt das Erfordernis einer intelligenten Kombination der automatischen Systeme mit den menschlichen Fähigkeiten (Abele u. Reinhart 2011; BDI u. Z_Punkt 2011; Hofmann et al. 2007; Dapp 2011; Scheer 2009). Wissensbasierte Systeme können Daten so verarbeiten, dass Assistenz- und Wissensdienste individualisiert an die Vorkenntnisse der Anwender*innen angepasst werden und im Arbeitskontext dadurch die richtigen Informationen und Hilfestellungen zur Verfügung stehen (Igel 2018). Künftig wird sich durch den Einsatz von KI aus Sicht der Beschäftigten zudem die Flexibilität noch weiter erhöhen, Tätigkeiten werden anspruchsvoller, monotone Routinetätigkeiten leichter zu bewältigen sein (Stowasser 2019).

Heute bezieht sich der KI-Begriff in der Regel auf die sogenannte schwache Künstliche Intelligenz, die aber wenigen Jahren sehr viel weiter gefasst werden muss und bis hin zu starker Künstlicher Intelligenz reichen kann, die im Handlungs- und Entscheidungsvermögen dem Menschen gleicht und selbstständig logisch denkt, plant, lernt und kommuniziert. Starke KI ist derzeit allerdings noch ein Zukunftsszenario. Wie sich KI entwickelt, hängt in hohem Maße von der Akzeptanz und Gestaltung ab. Denn es ist nicht von der Hand zu weisen, dass mit KI auch nicht unerhebliche Unsicherheiten und Befürchtungen einhergehen (KPMG 2018).

Entscheidend zur adäquaten Nutzung von KI im Unternehmen ist es nicht zuletzt, genügend Mitarbeiter*innen in der Belegschaft zu haben, die über ein hohes Verständnis hierfür verfügen und die neuen Prozesse steuern können. Die Unternehmenskultur sollte zudem innovationsgetrieben sein und darauf achten, dass alle Mitarbeiter*innen »mitgenommen« werden. Auch Kooperationen mit anderen Unternehmen können hilfreich sein, um von den wechselseitigen Erfahrungen zu profitieren. Nicht zuletzt gilt es, zielgerichtet in KI zu investieren. Enabler der zunehmenden Verbreitung von KI sind die Verfügbarkeit und Zugriffsmöglichkeiten auf große Datenmengen, verbesserte Algorithmen zur Datenanalyse sowie sehr hohe Rechnerkapazitäten und effiziente Speicher. Hinzu kommen ein disziplinenübergreifender Ansatz, um schnell Prototypen entwickeln zu können, Innovationszyklen, die in Monaten anstatt in Jahren gemessen werden, und zudem eine Führungskultur, die aktiv KI-Innovationen einfordert und auch bereit ist, kleinere KI-Projekte schnell freizugeben. Nicht zu unterschätzen sind auch die von öffentlicher Seite zur Verfügung gestellte Infrastruktur sowie eine entsprechende Aus- und Weiterbildungslandschaft zur Sicherstellung der relevanten Kompetenzen (KPMG 2018; BCG 2018).

Im Rahmen einer Untersuchung des Fraunhofer IAO beurteilen alle befragten Unternehmen, die Künstliche Intelligenz bereits nutzen, diese als sehr positiv. Sie setzen KI insbesondere für ausführende und analytische Tätigkeiten ein. Ziele sind die Prozessoptimierung, die Produktivitätssteigerung und die Unterstützung von Entscheidungen. Als Herausforderung identifizieren die Teilnehmer*innen die mit KI einhergehenden Kompetenzanforderungen und maßgeschneiderte Lösungen für das eigene Unternehmen (Stowasser 2019). Empfehlenswert erscheint es, eine überschaubare Zahl von Anwendungsfällen auszuwählen, diese einem sorgfältig zusammengesetzten, agilen, interdisziplinären Team zu übergeben – und einfach zu starten. Kleine Erfolge, aber auch kleine Niederlagen tragen dazu bei, die erforderlichen Prozessveränderungen für eine erfolgreiche und nachhaltige Implementierung von KI zu erkennen und sich allmählich einer komplexeren Vision von KI zu nähern. Kleine, agile KI-Projekte können dabei mehr bewirken als die Implementierung langwieriger Change-Programme. Nicht zuletzt gilt es, sich bewusst zu machen, dass KI die entscheidende Rolle dabei spielen wird, wie sich Prozesse in Zukunft gestalten und dass heute die erfolgskritischen Weichen gestellt werden müssen (BCG 2018).

Grundsätzlich lässt sich jedoch konstatieren, dass die Nutzung von KI in Deutschland noch in den Kinderschuhen steckt, während sich in China bereits 85% der Unternehmen als »active players« charakterisieren lassen. Eine weltweite Studie der Boston Consulting Group zeigt, dass es bei der Nutzung von KI-Technologien nicht nur um Infrastruktur und Kompetenzen geht, sondern vielmehr auch um ein Mindset. Veränderungen, die durch den Einsatz von KI entstehen, sind vielfach disruptiv und bringen einen fundamentalen Wandel im Hinblick auf die Prozessgestaltung und den Einsatz menschlicher Arbeitskraft mit sich. In der Konsequenz muss auch die Innovation, die mit dem Einsatz von KI einhergeht, disruptiv sein. Dies widerspricht den gerade in Deutschland gängigen Mustern eines vorsichtigen schrittweisen Change-Prozesses mit einem möglichst geringen Risiko. Sie haben technische Innovationen während der letzten industriellen Revolution perfektioniert, stehen nun aber einer raschen und vollumfänglichen Nutzung der KI-Potenziale entgegen. Veränderungen möglichst schnell anzustoßen, ohne zunächst die Implikationen abzuwägen, kann jedoch ein Erfolgsrezept darstellen, um »die Nase vorn zu haben«. Dazu gehört nicht zuletzt eine entsprechende Fehlerkultur, um disruptive Veränderungen frühzeitig zu pilotieren, zu testen und aus den Fehlern zu lernen. Dies bedarf einer neuen Führungskultur, in der Führungskräfte aktiv Innovationen einfordern und priorisieren, und interdisziplinärer Teams, die alle erforderlichen Kompetenzen zum bestmöglichen Ergebnis kombinieren.

Im Kontext der Verkürzung von Innovationszyklen ist zunächst festzuhalten, dass KI-Systeme, die mit maschinenbasierten Lernprozessen arbeiten, sehr viel schneller optimiert werden können als solche, die auf menschliches Feedback angewiesen sind. Somit können KI-Projekte sehr viel schneller die üblichen Zyklen über die Einführung, Testphase, Lernkurven und Verbesserung durchlaufen, und es kann auch früher eine Integration in bestehende Prozesse vonstattengehen. Laut der BCG-Studie nutzen Unternehmen mit kurzen Innovationszyklen bereits heute sehr aktiv KI, mit steigender Dauer der Innovationszyklen sinken aber sowohl KI-Aktivität als auch -Erfolgsraten proportional. Die Führungskultur spielt dabei eine entscheidende Rolle – wenn die oberste Führungsebene die schnelle Implementierung von KI-Anwendungen aktiv vorantreibt, erhöht dies die Aktivitäts- und Erfolgsraten erheblich. Disziplinenübergreifende Teams schließlich gewährleisten zum einen die erforderliche Kombination aus Technologie, Daten und unternehmerischem Scharfsinn, zum anderen bedeutet dieser Ansatz eine schnellere Umsetzung im Vergleich zum bislang weit verbreiteten Silodenken (BCG 2018).

Es liegt auf der Hand, dass mit dem Einsatz von KI erhebliche wirtschaftliche Potenziale verbunden sind. Im Bereich der industriellen Fertigung sind die Kosteneinsparpotenziale immens, auch für alteingesessene Unternehmen. Die Entwicklung schreitet rasant voran und eröffnet immer neue, ungeahnte Möglichkeiten in den unterschiedlichsten Unternehmensbereichen (KMPG 2018; BCG 2018).

Auch Virtual und Augmented Reality werden zunehmend zum Thema in der Arbeitswelt, so beispielsweise in der Automobilindustrie, in der Mitarbeiter*innen an Fließbändern AR-Brillen tragen, oder auch im Rahmen der Entwicklungen rund um das autonome Fahren. Die verstärkte Nutzung von Virtual Reality (VR) ist in der Produktentwicklung und im Marketing, in der Logistik und im Transport, aber auch im Bildungsbereich und gar in der Medizin für die Zukunft denkbar. So lassen sich beispielsweise für potenzielle Kund*innen Produkte und Dienstleistungen oder auch Urlaubserlebnisse zum Greifen nah holen und im chirurgischen Bereich neue Techniken experimentell erforschen. Auch eine neue Meeting-Kultur und individualisierte Einzelarbeitsplätze im virtuellen Büro sind denkbar. Unter Virtual Reality ist die gleichzeitige Wahrnehmung der Wirklichkeit in einer interaktiven virtuellen Umgebung zu verstehen, die in Echtzeit von Computern generiert wird. Augmented Reality erweitert die Realitätswahrnehmung mit Hilfe von Computern (Senatsverwaltung für Wirtschaft, Energie und Betriebe 2018; Rump u. Eilers 2021). Der Bezug von KI-Anwendungen zu Bildungskonzepten im betrieblichen Kontext wird in einem der folgenden Kapitel hergestellt.

Auf einen Blick

Implikationen für Future Learning

- Durchdringung nahezu aller Bereiche des Lebens und Arbeitens durch die Digitalisierung,
- zunehmende Bedeutung von KI, Virtual und Augmented Reality sowie von Internet und Konnektivität,
- Entstehen einer neuen Unterscheidungslinie zwischen Bildungsgewinner*innen und Verlierer*innen anhand digitaler Kompetenzen,
- Infragestellen bestehender Strukturen, Geschäftsmodelle, Berufsbilder und Kompetenzanforderungen durch die digitale Transformation.

1.6 Zusammenfassende Betrachtung

Die obige Analyse macht deutlich, dass Bildungspolitik, Demografie, Ökonomie, Gesellschaft und Technologie gleichermaßen Einfluss darauf nehmen, wie Bildung und Lernen stattfinden und mit welchen Voraussetzungen Individuen in einen Prozess des lebenslangen Lernens eintreten und ihn durchlaufen (können). In Tabelle 3 sind alle Implikationen noch einmal übersichtlich dargestellt.

Bildungspolitik	• Umgestaltung des Bildungswesens hin zu mehr Durchlässigkeit und Chancengleichheit, • Hauptziele: Gestaltung wechselseitiger Übergänge zwischen Berufsbildung und Hochschule (reziproke Durchlässigkeit), Entwicklung innovativer, bereichsübergreifender Bildungsgänge mit Gültigkeit in Berufsbildung und Hochschule (konvergente Durchlässigkeit), Kombination beruflicher und hochschulischer Bildungs- und Lernformen (hybride Durchlässigkeit) sowie Verbesserung der Chancengerechtigkeit im Bildungssystem und Anerkennung von erworbenen Kompetenzen, • zunehmende öffentliche Förderung der Weiterbildung.
Demografie	• Zunehmende Zahl von Menschen, die über das Renteneintrittsalter hinaus erwerbstätig bleiben, • alternde Belegschaften führen auch zu mehr älteren Bildungsteilnehmer*innen, • zunehmende Bedeutung der Beachtung von Generationenunterschieden im betrieblichen Miteinander und bei der Gestaltung von Weiterbildungsangeboten, • Verknappung der Personen im erwerbsfähigen Alter und dadurch steigende Notwendigkeit einer adäquaten Qualifikation der Erwerbstätigen und der lebenslangen Beschäftigungsfähigkeit.
Gesellschaft	• Steigender gesellschaftlicher Wunsch nach Partizipation und Demokratisierung, • zunehmende Individualisierung und Vielfalt in der Gesellschaft und dadurch Notwendigkeit entsprechender Bildungsangebote, um »jede*n dort abzuholen, wo er/sie steht« (Ort, Zeit, Didaktik…), • steigende Ansprüche an die Gestaltung von Bildungsangeboten im Kontext von Life-Balance, Gesundheitsbewusstsein und Nachhaltigkeit, • Wunsch nach mehr Unterstützung bei der Vereinbarkeit von Beruf und Familie, auch für Männer, um mehr Vollzeitarbeit und persönliche Entwicklung von Frauen zu fördern.

Ökonomie	• Zunehmende Globalisierung von Wissen und Bildung, • steigender Wettbewerbsdruck und steigende Ansprüche an Flexibilität sowie Anpassungsfähigkeit an sich wandelnde Kompetenz- und Leistungsanforderungen, • zunehmende Bedeutung von Wissen und Kompetenzen, • Bildung und Beschäftigungsfähigkeit werden zum Sicherungsanker in der VUCA-Welt, • der Umgang mit Unvorhersehbarkeit und Unsicherheit wird zu einer Kernkompetenz, auch in Bezug auf Bildungs- und Karriereverläufe, • »trial and error« ist vielfach unerlässlich, um Innovationen zu generieren und mit disruptiven Veränderungen umzugehen.
Technologie	• Durchdringung nahezu aller Bereiche des Lebens und Arbeitens durch die Digitalisierung, • zunehmende Bedeutung von KI, Virtual und Augmented Reality sowie von Internet und Konnektivität, • Entstehen einer neuen Unterscheidungslinie zwischen Bildungsgewinner*innen und Verlierer*innen anhand digitaler Kompetenzen, • Infragestellen bestehender Strukturen, Geschäftsmodelle, Berufsbilder und Kompetenzanforderungen durch die digitale Transformation.

Tab. 3: Implikationen für das lebenslange Lernen und Einflüsse auf die Individuen

2 Effekte der Treiber mit Blick auf »Future Learning«

Um zukunftsorientierte Konzepte für Lernen und Bildung zu gestalten, ist es unerlässlich, sich mit den Effekten zu beschäftigen, die sich aus den im vorangegangenen Kapitel 1 genannten Trends in Bezug auf Demografie, Ökonomie, Bildungspolitik, Gesellschaft und Technologie ergeben und die entscheidenden Einfluss auf eine adäquate Ausgestaltung von Future Learning nehmen. Der entscheidende Treiber ist hierbei sicherlich die Digitalisierung, die bei den folgenden Betrachtungen auch im Fokus steht. Es sollte jedoch nicht unerwähnt bleiben, dass auch die übrigen o. g. Entwicklungen einen nicht unerheblichen Einfluss nehmen.

Zunächst einmal ist der Blick auf Beschäftigungseffekte in quantitativer (s. Abschn. 2.1) und qualitativer (s. Abschn. 2.2) Hinsicht zu richten. Darüber hinaus ergeben sich nicht unerhebliche Bildungseffekte (s. Abschn. 2.3).

2.1 Quantitative Beschäftigungseffekte

Quantitative Beschäftigungseffekte ergeben sich im positiven Sinn durch die Entstehung neuer Arbeitsplätze, Berufsfelder und Jobprofile. Dies kann auch eine Erweiterung von Aufgaben und Tätigkeiten im Sinne des Job Enlargement bzw. Job Enrichment bedeuten. Im gegenteiligen Fall, also bei negativen quantitativen Beschäftigungseffekten fallen Arbeitsplätze, Berufsfelder und Jobprofile weg. Einen erheblichen Einfluss auf die quantitativen Beschäftigungseffekte nehmen strukturelle Entwicklungen auf dem Arbeitsmarkt.

2.1.1 Ein kurzer Blick zurück: Strukturwandel und Arbeitsmarktentwicklungen

Die 1970er Jahre waren gekennzeichnet vom »Ende des Wirtschaftswunders«. Ölkrise und beginnender Strukturwandel trieben die Zahl der Arbeitslosen nach oben. Während noch in den 1970er Jahren das produzierende Gewerbe der mit Abstand beschäftigungsstärkste Sektor war, ließ sich schon mit Beginn der 1980er Jahre ein Wandel einerseits von alten zu neuen Industrien sowie andererseits hin zu einer Dienstleistungsorientierung beobachten, der sich kontinuierlich fortsetzte (Bührer 2002). Dabei zeigen Zahlen zur qualifikationsspezifischen Arbeitslosigkeit aus den Jahren 1975 bis 1988 schon sehr deutlich, dass die Position auf dem Arbeitsmarkt umso schlechter war, je niedriger sich die formale Qualifikation gestaltete. Dies wird als direkte Konsequenz der Bildungsreform angesehen. So lag die Arbeitslosenquote von Menschen ohne Ausbildung bis Ende der 1970er Jahre noch bei knapp über 5 %, bis Ende der 1980er Jahre bei etwa 15 % und Ende der 1990er Jahre bereits bei 23,3 % (Arbeitsgemeinschaft Deutscher Wirtschaftswissenschaftlicher Forschungsinstitute 2000).

Die späten 1990er und 2000er Jahre waren schließlich geprägt von der voranschreitenden Entwicklung zur Wissens- und Innovationsgesellschaft. Wissen und Kompetenz wurden zum entscheidenden Wettbewerbsfaktor und sind es bis heute. Immer mehr wurde deutlich, dass mit reinen Produktivitätszuwächsen kein Fortschritt mehr generiert werden konnte, sondern vielmehr Innovationen gefragt waren (Gary 2011). Gleichzeitig sank die Halbwertzeit von Wissen rapide und es wurde in der Folge immer mehr zur Herausforderung, Wissen und Kompetenzen »ein Leben lang« aktuell zu halten und die Komplexität zu überblicken.

In den Jahren nach der deutschen Wiedervereinigung zeigte sich ein erhebliches Ungleichgewicht am Arbeitsmarkt dahingehend, dass in den alten Bundesländern Fachkräfteüberschuss und Arbeitsplatzmangel infolge massiver Wanderungsbewegungen von Ost nach West sowie einer gestiegenen Frauenerwerbsquote herrschte, während sich in den neuen Bundesländern ein Fachkräftemangel abzeichnete, da insbesondere die jungen und gut qualifizierten Kräfte abwanderten (Arbeitsgemeinschaft Deutscher Wirtschaftswissenschaftlicher Forschungsinstitute 2000). Mit Umsetzung der Arbeitsmarkt- und Sozialreformen, der sogenannten Agenda 2010, war ein Rückgang der Arbeitslosigkeit zu beobachten, der auch von der Wirtschafts- und Finanzkrise 2008/2009, während der die meisten Arbeitgeber sehr besonnen reagierten, nicht gebremst wurde (Walwei 2017). Der starke Anstieg der Arbeitslosigkeit im Jahr 2015 ist insbesondere der Zusammenlegung von Arbeitslosen- und Sozialhilfe geschuldet, die zu einer Verschiebung aus der sogenannten stillen Reserve in die registrierte Arbeitslosigkeit beziehungsweise zu einem zusätzlichen Arbeitskräfteangebot führte (bpb 2019). Die Folgen der Corona-Pandemie sind zum jetzigen Zeitpunkt noch nicht abschließend zu beurteilen. Deutlich wird allerdings bereits, dass zahlreiche Arbeitnehmer*innen von Arbeitsplatzverlust oder Kurzarbeit betroffen sind und in bestimmten Branchen, wie z. B. dem Gastgewerbe, dem Einzelhandel sowie dem künstlerischen Bereich, Verluste zu erwarten sind.

2.1.2 Der Einfluss der Digitalisierung

Eine Vielzahl von Studien hat sich in den vergangenen Jahren mit den quantitativen Beschäftigungseffekten der Digitalisierung auseinandergesetzt. Im Kern lässt sich festhalten, dass sich konkrete Prognosen aufgrund vieler nicht abschließend vorhersehbarer Einflussfaktoren schwierig gestalten und nicht eindeutig geklärt werden können. Hinzu kommt, dass unterschiedliche Studien auch unterschiedliche Definitionen von Digitalisierung zugrunde legen und somit Vorsicht bei der Auswertung angebracht ist (Hammermann u. Stettes 2015a). Allerdings lassen sich gewisse Tendenzen absehen. Zudem bestehen Berufe in der Regel aus einer Fülle von Tätigkeiten und es können somit zwar einzelne Tätigkeiten eines Berufsprofils durch technologischen Fortschritt substituierbar sein, dadurch wird jedoch nicht zwangsläufig der gesamte Beruf obsolet und es können umgekehrt neue Tätigkeiten im Rahmen bereits existierender Berufsbilder entstehen (Dengler u. Matthes 2018).

Der HR-Report 2017 (Rump et al. 2017) stellt einige zentrale Beschäftigungseffekte, die aus der digitalen Transformation resultieren können, zur Auswahl. Als »Top 3« für die befragten Entscheider*innen stellen sich dabei die Entstehung neuer Tätigkeitsfelder (55 %), die Zunahme von flexiblen Beschäftigungsverhältnissen (41 %) und der zunehmende Ersatz von Routinearbeiten im mittleren Qualifikationsniveau durch Maschinen und Software (40 %) heraus (vgl. Abb. 5).

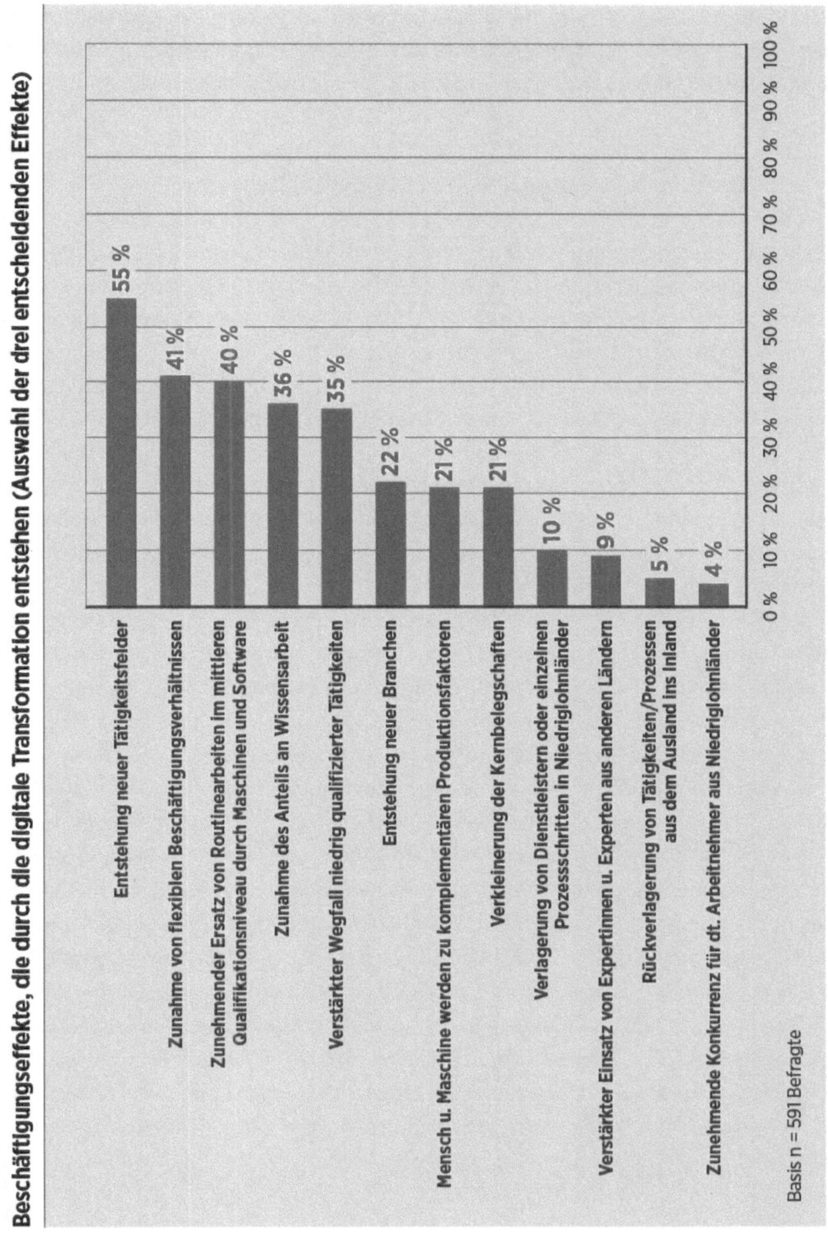

Abb. 5: Zentrale Beschäftigungseffekte (Top 3; Rump et al. 2017, S. 13)

Es überrascht, dass die Teilnehmer*innen die Gefahr des Ersatzes von Routinearbeiten durch Maschinen und Software im mittleren Qualifikationsniveau als höher einstufen als in Bezug auf den Wegfall niedrig qualifizierter Routinetätigkeiten. Dies entspricht durchaus auch dem wissenschaftlichen Diskussionsstand, doch gesellschaftlich findet diese Thematik derzeit noch kaum Berücksichtigung. Größere Ängste im Hinblick auf eine Reduzierung der Kernbelegschaften bestehen bei den Befragten offensichtlich ebenso wenig wie Befürchtungen bezüglich einer Verlagerung von Tätigkeiten und neuen Konkurrenzsituationen auf dem Arbeitsmarkt (Rump et al. 2017).

2.1.3 Substituierbarkeitspotenziale im Zuge der Digitalisierung[8]

Technische Neuerungen haben seit jeher Ängste und Befürchtungen bezüglich des Verlustes von Arbeitsplätzen ausgelöst, sogar zur Zeit der ersten industriellen Revolution Ende des 18. bzw. Anfang des 19. Jahrhunderts. Ende der 1970er Jahre schließlich wurde gar prophezeit, die zunehmende Verbreitung von Computern werde alle Büroangestellten überflüssig machen (Deloitte 2017). Die Substituierbarkeitspotenziale im Zuge technischer Entwicklungen und somit auch der Digitalisierung müssen allerdings sehr viel differenzierter betrachtet werden.

Zunächst einmal gilt es festzuhalten, dass sich Substituierbarkeitspotenziale insbesondere durch den zunehmenden Einsatz von Robotern, durch Algorithmen, selbstständig lernende Computerprogramme und durch Anwendungen, wie z. B. 3D-Druck und virtuelle Realität, ergeben (Dengler u. Matthes 2018):

- Roboter können zunehmend auch Tätigkeiten übernehmen, die bislang als nicht ersetzbar galten, wie z. B. Kommissionieren im Lager, Begleiten von Kund*innen zu Produkten oder Holen/Bringen von Essen für Pflegebedürftige. Dies steht damit im Zusammenhang, dass sich Berufsbilder und Tätigkeitsanforderungen innerhalb von Berufsbildern ebenfalls im Wandel befinden. Zudem ist aufgrund neuartiger, kollaborierender Roboter eine enge Zusammenarbeit von Menschen und Robotern möglich, durch die beispielsweise Entlastungen bei körperlich anspruchsvollen Tätigkeiten herbeigeführt werden können.
- Sowohl einfache als auch komplexere Aufgaben können inzwischen von Computern oder computergesteuerten Maschinen mit Hilfe entsprechender Algorithmen erledigt werden. Neben einer Optimierung von Prozessen in der Wertschöpfungskette wie Wareneingangskontrolle oder Montageprüfung ist hier auch an Versicherungsanträge oder Steuererklärungen zu denken, die automatisiert ausgewertet werden können. Auch Prognosen, z. B. über Lagerbestände oder witterungsbedingten Düngereinsatz auf dem Feld, lassen sich immer besser abbilden.
- Der 3D-Druck ersetzt vielerorts bereits das klassische Fräsen und Bohren, da er energetisch günstiger und materialsparender ist. Zudem lassen sich komplexe Formen aufbauen, die mit anderen Maschinen kaum oder nicht herstellbar wären. Einsatzmöglichkeiten be-

8 Das Substituierbarkeitspotenzial gibt an, inwieweit Berufe bzw. Tätigkeiten potenziell durch Computer oder computergesteuerte Maschinen ersetzbar sind.

stehen dabei nicht nur in der industriellen Fertigung, sondern beispielsweise auch bei der Anfertigung von Prothesen oder Zahnersatz. Virtuelle Realität macht es in vielen Kontexten einfacher für unerfahrene Beschäftigte, sich aufeinander folgende Arbeitsschritte anzeigen zu lassen, darüber hinaus können Modelle simuliert oder Maschinen in einer virtuellen Arbeitsumgebung vor ihrem tatsächlichen Einsatz getestet werden.

Die OECD schätzt, dass in den kommenden zehn bis zwanzig Jahren etwa 14 % der Arbeitsplätze von der Gefahr der Automatisierung bedroht sind und weitere 32 % sich durch sie erheblich verändern werden (OECD 2020; Nedelkoska u. Quintini 2018). Der bereits angesprochenen WEF-Studie zufolge erwarten Unternehmen im Zeitraum zwischen 2018 und 2022 eine erhebliche Verschiebung der Grenzen zwischen Mensch und Maschine, wenn es um vorhandene Arbeitsaufgaben geht. 2018 wurden in den im Rahmen der Studie betrachteten Branchen durchschnittlich 71 % aller Arbeitsstunden von Menschen und 29 % von Maschinen geleistet. Für 2022 wird eine Veränderung dieses Verhältnisses auf 58 % Stunden von Menschen und 42 % von Maschinen erwartet. Selbst in Bereichen wie Kommunikation und Interaktion sowie bei Koordinations- und Managementfunktionen, in der Entwicklung und Beratung bis hin zur Entscheidungsfindung wird ein Voranschreiten der Automatisierung vorhergesagt (WEF 2018). Der Bedarf nach Automatisierung in der Produktion wird durch steigende Lohnkosten und die globale Angleichung des Lohnkostengefüges getrieben. Die Möglichkeiten, Tätigkeiten zu automatisieren, sind im Zuge der digitalen Transformation immens angewachsen, sodass hier schier unermessliche Anwendungspotenziale bestehen. Diese überschreiten deutlich den eigentlichen Produktionsbereich und werden künftig immer weiter in Prozesse im Produktionsmanagement hineinreichen. Am Lehrstuhl für International Production Engineering and Management der Universität Siegen wird die These aufgestellt, dass 80 % aller heutigen Aufgaben im Produktionsmanagement bis zum Jahr 2040 automatisiert bzw. von Künstlicher Intelligenz übernommen werden. Für die einzelnen Beschäftigten bedeutet dies eine neue Rolle im Sinne einer Symbiose von menschlicher und Künstlicher Intelligenz als Cyber Production Management (Burggräf 2018). Auch der globale Markt für Roboter wächst. Gleichzeitig steigt der Bedarf an Informatiker*innen, die in der Lage sind, sie zu programmieren. Denkbar ist künftig eine Entwicklung hin zu intelligenten Programmen, die es »jedermann« ermöglichen, einen Roboter zu programmieren, oder aber zu einer Weiterbildung im digitalen Bereich, die Fachkräfte in die Lage versetzen, komplexe Software bedienen oder auch konfigurieren zu können (Hoffmann 2019). Dauth et al. untersuchten die Effekte eines steigenden Industrierobotereinsatzes auf Beschäftigung über den Zeitraum von 1994 bis 2014 hinweg. Diese erwiesen sich als weitgehend neutral, wobei das Beschäftigungswachstum im verarbeitenden Gewerbe (vor allem im Automotive-Sektor) gebremst, im Dienstleistungssektor hingegen signifikant beschleunigt wurde (Dauth et al. 2017). Stark beanspruchende physische Tätigkeitsanteile können von lernenden Robotersystemen und KI-basierten Automatisierungslösungen übernommen werden, was sich positiv auf die Belastungen im Sinne der Gefährdungsanalyse auswirkt (Stowasser 2019). Human Robot Interaction beschreibt dabei das intelligente Zusammenspiel von Mensch und Roboter mit dem Ziel, dort menschliche Arbeitskraft zu substituieren, wo es um repetitive und körperlich belastende Tätigkeiten geht. Idealerweise kann mit Hilfe von KI ein Roboter künftig erkennen, wann Unterstützung erforderlich ist (KPMG 2018).

Es steht außer Frage, dass sich spezifische berufliche Anforderungen und Berufsprofile durch diese technologischen Errungenschaften in jedem Fall weiterhin wandeln werden. Das ist allerdings keine negative Entwicklung, denn wie gesehen können vor allem monotone sowie körperlich und geistig belastende Tätigkeiten mit zunehmendem Fortschritt abgelöst werden. Durch die Technologisierung in bestimmten Tätigkeiten werden allerdings gleichzeitig Ressourcen frei, die sinnvoll eingesetzt werden können. Es besteht durchaus die Option, Zeitreserven zu heben, die man dann sinnvoll, z. B. im Rahmen der Individualisierung von Kundenwünschen, der Erweiterung des Leistungsspektrums, Generierung von Innovationen, dem Ausbalancieren der Ambidextrie und der hybriden Organisation, einsetzen könnte.

Das IAB berechnet den Anteil der potenziell ersetzbaren Tätigkeiten in bestimmten Berufen sowie die potenzielle Betroffenheit der sozialversicherungspflichtig Beschäftigten im Detail. Dabei wird auf Daten aus BERUFENET zurückgegriffen, einer Datenbank der Bundesagentur für Arbeit, in der für die knapp 4000 in Deutschland bekannten Berufe die jeweils wesentlichen Tätigkeiten herausgearbeitet wurden (http://berufenet/arbeitsagentur.de). Einer ersten Berechnung aus dem Jahr 2013 folgte 2016 eine überarbeitete Version.[9] Bereits 2013 ließ sich zeigen, dass mit steigendem Anforderungsniveau einer Tätigkeit das Substituierbarkeitspotenzial sinkt – ein Zusammenhang, der sich bis 2016 noch einmal verstärkt hat (Abb. 6, Dengler u. Matthes 2018).

Abb. 6: Substituierbarkeitspotenziale nach Anforderungsniveau (Dengler u. Matthes 2018)

9 Im sogenannten Futuromat, ebenfalls entwickelt vom IAB, lässt sich gezielt für einzelne Berufe das Automatisierungspotenzial der dort hinterlegten Tätigkeiten ermitteln (https://job-futuromat.iab.de/).

Einen ähnlichen Zusammenhang stellen auch Frey u. Osborne (2013 u. 2017) fest. Nach den Ergebnissen ihrer Untersuchung sinkt die Automatisierungsgefahr mit steigendem Lohn und Bildungsgrad. In einer Studie von Lehmer u. Matthes (2017) zeigt sich, dass sich in den Jahren 2012–2015 positive Beschäftigungseffekte durch die Digitalisierung für Personen ergeben haben, die IKT-Expertentätigkeiten und nicht-wissensintensive Dienstleistungen ausüben. Verluste hingegen waren bei Helfertätigkeiten im Bereich der nicht-wissensintensiven Dienstleistungen zu verzeichnen. Diese Ergebnisse lassen sich allerdings nicht auf alle wirtschaftlichen Bereiche übertragen. Eine Szenarioanalyse von Wolter et al. (2015) kommt zu dem Schluss, dass die Nachfrage nach höher Qualifizierten sowie Arbeitskräften im IT-, sozialen und kreativen Bereich zu Lasten von Personen mit klassischem Berufsabschluss »mittlerer Qualifikation«, wie z. B. kaufmännische Dienstleistungsberufe oder steuernde Tätigkeiten in der Produktion, und Routinetätigkeiten, die vergleichsweise leicht programmierbar bzw. durch Künstliche Intelligenz (KI) bearbeitbar sind, zunehmen wird. Letztendlich werden danach jedoch die Arbeitskräftebewegungen zwischen Branchen und Berufen größer sein als die Veränderung der Anzahl aller Erwerbstätigen. Zu einem ähnlichen Ergebnis kommen Warning u. Weber (2017), die ebenfalls Qualifikationsverschiebungen in digitalisierenden Betrieben beobachten. So wird es auch bei vielen Tätigkeiten, die bisher durch Beschäftigte mit mittlerem Qualifikationsniveau bearbeitet worden sind und die eine manuelle und/oder kognitive, teilweise auch hoch komplexe Routineaufgabe darstellen, zu einer Substitution durch die Technik, insbesondere im Kontext von KI, kommen (Brynjolfsson u. McAfee 2012 u. 2014; Autor u. Dorn 2013; Zuboff 2014; Bonin et al. 2015; Rump u. Eilers 2017a). Nicht selten kommt es durch digitale Technologien auch dazu, dass einige Tätigkeitsprofile nicht mehr von Beschäftigten mit mittlerer Qualifikation ausgeübt werden müssen, sondern vermehrt von sogenannten Basic Workern ausgeführt werden können bzw. der medium-skilled Beschäftigte Basic Work bearbeitet. Eine hohe Wahrscheinlichkeit, dass eine menschliche Tätigkeit eine Art »Erfüllungsgehilf*in« eines Systems bzw. einer Maschine wird, ist hier doch durchaus gegeben. Dies wird als Simplifizierungseffekt bezeichnet. Im Rahmen der Substitutions- und Simplifizierungseffekte lassen sich somit zwei zentrale Perspektiven und Wirkrichtungen identifizieren:

- Wegfall von Tätigkeiten des mittleren Qualifikationsbereichs und Ersatz der Mitarbeiter*innen durch digitale Technologien-
- Umwandlung von medium-skilled Tätigkeiten zu Basic Work aufgrund des vermehrten Einsatzes von digitalen Technologien.

EXKURS

Basic Work

Basic Work umfasst per Definition Tätigkeiten, bei denen die Einweisung ausschließlich vor Ort erfolgt und für die es keiner formalen beruflichen Qualifikation bedarf. Die Qualifikation derjenigen, die Basic Work ausüben, ist dabei allerdings nicht durchweg gering bzw. nicht vorhanden. Vielmehr bedingen bestimmte berufliche und private Umstände, dass Basic Work auch von Menschen mit beruflich qualifiziertem Abschluss (teils nur phasenweise) ausgeübt wird. Nicht zuletzt stellt diese Art der Beschäftigung für viele Migrant*innen den ersten Zugang zum Arbeitsmarkt dar. In der Konsequenz handelt es sich bei Basic Workern um eine sehr heterogene Beschäftigtengruppe bzgl. sozialer und kultureller Herkunft, Bildungshintergrund und Lebenssituation. Dennoch genießt das Thema Basic Work (obgleich 20 % der abhängig Beschäftigten sie heute schon ausüben) derzeit noch eine sehr geringe öffentliche Aufmerksamkeit und viele Studien bezüglich Handlungsoptionen und beispielhaften Maßnahmen fokussieren ausschließlich auf höher Qualifizierte. Dies birgt die Gefahr, diese zahlenmäßig nicht unerhebliche Gruppe der Basic Worker im Kontext der digitalen Transformation nicht angemessen zu berücksichtigen und ihre Beschäftigungsfähigkeit in den Dimensionen Motivation, Gesundheit und Kompetenzen nicht ausreichend zu fördern. Neben einer gesellschaftlichen Schieflage kann dies durchaus auch negative wirtschaftliche Konsequenzen mit sich bringen.

Ebenfalls untersucht wird in der Studie des IAB das Substituierbarkeitspotenzial in bestimmten beruflichen Teilarbeitsmärkten. Dabei zeigt sich 2016 wie schon 2013 das größte Potenzial in den Fertigungs- und fertigungstechnischen Berufen und den höchsten Anstieg in dem besagten Zeitraum in den Verkehrs- und Logistikberufen (Abb. 7, Dengler u. Matthes 2018). In diesen Berufen zeigt sich, dass zwar einerseits die Tätigkeiten rund um den Material- und Warenfluss inzwischen von Robotern erledigt werden können, das Fahren von Bussen, Autos oder LKW jedoch nach wie vor als (noch) nicht substituierbar einzustufen ist.

Speziell für den Bereich der Robotics untersuchen Dauth et al. (2017) Substituierbarkeits- bzw. Automatisierungspotenziale. Sie kommen zu dem Schluss, dass zwar jeder Roboter zwei Jobs verdrängt, der Robotereinsatz aber dennoch insgesamt nicht zu Jobverlusten führt. Vielmehr bedingt dies einen Strukturwandel. Für zwei Jobs, die im verarbeitenden Gewerbe durch den Robotereinsatz verdrängt werden, entstehen zwei Jobs im Dienstleistungssektor neu. Die Untersuchungsdaten liegen allerdings nur auf Industrie- und nicht auf Betriebsebene vor.

Der Zeitvergleich in der IAB-Untersuchung zeigt auch einen Anstieg des Anteils der sozialversicherungspflichtig Beschäftigten, die in Berufen mit hohem Substituierbarkeitspotenzial arbeiten von 15 % im Jahr 2013 auf 25 % im Jahr 2016 (Abb. 8, Dengler u. Matthes 2018).

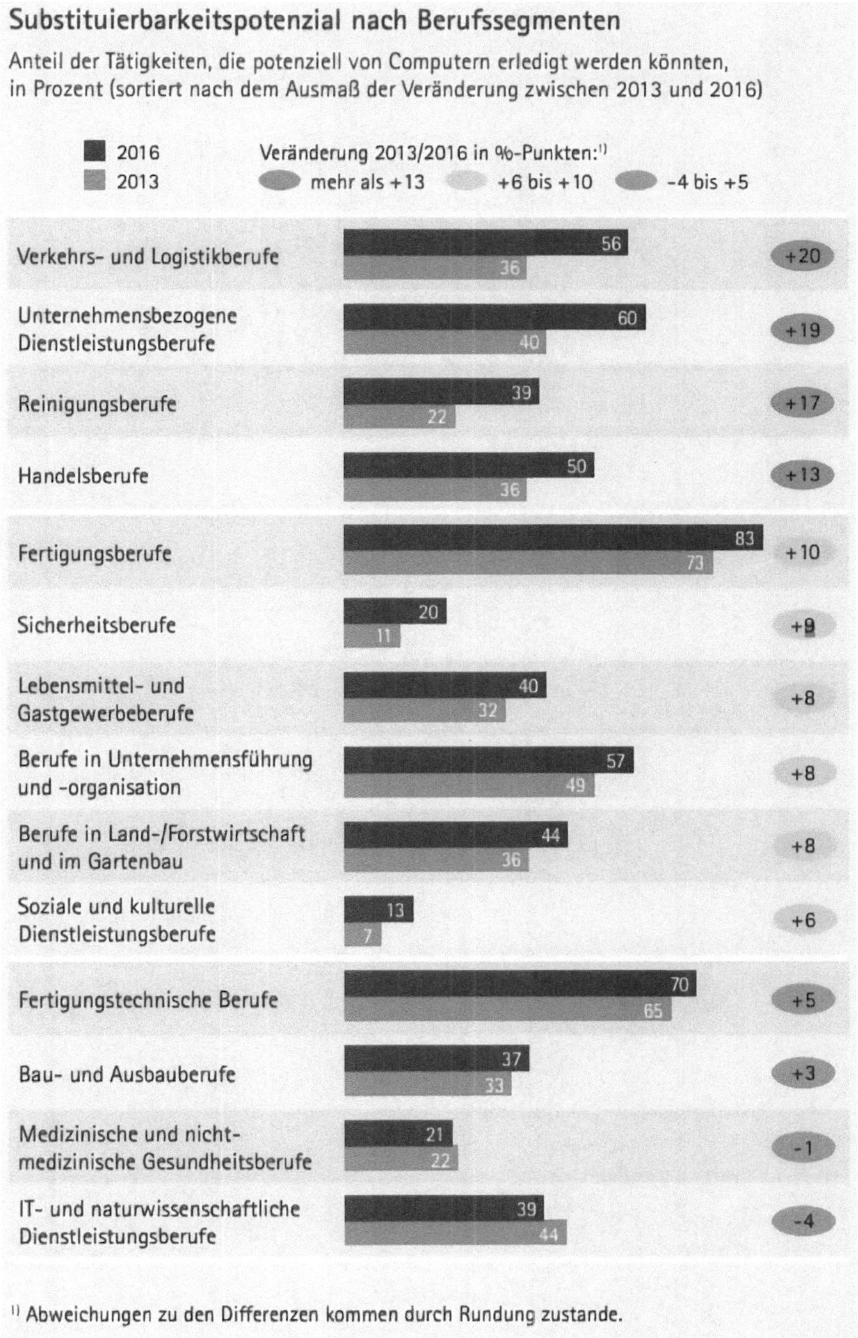

Abb. 7: Substituierbarkeitspotenziale nach Berufssegmenten (Dengler u. Matthes 2018)

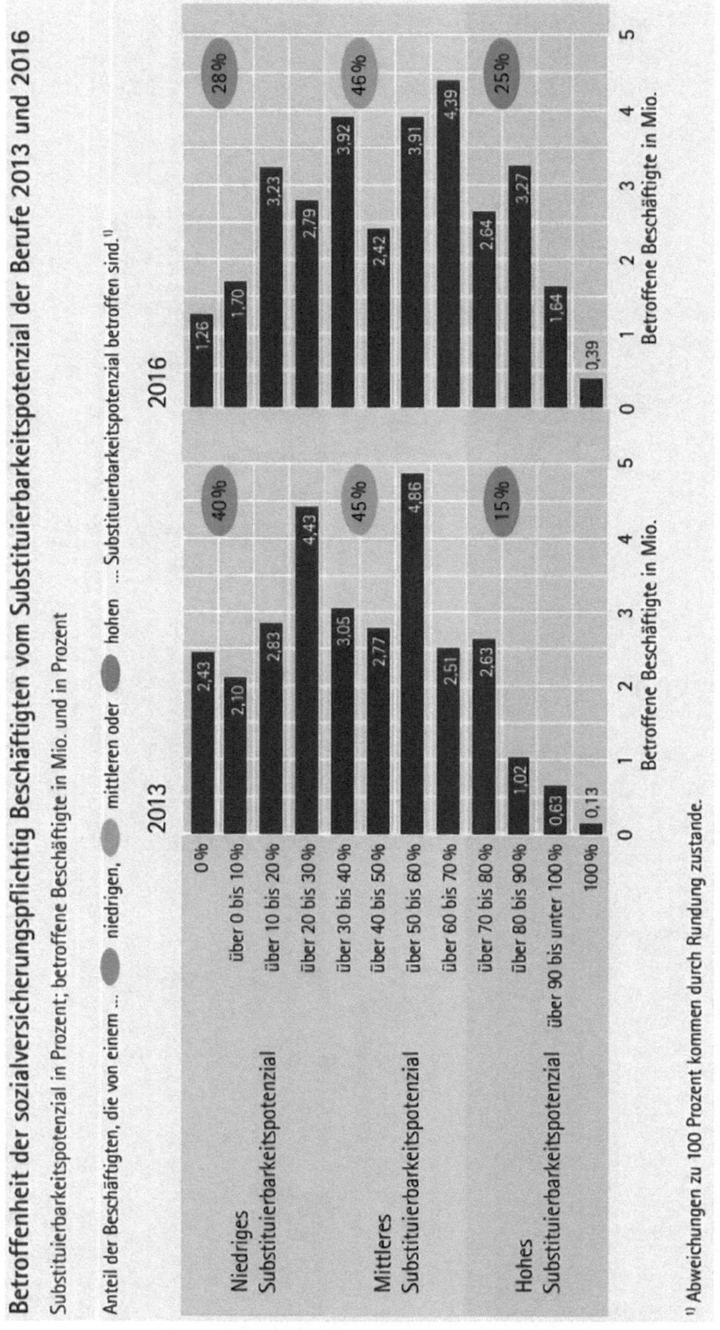

Abb. 8: Betroffenheit vom Substituierbarkeitspotenzial (Dengler u. Matthes 2018)

Die Studie von Frey u. Osborne (2013 u. 2017) kommt zu dem Schluss, dass 47 % der Beschäftigten in den USA in Berufen tätig sind, die durch automatisierungsbedingte Rationalisierung gefährdet sind bzw. mit einer Wahrscheinlichkeit von mehr als 70 % automatisiert werden können. In ihrer Übertragung der Studie auf Deutschland kommen Bonin et al. (2015) auf eine Automatisierungswahrscheinlichkeit von 42 %. Sie differenzieren allerdings auch in einzelne Tätigkeiten und ermitteln diesbezüglich einen deutlich geringeren Anteil von Arbeitsplätzen mit Automatisierungswahrscheinlichkeit – 12 % für Deutschland und 9 % für die USA. Inwieweit die Corona-Pandemie hier Einfluss nimmt, ist derzeit noch nicht abschließend zu beurteilen.

Das IAB und auch die OECD geben mit Blick auf die o. g. Zahlen zu bedenken, dass bei weitem nicht alle Substituierbarkeitspotenziale auch tatsächlich ausgeschöpft werden. Dem stehen zum Teil wirtschaftliche, ethische, politische oder rechtliche Aspekte entgegen (Dengler u. Matthes 2018; OECD 2018):

- Sofern die Qualität der Ware oder Dienstleistung höher ist, wenn sie von Menschen erarbeitet bzw. erbracht wird, wird es Kund*innen geben, die bereit sind, dafür einen höheren Preis zu zahlen. Hier spielen auch persönliche Präferenzen eine Rolle.
- Sofern eine Maschine oder ein Roboter im Einsatz teurer ist als die menschliche Arbeit, um die gleiche Ware oder Dienstleistung in der gleichen Zeit zu erbringen, wird es nicht zu einer Substitution kommen.
- Rechtliche und politische Rahmenbedingungen sowie institutionelle Vorschriften und Bestimmungen verhindern den Einsatz von Maschinen zur Erledigung bestimmter Tätigkeiten.
- Die Kräfte des Marktes wirken auf die jeweiligen Kosten für Kapital und Arbeitskraft ein und lassen Substitutionen teils nicht rentabel erscheinen.
- Die Struktur des Marktes und der Unternehmensgrößen in bestimmten Regionen oder Branchen stehen Substitutionen teils entgegen.
- Einige Tätigkeiten werden derzeit aus Gründen einer noch nicht abschließend geführten ethischen Debatte nicht substituiert.

In einem sind sich die Fachleute zudem einig: Trotz aller Digitalisierungsbemühungen werden Nicht-Routine-Tätigkeiten, Aufgaben im Umgang mit Menschen, Aufgaben verbunden mit Kreativität und Individualisierung, Aufgaben mit der Notwendigkeit der Intuition, strategische und gestalterische Aufgaben sowie Aufgaben mit hoher Spezialisierung und Individualität vergleichsweise nur schwer von Maschinen zu ersetzen sein. Zudem sind die Beschäftigungseffekte im Kontext der Gesamtarbeitsmarktentwicklung zu betrachten. Hier kann die demografische Lücke zum Tragen kommen. Das Angebot an Fachkräften wird angesichts der Demografie in vielen Berufen sinken. Dies wird gerade im Bereich mittlerer Qualifikationen der Fall sein, während die Zahl Hochqualifizierter weiter steigt. Gleichzeitig nimmt die Nachfrage nach bestimmten Fachkräften aufgrund des Substitutionseffekts im Kontext der Digitalisierung ab, der Arbeitskräftebedarf verschiebt sich mit der Digitalisierung hin zu höheren Qualifikationen. Es besteht also die Möglichkeit der Kompensation von spezifischen negativen Beschäftigungseffekten. Bestehenden Fachkräfteengpässen in bestimmten Berufen könnte entgegengewirkt werden.

2.1.4 Entstehung neuer Tätigkeiten

Auch in Bezug auf die Entstehung neuer Tätigkeiten im Zuge der Digitalisierung lohnt sich ein kurzer Blick in die Vergangenheit. So zeigt die ökonomische Forschung der vergangenen Jahrzehnte, dass trotz stetig zunehmendem Technologieeinsatz sich auch die Zahl an Arbeitsplätzen eher vergrößert hat. Deloitte erklären dieses vermeintliche Paradoxon mit den unterschiedlichen ökonomischen Effekten der Automatisierung – Substitutionseffekten, bei denen tatsächlich Arbeitskräfte durch neue Technologien ersetzt werden, ebenso wie komplementäre Effekte, nach denen Automatisierung neue Stellen schafft und die in der Vergangenheit sogar überwogen: »Die Güterpreise sinken durch zunehmende Automatisierung, die Produktivität der Mitarbeiter*innen steigt durch das Zusammenspiel von Mensch und Maschine, und damit erhöhen sich auch ihre Löhne. Beide Entwicklungen führen zu einem Mehr an Kaufkraft und damit wiederum zu einer höheren Nachfrage nach Gütern und Dienstleistungen, die ein mehr an Arbeitskraft erfordert. Zudem entstehen durch die Herstellung und Wartung von Technologie neue Stellen.« (Deloitte 2017)

Die bereits angesprochene Studie des IAB untersucht neben dem Automatisierungspotenzial auch die Entstehung neuer Tätigkeiten und Berufe im Kontext der Digitalisierung und stützt diese Befunde. So wird konstatiert, dass der größte Teil der Tätigkeiten, die im Zeitraum zwischen den beiden IAB-Vergleichsstudien 2013 und 2016 entstanden sind, direkt mit der Einführung digitaler Technologien zu tun hat. Hier sind insbesondere das Beherrschen neuer Softwareanwendungen, der Umgang mit neuen Technologien und die Einhaltung dazugehöriger gesetzlicher Vorschriften zu nennen. Zudem ergeben sich durch neue Technologien und Verfahren auch neue Bedarfe im Bereich von Qualitäts- und Prozessmanagement sowie im Kontext neuer Dienstleistungen und Produkte (Dengler u. Matthes 2018). Zunehmend entscheiden sich Unternehmen darüber hinaus – wie bereits angesprochen – für das sogenannte Inshoring oder Reshoring und holen ausgelagerte Prozesse zurück ins Ursprungsland. Diese Entwicklung beschleunigte sich durch die Corona-Krise noch einmal deutlich.

Ganze Berufe entstehen eher seltener neu, doch auch hier zeigt sich im Vergleich der Daten zwischen 2013 und 2016, dass neue Berufe insbesondere in Bereichen entstanden sind, die mit der Anwendung neuer Technologien in Zusammenhang stehen, wie der Beruf des Data Scientists oder des Interfacedesigners (ebd.).

Die jüngste Analyse des Weltwirtschaftsforums geht davon aus, dass bis zum Jahr 2022 weltweit 75 Millionen aktuelle Jobrollen ersetzt werden könnten, gleichzeitig aber auch 133 Millionen neue Jobrollen entstehen. Die Hälfte der heute bekannten Jobrollen wird allerdings stabil bleiben. Jobs, bei denen für Deutschland zwischen 2018 und 2022 mit einer steigenden Nachfrage zu rechnen ist, sind laut der Befunde des Weltwirtschaftsforums unter anderem (WEF 2018):

- Software- und Anwendungsentwickler*innen sowie und -analyst*innen,
- Verkaufs- und Marketingspezialist*innen,

- Datenanalyst*innen und Wissenschaftler*innen,
- HR-Spezialist*innen.
- Finanzanalyst*innen.

Auch der Stifterverband prognostiziert in seiner gemeinsamen Untersuchung mit McKinsey, dass bis zum Jahr 2023 in Deutschland alleine im industriellen und Dienstleistungsbereich zusätzliche 700.000 Fachleute mit technischen Fähigkeiten, über die Hälfte davon komplexe Datenanalysten, benötigt werden, um mit Big Data umzugehen und die Potenziale von KI entsprechend zu nutzen. Hinzu kommt der Bedarf an Beschäftigten, die in der Lage sind, mit der verstärkt aufkommenden Blockchain-Technologie adäquat umzugehen, mit deren Hilfe schnell sichere Transaktionen in einem Netzwerk mit vielen Beteiligten abgeschlossen werden können. Dieser Bedarf hat sich derart rapide entwickelt, dass er noch nicht zahlenmäßig in der Analyse erfasst werden konnte (Stifterverband u. McKinsey 2018). Des Weiteren lässt sich ein wachsender Bedarf an hybriden Berufsprofilen feststellen. In diesen werden traditionelle Inhalte durch einen verstärkten Fokus auf IT-Kenntnisse ergänzt. Beispiele finden sich insbesondere im technischen Bereich in Fachrichtungen wie Mechatronik. Gebhardt et al. (2015) bezeichnen diese Entwicklung auch als »Diffusion der Berufsfelder«, im Sinne einer Verschmelzung der bisherigen Fachlichkeit zu einer neuen Interdisziplinarität (bfw 2017).

Untersuchungen, die Unternehmen mit einem bereits hohen Grad an Digitalisierung solchen gegenüberstellen, die sich noch nicht oder erst kürzlich auf den Weg gemacht haben, verdeutlichen, dass sich keine negative Beschäftigungsbilanz in solchen Unternehmen zeigt, die einen hohen Digitalisierungsgrad aufweisen. Allerdings lässt sich erkennen, dass die Qualifikations- und Jobprofile neu eingestellter Mitarbeiter*innen sich stark von denen unterscheiden, die im gleichen Zeitraum entlassen werden und dass teilweise sogar Positionen vakant bleiben, weil die gewünschten Fachkräfte – insbesondere im Kontext von KI-Anwendungen, Big Data Analytics oder Cyber Security – am Markt schlicht nicht verfügbar sind (Warning u. Weber 2017; vbw 2019).

Grundsätzlich gilt: Im Rahmen der Gestaltung der Leistungserstellungsprozesse, der Innovationsentwicklung, der Schaffung von strategischen Allianzen, der Maschine-Maschine-Schnittstellen, der Mensch-Maschine-Schnittstellen und der hybriden Organisation etc. werden vielfältige Tätigkeiten zu bewältigen sein und neue Tätigkeits- und Jobprofile entstehen. Darüber hinaus schaffen neue Unternehmen bzw. neue Geschäftsmodelle, deren Wertschöpfung im Netz, in Netzwerken und auf Plattformen generiert wird, Arbeitsplätze. Zukunftsträchtige oder neu entstehende Berufe basieren in der Folge zunehmend auf dem Einsatz von IT-Technologien und bedürfen folglich entsprechender IT-Kompetenzen (WEF 2018).

Ferner gibt es immer mehr Startups im Bereich Informations- und Kommunikationstechnologie (Bundesverband Deutsche Startups 2018). Diese erbringen ihre wirtschaftlichen Leistungen überwiegend im digitalen Bereich, was wiederum neue Arbeitsplätze in diesem Bereich schafft (FAZ 2017). Neuartige Arbeitsplätze werden sich insbesondere in Qualität, Standort, Format und Dauerhaftigkeit von bestehenden Arbeitsplätzen unterscheiden (WEF 2018).

2.1.5 Quantitative Beschäftigungseffekte nach Funktionsbereichen

Der bereits angesprochene HR-Report 2019 hinterfragt, in welchen Funktionsbereichen in Unternehmen quantitative Beschäftigungseffekte vermutet werden, welcher Art sie aus Sicht der Entscheider*innen sein werden und wie sie sich äußern.

Zur Auswahl stehen hierbei

...an positiven quantitativen Beschäftigungseffekten:

- Ergänzung bestehender Jobprofile im Sinne von Job Enlargement,
- Ergänzung bestehender Jobprofile im Sinne von Job Enrichment,
- Entstehung neuer Berufsbilder,
- Personalzuwachs in bestehenden Berufsbildern,
- Entstehen neuer Tätigkeiten,
- Schaffung von Zeitpotenzial, welches durch digitale Technologien entsteht.

...an negativen quantitativen Beschäftigungseffekten:

- Verkleinerung der Kernbelegschaften,
- Verschwinden bestehender Berufsbilder,
- Outsourcing,
- Substitution bestehender Tätigkeiten durch digitale Technologien,
- Verschwinden von Tätigkeiten.

Sowohl bei den positiven als auch bei den negativen quantitativen Beschäftigungseffekten werden bestimmte Funktionsbereiche besonders häufig genannt.[10] Bei den positiven Effekten sind dies die IT, Forschung und Entwicklung sowie Vertrieb und Kundenservice. In Bezug auf die negativen Effekte zeigt sich eine Konzentration auf die Funktionsbereiche Personalwesen, Finanzwesen und Produktion. Sie stellen die am häufigsten genannten Bereiche dar, wenn es um die Verkleinerung der Kernbelegschaften, das Verschwinden bestehender Berufsbilder, die Substitution bestehender Tätigkeiten durch digitale Technologien und das Verschwinden von Tätigkeiten geht. Lediglich beim Outsourcing werden die Effekte für die Logistik noch etwas stärker bewertet als für die Produktion. Es erstaunt in diesem Zusammenhang, dass gleichzeitig die o. g. positiven Effekte in Bezug auf einen Personalzuwachs in bestehenden Berufsbildern für die Produktion erkannt werden (Rump et al. 2019a). Im Einzelnen stellen sich die Ergebnisse wie folgt dar: Die Ergänzung bestehender Jobprofile im Sinne von Job Enlargement erwarten die Befragten am ehesten in den Bereichen Forschung und Entwicklung, IT sowie Unternehmensleitung. Mit der Ergänzung bestehender Jobprofile im Sinne von Job Enrichment rechnen sie vor allem im Marketing,

10 Bei dieser Betrachtung werden jeweils die Top-3-Werte in Bezug auf die Fragestellungen »Wie fallen Ihrer Meinung nach die positiven bzw. negativen quantitativen Beschäftigungseffekte in diesem Funktionsbereich aus?« herangezogen.

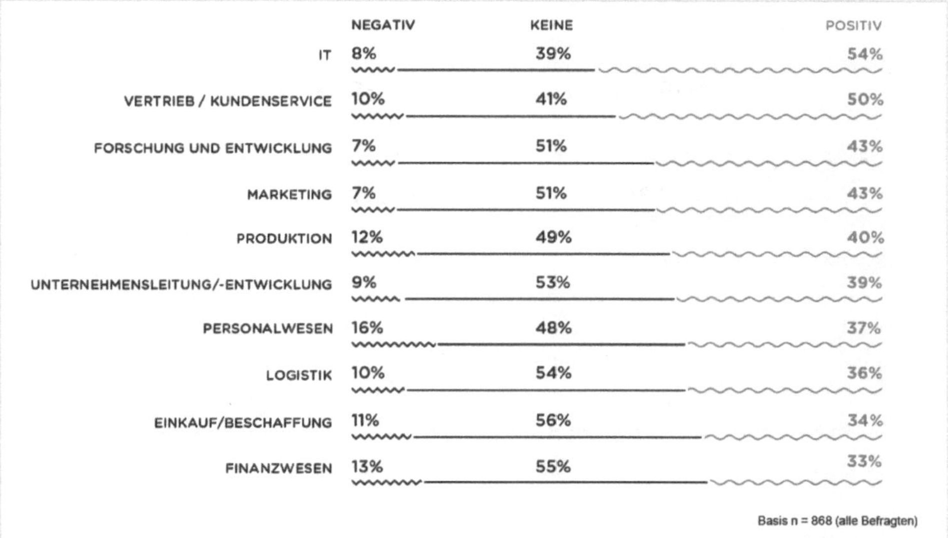

Abb. 9: Erwartete quantitative Beschäftigungseffekte in unterschiedlichen Funktionsbereichen (Rump et al. 2019a)

in der IT und im Vertrieb/Kundenservice. Neue Berufsbilder entstehen nach Ansicht der Entscheider*innen insbesondere in der Forschung und Entwicklung, in der IT und im Marketing. Den Bereichen Vertrieb/Kundenservice, Forschung und Entwicklung sowie Produktion wird ein Personalzuwachs in bestehenden Berufsbildern prognostiziert, während neue Tätigkeiten der Einschätzung nach besonders in der IT, in Forschung und Entwicklung und im Vertrieb/Kundenservice entstehen. Zeitpotenzial, welches durch digitale Technologien gewonnen wird, lässt sich am ehesten in der IT, in der Unternehmensleitung/-entwicklung, in Einkauf/Beschaffung und im Vertrieb/Kundenservice schaffen (Abb. 9, Rump et al. 2019a).

Auf einen Blick

Effekte der Treiber auf Beschäftigung (quantitativ)

- Hohe Bedeutung des Strukturwandels in Bezug auf Beschäftigung,
- Substituierbarkeitspotenziale ebenso wie Entstehung neuer Tätigkeiten durch die Digitalisierung,
- deutliche Unterschiede in den Effekten auf unterschiedlichen Skill-Levels,
- breite Varianz der Effekte im Kontext unterschiedlicher Funktionsbereiche.

2.2 Qualitative Beschäftigungseffekte – Welche Kompetenzen werden gebraucht?

Der technische Fortschritt hat schon immer Veränderungen in Bezug auf die erforderlichen Kompetenzen von Beschäftigten mit sich gebracht. Selbst wenn bestimmte Berufsbilder seit 50 Jahren existieren, waren die erforderlichen Kompetenzen einem immensen Wandel unterworfen. Viele Arbeiter*innen, die in der Vergangenheit anstrengende manuelle Tätigkeiten ausführten, die insbesondere grobe motorische Fähigkeiten und körperliche Kraft erforderten, bedienen heute Maschinen, die schwere und gefährliche Aufgaben übernehmen, und benötigen hierfür komplexere Kompetenzen, da sie diese Maschinen überwachen und Entscheidungen treffen müssen. Die Aufgabe von Krankenschwestern beispielsweise war es in der Vergangenheit primär, Patienten in Bezug auf deren Puls und Temperatur zu überwachen, Medikamente auszugeben und therapeutische Hilfstätigkeiten wie Baden, Füttern oder Massieren auszuführen. Inzwischen benötigen sie für Aufgaben im Bereich der Diagnostik und für Analysen Kompetenzen, die noch vor einigen Jahrzehnten Ärzt*innen vorbehalten waren. Bankangestellte sitzen heute kaum noch am Geldausgabeschalter, sondern beraten Kund*innen bei Problemen oder beim Kauf von Finanzprodukten. Es gibt eine nahezu unüberschaubare Anzahl an nationalen und internationalen Studien, die sich mit den sogenannten Zukunftskompetenzen beschäftigen, also den Kompetenzen, die als erfolgskritisch zur Bewältigung der künftigen Herausforderungen in der Arbeitswelt gelten, wobei insbesondere die Implikationen der Digitalisierung für Kompetenzen fokussiert werden.

Festzuhalten gilt, dass Wechselwirkungen zwischen den neuen Technologien, Berufsbildern und Kompetenzen bestehen. So können neue Technologien das Wirtschaftswachstum, die Entstehung neuer Jobs und die Nachfrage nach speziellen Kompetenzen befördern, jedoch auch gleichzeitig ganze Jobrollen verdrängen, wenn bestimmte Tätigkeitsbereiche obsolet oder automatisiert werden. Schon heute klagen viele Unternehmen darüber, nicht ausreichend geeignete Fachkräfte zu finden, und Beschäftigte fühlen sich über- oder unterqualifiziert für ihre Tätigkeiten. Der Mangel an bestimmten Kompetenzen bzw. das Mismatch zwischen gesuchten und vorhandenen Kompetenzen kann die Arbeitskosten erhöhen, zu Produktionsverlusten durch unbesetzte Stellen führen, in einigen Fällen den Trend zur Automatisierung verstärken oder aber die Einführung neuer Technologien blockieren und dadurch insgesamt das Wirtschaftswachstum bremsen (WEF 2018; MGI 2018b).

Eine eindeutige Prognose bezüglich künftig nachgefragter und erforderlicher Kompetenzen ist naturgemäß schwierig, da die Entwicklung noch am Anfang steht. Dennoch lassen sich aus den unterschiedlichen Studien mit sehr detaillierten Systematisierungsansätzen bestimmte Tendenzen ableiten und Gemeinsamkeiten identifizieren (acatech 2016). Nachfolgend wird eine repräsentative Auswahl an solchen nationalen und internationalen Studien vorgestellt, die selbstverständlich keinen Anspruch auf Vollständigkeit erhebt. Zunächst soll jedoch ein kurzer Blick in die Vergangenheit bezüglich der Entwicklung der Bedeutung bestimmter Kompetenzen geworfen werden.

2.2.1 Kompetenzanforderungen – Entwicklungen seit den 1970er Jahren

Bedingt durch die zunehmende Automatisierung in den 1970er Jahren fokussierte die betriebliche Ausbildung in dieser Zeit verstärkt auf die notwendige technische Qualifizierung, die nahezu ausschließlich betrieblich gesteuert wurde. In den 1980er Jahren zeigte sich ein neuer Trend hin zu mehr Selbstqualifizierung. Er forderte den Lernenden erstmals Kompetenzen wie Eigeninitiative und Eigenverantwortung ab. Hinzu kamen neue Organisationsformen wie die Gruppenarbeit, durch die Kompetenzen an die Basis verlagert wurden, was erweiterte fachliche, soziale und methodische Kompetenzen bei den Mitarbeiter*innen erforderlich machte. Die zunehmende Internationalisierung brachte den Bedarf an interkulturellen Kompetenzen und Sprachkenntnissen mit sich, der wachsende internationale Wettbewerbsdruck darüber hinaus höhere und auch arbeitsplatzübergreifende Qualifikationen. Durch den Strukturwandel weg von der Industrie- und hin zur Dienstleistungsgesellschaft bzw. im späteren Verlauf zur Wissens- und Innovationsgesellschaft kam eine beträchtliche Dynamik in die Kompetenz- und Qualifikationsanforderungen, die sich stetig im Wandel zu befinden schienen. Hinzu kam die zunehmende Variabilität der Arbeitsverhältnisse. Flexible Arbeitsformen, -zeiten und -orte führten unweigerlich auch zu einer höheren Komplexität durch Koordination und Abstimmung (Grabmeier 2014). Zudem wurden soziale und kommunikative Kompetenzen in diesem variablen Umfeld immer wichtiger.

Hinzu kam und kommt nach wie vor die Notwendigkeit, fachlich stets auf dem aktuellen Stand zu sein und sich in neuartige spezifische Fragestellungen, auch im Hinblick auf neue Technologien, einzuarbeiten, allerdings keinesfalls im Sinne von »Fachidioten«, sondern vielmehr auch fachdisziplinübergreifend. Ebenfalls nicht unerheblich ist die Bereitschaft, sich im Rahmen der Wertschöpfungspartnerschaften branchenübergreifend und auch weltweit zu vernetzen und sich im Sinne einer ausgeprägten Feedbackkultur mit anderen Fachleuten auszutauschen und Wissen zu teilen (Hofmann et al. 2007; Rollwagen 2009; Schabel 2009; Abele u. Reinhart 2011; Fischer u. Rump et al. 2013). Der hohe Flexibilisierungsgrad der Arbeit bringt zudem eine Beschleunigung des Lebens und Arbeitens mit sich. Die Herausforderung besteht im Vergleich zu den klaren Strukturen der Vergangenheit nun darin, selbst für Abgrenzung – räumlich wie zeitlich – Sorge zu tragen (Belwe 2007; Jürgens u. Voß 2007). Die Beschäftigten treten damit in einen Aushandlungsprozess – mit sich selbst, mit ihrem sozialen Umfeld und mit ihrem Arbeitgeber. Dieser Aushandlungsprozess ist für Menschen mit unterschiedlicher Disposition unterschiedlich gut zu bewältigen. Es bedarf entsprechender Kompetenzen wie der Fähigkeit zum Selbstmanagement, des »Boundary Management« (Lebensführungskompetenz der Grenzziehung) (Sachverständigenkommission zur Erstellung des Ersten Gleichstellungsberichtes der Bundesregierung/Fraunhofer-Gesellschaft zur Förderung der angewandten Forschung e.V. 2011) und des Selbstbewusstseins, auch einmal »Nein« zu sagen. Hinzu kommt Organisationstalent, um beispielsweise mit wechselnden Arbeitsorten umgehen zu können (Rump u. Eilers 2017a). Dabei werden alle Beschäftigten und Berufsgruppen in den Blick genommen. Gerade für ältere Beschäftigte waren überfachliche Kompetenzen i.d.R. nicht Teil ihrer Sozialisation, sodass sie diese vielfach vor Herausforderungen stellen (BMAS 2015).

EXKURS

»Soft Skills«

Die heute als »Soft Skills« bezeichneten Kompetenzen wurden schon Anfang der 1970er Jahre und damit vergleichsweise früh unter der Begrifflichkeit der »Schlüsselqualifikationen« durch den Bildungsforscher Dieter Mertens eingeführt. Er sprach von persönlichen Qualitäten, »...denen übergeordnete Bedeutung für die Bewältigung zukünftiger Anforderungen an den Menschen zugesprochen wird« (Mertens 1974). Dabei rührt die Begrifflichkeit als Schlüsselqualifikationen daher, dass ihnen eine Schlüsselrolle zur Erschließung bestimmter Verstehens-, Verarbeitens- und Verhaltensmuster zukommt. Mertens äußerte bereits damals die Überzeugung, dass Schlüsselqualifikationen eine umso größere Bedeutung zur Bewältigung der gegebenen Herausforderungen haben, je dynamischer, komplexer und unvorhersehbarer die gesellschaftliche, wirtschaftliche und persönliche Entwicklung verläuft (ebd.) – eine Einschätzung, die sich bewahrheiten sollte und sich nicht zuletzt darin bestätigt, dass Untersuchungen zufolge heute Schulungen in Bezug auf Soft Skills zu den am häufigsten durchgeführten Weiterbildungsveranstaltungen zählen (DIE 2014; Statistisches Bundesamt 2017a). Nach Mertens (1974) umfassen die Schlüsselqualifikationen folgende Kategorien:

- Förderung der Fähigkeit zu lebenslangem Lernen und zum Wechsel sozialer Rollen,
- Distanzierung durch Theoretisierung,
- Kreativität,
- Relativierung,
- Verknüpfung von Theorie und Praxis,
- Technikverständnis,
- Interessenanalyse,
- gesellschaftswissenschaftliches Grundverständnis,
- Planungsfähigkeit,
- Befähigung zur Kommunikation,
- Dekodierungsfähigkeit,
- Fähigkeit hinzuzulernen,
- Fähigkeit, Zeit und Mittel einzuteilen,
- Fähigkeit, sich Ziele zu setzen,
- Fähigkeit zur Zusammenarbeit,
- Fähigkeit zur Ausdauer,
- Fähigkeit zur Konzentration,
- Fähigkeit zur Genauigkeit,
- Fähigkeit zur rationalen Austragung von Konflikten,
- Fähigkeit zur Mitverantwortung,
- Fähigkeit zur Verminderung von Entfremdung,
- Leistungsfreude.

Auch wenn Mertens selbst postulierte, Schlüsselqualifikationen unterlägen ebenfalls Wandlungsprozessen und bedürften von Zeit zu Zeit einer Reform, so zeigt sich, dass dieser Katalog – wenngleich die Begrifflichkeiten sich leicht verändert haben – durchaus auch heute noch Bestand hat.

Ein weiterer entscheidender Aspekt ist die sogenannte digitale Grundkompetenz oder »Digital Literacy«. Hier liegt eine enorme Herausforderung, gerade auch Beschäftigte aus bildungsfernen Schichten und benachteiligte Gruppen am Arbeitsmarkt bei der digitalen Transformation »mitzunehmen«, da ihnen ansonsten vehement der Ausschluss aus der Erwerbsgesellschaft droht (Rump u. Eilers 2017a).

An dieser Stelle tun sich ad hoc mehrere Fragen auf: Ist die Ausweitung des Anforderungsprofils Gegenstand in der Aus- und Weiterbildung? Bzw. werden Aus- und Weiterbildung entsprechend angepasst? Dieses doch sehr ambitionierte Anforderungsprofil stellt zudem die Frage in den Raum, wer derartige Kompetenzen mitbringt. Es entsteht der Eindruck einer »eierlegenden Wollmilchsau«. Es ist damit zu rechnen, dass nur wenige Personen dem sehr umfangreichen Anforderungsprofil entsprechen. Dennoch bleibt der Anspruch, dass diese Anforderungen abgedeckt sein müssen. Wenn man nun erstens davon ausgeht, dass eine solche Sichtweise zunehmend an Grenzen stößt, weil viele Beschäftigte an Grenzen stoßen und auch überfordert sind, und wenn man zweitens gleichzeitig die Notwendigkeit des Aufgaben- und Anforderungsprofils bekräftigt, bedarf es einer Änderung der Perspektive – von der intrapersonellen zur interpersonellen Sichtweise. Wenn eine Person es nicht schafft, dann sollten die Kompetenzen im Team vorhanden sein. Um die Aufgaben zu bewältigen, werden also mehrere Personen beteiligt. Die Leitprinzipien sind somit Partizipation und Diversity. Partizipation kann horizontal erfolgen, also unter den Teammitgliedern, und/oder vertikal, was mit der Übertragung von Handlungsspielräumen und der Delegation von Befugnissen und Aufgaben an Mitarbeiter*innen verbunden sein kann (Rump et al. 2019b).

2.2.2 Studie »Future Skills – Welche Kompetenzen in Deutschland fehlen« (Stifterverband u. McKinsey 2018)

Studiendesign

2018 wurde in kombinierter qualitativer und quantitativer Erhebung des Stifterverbandes und von McKinsey versucht, die Kompetenzen der Zukunft u. a. in Bezug auf Digitalisierung herauszuarbeiten und darzustellen. Hierzu wurde zunächst ein Workshop für 40 Mitarbeiter*innen aus verschiedenen Unternehmen und Bildungseinrichtungen oder der Politik durchgeführt, worauf eine Online-Umfrage von 607 deutschen Firmen folgte. Die Ergebnisse wurden durch 20 Experteninterviews gestützt, um ein bestmögliches Bild der sogenannten »Future Skills« zu erhalten.

Die Studie differenziert in drei Kompetenzcluster, die essentiell sind, um in der Arbeitswelt von morgen zu bestehen (Abb. 10).

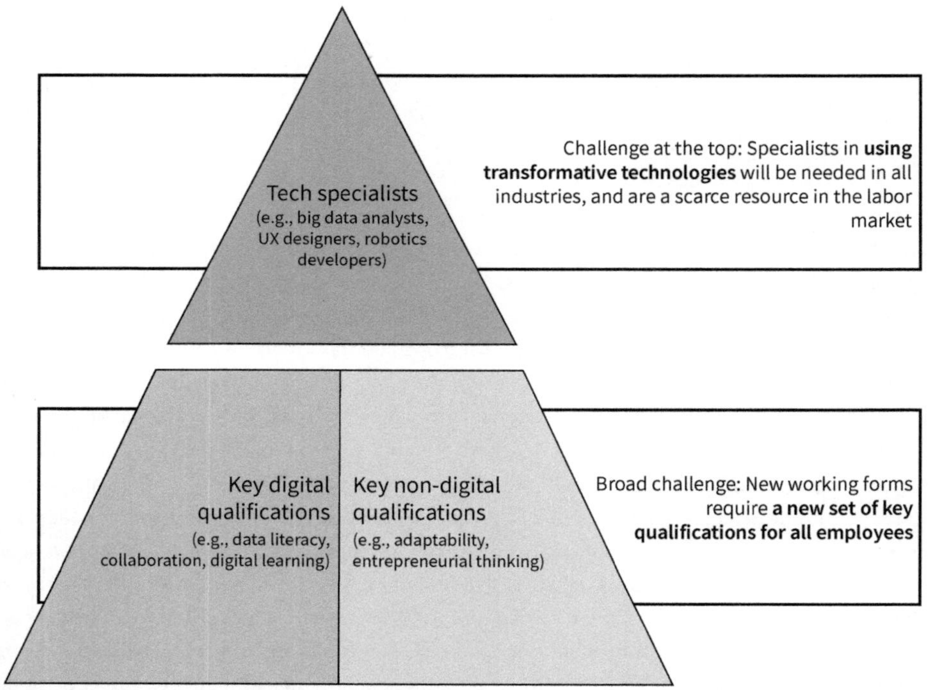

Abb. 10: Benötigte Kompetenzen in Zeiten der Digitalisierung (eigene Darstellung in Anlehnung an Stifterverband u. McKinsey 2018)

Spezifische technologische Fähigkeiten

Zu den spezifischen technologischen Fähigkeiten zählt die Studie solche, die benötigt werden, um transformative Technologien nachhaltig zu prägen. Dies gilt für etablierte transformative Technologien wie das Internet ebenso wie für neu aufkommende Bereiche wie Blockchain-Technologie oder intelligente Hardware. Dabei besteht eine besondere Herausforderung darin, komplexe Daten zu analysieren und in diesem Zusammenhang die Künstliche Intelligenz weiterzuentwickeln. Wer in diesem Bereich tätig ist, sollte die neuesten IT-Fähigkeiten besitzen und anwenden können. Neue Jobprofile werden branchenübergreifend entstehen, beispielsweise für Data Scientists. Schon heute sind zahlreiche Jobprofile, gerade in Start-ups, bereits von technologischen Fähigkeiten dominiert. Zu diesem Kompetenzfeld gehören laut der Untersuchung die in Tabelle 4 dargestellten Kompetenzen.

Analysieren komplexer Daten	Effizientes Analysieren großer Datenmengen unter Verwendung analytischer Methoden zur Gewinnung von Informationen; ebenfalls enthalten ist die Entwicklung Künstlicher Intelligenz (KI)
Entwicklung von intelligenter Hardware/Robotern	Entwicklung technischer Komponenten für »intelligente« Hardware-Software-Systeme (Internet der Dinge), z. B. Roboter

Internet-Entwicklung	Beherrschung von Programmiersprachen für Back-End- und Front-End-Entwicklung von Internetanwendungen (insbesondere mobile Anwendungen)
Nutzerzentriertes Design (UX)	Design von Produkten, die eine optimierte Funktionalität, intuitive Bedienung und attraktive Nutzererlebnisse bieten
Konzeption und Administration vernetzter IT-Systeme	Anwendung einer komplexen IT-Infrastruktur mit Cloud-Funktionalität und Schnittstellen zu anderen IT-Systemen, einschließlich kontinuierlicher Administration und Weiterentwicklung
Entwicklung von Blockchain-Technologien	Aufbau dezentraler Datenbanken (»distributed ledgers«) unter Nutzung von Blockchain-Technologien
Technisches Übersetzen	Moderieren zwischen Menschen mit technischer Expertise bzw. ohne diese

Tab. 4: Spezifische technologische Fähigkeiten (Stifterverband u. McKinsey 2018)

Digitale Basiskompetenzen

Digitale Basiskompetenzen beziehen sich auf Fähigkeiten, die es Menschen ermöglichen, eine aktive Rolle in der digitalisierten Welt zu spielen. Sie werden künftig sowohl im Berufsleben als auch im Alltag unerlässlich sein, um die soziale Teilhabe zu sichern und werden von Arbeitgebern zunehmend erwartet. Zu diesen Kompetenzen zählen der digitale Wissenserwerb (Digital Learning) und der sichere Umgang mit Online-Inhalten (Digital Literacy) sowie die Fähigkeit zur Zusammenarbeit. Wer diese Kompetenzen mitbringt, kann in kollaborativen und agilen Teams tätig sein, sich effektiv vernetzen und kritische Entscheidungen in einer zunehmend digitalen Welt treffen. Diese Kompetenzen sollten von so vielen Menschen wie möglich beherrscht werden – in Abgrenzung zu den spezifischen technologischen Kompetenzen, die nur bestimmte Experten benötigen. Sie unterteilen sich laut Studie wie in Tabelle 5 aufgeführt.

Digitale Grundkenntnisse (»Digital Literacy«)	Beherrschen der einfachsten digitalen Fähigkeiten, z. B. sorgfältiger Umgang mit persönlichen digitalisierten Daten, Verwendung der neuesten Software, Interaktion mit KI
Digitale Interaktion	Fähigkeit, bei Interaktion auf Online-Kanälen andere zu verstehen und entsprechend zu antworten (»Digitale Etiquette«)
Kollaboration	Effektives und effizientes Kollaborieren in Projekten auch auf Entfernung und interdisziplinär, sodass die Teamergebnisse besser sind als die Einzelergebnisse
Agiles Arbeiten	Präzises Erarbeiten des Mehrwerts für Kund*innen durch die Arbeit in einem Team, das für das Endprodukt verantwortlich ist, mit Hilfe iterativer Methoden (»rapid prototyping«)
Digitales Lernen	Aufbau einer soliden Wissensbasis bezüglich ausgewählter Inhalte aus unterschiedlichen digitalen Informationsquellen
Digitale Ethik	Kritisches Bewerten digitaler Informationen und Auswirkungen digitalen Handelns sowie Treffen angemessener ethischer Entscheidungen

Tab. 5: Digitale Basiskompetenzen (Stifterverband u. McKinsey 2018)

Nicht-digitale Schlüsselqualifikationen

Die dritte Kategorie stellen die nicht-digitalen Schlüsselqualifikationen oder Basisqualifikationen dar. Hier finden sich Kompetenzen wie Anpassungsfähigkeit, Kreativität und Durchhaltevermögen. Diese werden in Zukunft immer weiter an Bedeutung zunehmen. Wer sie beherrscht, wird besser mit neuen Situationen umgehen und in der Lage sein, in einer vermehrt volatilen und komplexen Arbeitswelt Probleme zu analysieren und zu lösen. Um künftig zu bestehen, sollten Unternehmen dafür Sorge tragen, dass alle Kompetenzbereiche in angemessener Weise für ihren Arbeitskontext vorhanden sind. In Tabelle 6 sind diese Kompetenzen im Einzelnen dargestellt.

Problemlösungskompetenz	Lösung konkreter Probleme, für die es keine vorgefertigte Lösung gibt, auf der Basis von Vernunft und einer strukturierten Herangehensweise
Kreativität	Entwicklung origineller Verbesserungsideen (z. B. für bestehende Geschäftsprozesse) oder Innovationsansätze (z. B. für neue Produkte)
Unternehmerisches Denken und Eigeninitiative	Unabhängiges Arbeiten unter Einbeziehung von Eigeninitiative als Teil eines Projektes oder einer Organisation
Anpassungsfähigkeit	Offenheit gegenüber neuen technologischen Entwicklungen und deren Verwendung zum Wohle der Organisation sowie Anwendung in unterschiedlichen Situationen
Durchhaltevermögen	Fokussierter und verantwortungsvoller Abschluss von Aufgaben wie herausfordernden Projekten unter Überwindung von Hindernissen

Tab. 6: Nicht digitale Schlüsselqualifikationen (Stifterverband u. McKinsey 2018)

2.2.3 Skill Shift – Automation and the future of the workforce (MGI 2018a; 2018b)

Studiendesign

2018 wurde vom McKinsey Global Institute MGI eine Umfrage unter 3031 Führungskräften aus Unternehmen sieben verschiedener Länder durchgeführt, mit dem Ziel herauszufinden, ob und in welchem Ausmaß in den Organisationen KIs eingesetzt werden und generell automatisiert wird. Darüber hinaus ging es darum, die Erfahrungen und Meinungen der Unternehmen hierzu und auch dazu, wie sehr die Automatisierung die Organisationsstruktur, die Belegschaft und deren Fähigkeiten beeinflusst, zu ermitteln. Nicht zuletzt wurden persönliche Interviews bezüglich gegenwärtiger und zu erwartender qualifikatorischer Mismatches sowie Strategien zur Sicherung der Zukunftsfähigkeit ihrer Belegschaften mit Geschäftsführer*innen und anderen Unternehmensverantwortlichen geführt. Als Basis diente u. a. ein Kompetenzmodell. Für mehr als 800 Berufe und sechs Länder (USA, Frankreich, Deutschland, Spanien, Italien und Großbritannien) wurde in der Studie die Arbeitszeit (bezogen auf das Jahr 2016) quantifiziert, die für die Anwendung der jeweiligen Fähigkeiten aufgebracht wird. Zudem wurde unter Berücksichtigung zentraler makroökonomischer Trends die Entwicklung dieser Fähigkeiten bis 2030 mit Hilfe eines Automatisierungsmodells berechnet. Die Untersuchung umfasste exemplarisch die fünf Branchen Banken und Versicherungen, Energie, Gesundheit, verarbeitende Industrie sowie Handel. Diese Studie nimmt eine Clusterung in fünf Fähigkeitskategorien vor, denen wiederum 25 einzelne Fähigkeiten und auch Beispiele für Berufsbilder zugeordnet werden (Tabelle 7).

Körperliche und händische Fähigkeiten	Fähigkeiten zur allgemeinen Bedienung und Steuerung von Maschinen und Geräten	Fließbandarbeiter*innen
	Fähigkeiten zur allgemeinen Reparatur von Maschinen und Geräten sowie mechanische Fähigkeiten	PKW- und LKW-Mechaniker*innen
	Handwerkliche und technische Fähigkeiten	Steinmetz*innen, Dachdecker*innen, Elektriker*innen
	Feinmotorische Fähigkeiten	Krankenschwestern/-pfleger, Beschäftigte aus dem Bereich der Nahrungsvorbereitung
	Grobmotorische Fähigkeiten und Kraft	Maschinenbestücker*innen, Reinigungskräfte, Packer*innen
	Überprüfungs- und Überwachungsfähigkeiten	Sicherheitskräfte, Qualitätskontrolleur*innen
Grundlegende kognitive Fähigkeiten	Grundlegende Fähigkeiten des Lesens, Schreibens und Rechnens sowie der Kommunikation	Kassierer*innen, Kundendienstmitarbeiter*innen
	Grundlegende Fähigkeiten zur Dateneingabe und -verarbeitung	Schreibkräfte, Beschäftigte in der Dateneingabe, Buchhalter*innen
Höhere kognitive Fähigkeiten	Erweiterte Lese- und Schreibfähigkeiten	Lektor*innen, Rechtsanwaltsfachangestellte, Schriftsteller*innen
	Quantitative und statistische Fähigkeiten	Finanzanalyst*innen, Steuerberater*innen
	Fähigkeiten zum kritischen Denken und zum Treffen von Entscheidungen	Ärzt*innen, Versicherungsvertreter*innen
	Projektmanagementfähigkeiten	Einkäufer*innen, Abteilungsleiter*innen
	Fähigkeiten zur Verarbeitung und Interpretation komplexer Informationen	Marktforscher*innen, Anwält*innen
	Kreative Fähigkeiten	Marketingfachleute, Komponist*innen

Soziale und emotionale Fähigkeiten	Erweiterte Kommunikations- und Verhandlungsfähigkeiten	Vertreter*innen, Immobilienmakler*innen
	Zwischenmenschliche Fähigkeiten und Empathie	Berater*innen, Sozialarbeiter*innen, Therapeut*innen
	Fähigkeiten zur Führung und Anleitung anderer	Führungskräfte, Geschäftsführer*innen
	Unternehmerische Fähigkeiten und Eigeninitiative	Experten für Geschäftsentwicklung/Wirtschaftsförderung, Strateg*innen
	Anpassungsfähigkeit und Fähigkeit zum lebenslangen Lernen	Notfallassistent*innen, Programmierer*innen
	Fähigkeit, andere zu unterrichten und zu schulen	Lehrer*innen, Anleiter*innen, Trainer*innen
Technologische Fähigkeiten	Grundlegende digitale Fähigkeiten	Verwaltungsangestellte, Desktop Publisher
	Erweiterte IT- und Programmierkenntnisse	Software-Entwickler*innen, Netzwerkadministratoren
	Erweiterte Fähigkeiten zur Datenanalyse sowie mathematische Fähigkeiten	Statistiker*innen, Unternehmensforscher*innen
	Fähigkeiten zum Technologiedesign, Maschinenbau und Wartung	Ingenieur*innen, Robotics-Expert*innen, Produktdesigner*innen
	Fähigkeiten zur wissenschaftlichen Forschung und Entwicklung	Wissenschaftler*innen

Tab. 7: Kategorien der Future Skills (MGI 2018a)

Die Ergebnisse für Deutschland in Bezug auf den Bedarf an den fünf Fähigkeitskategorien zeigen Folgendes:

- **Körperliche und händische Fähigkeiten**
  Die Arbeitszeit, die für den Einsatz körperlicher und händischer Fähigkeiten aufgebracht wird, wird bis 2030 um 22 % sinken, insbesondere aufgrund des geringeren Bedarfs an physischer Kraft und händischer Steuerung von Maschinen im verarbeitenden Gewerbe. Dieser Rückgang fällt in Deutschland stärker aus als in den übrigen betrachteten Ländern. Die sektorbezogene Auswertung zeigt, dass der Gesundheitssektor eine Sonderrolle einnimmt, da hier auch die Nachfrage nach nicht automatisierbaren händischen Fähigkeiten weiter steigt und der demografische Wandel vor allem Krankenschwestern/-pfleger und Physiotherapeut*innen erfordert.

- **Technologische Fähigkeiten**
  Auf technologische Fähigkeiten entfallen heute 14% der Arbeitszeit in Deutschland, Tendenz steigend (prognostiziert werden 19% im Jahr 2030). Damit liegt Deutschland im Ländervergleich an erster Stelle. Grundsätzlich zeigt die Studie über alle betrachteten Staaten hinweg für die technologischen Fähigkeiten die größten Veränderungen in den Kompetenzanforderungen, bedingt durch die Automatisierung und den vermehrten Einsatz Künstlicher Intelligenz. Dies gilt sowohl für die erweiterten technologischen Fähigkeiten als auch für die grundlegenden digitalen Fähigkeiten, wobei festzuhalten ist, dass nahezu jede und jeder Beschäftigte grundlegende digitale Fähigkeiten benötigen wird, während erweiterte technologische Fähigkeiten eher für eine bestimmte Gruppe erforderlich sind.
- **Soziale und emotionale Fähigkeiten**
  Ebenfalls zunehmen wird der Anteil an Arbeitszeit, der sich auf soziale und emotionale Fähigkeiten bezieht – bis 2030 um knapp ein Viertel in Deutschland auf dann 20%. Dabei ist über alle Staaten hinweg eine verstärkte Nachfrage nach erweiterten sozialen und emotionalen Fähigkeiten zu erwarten, die auch in absehbarer Zukunft keine Maschine wird ersetzen können. Dabei sind es vor allem das unternehmerische Denken und die Eigeninitiative, für die die Nachfrage am meisten steigen wird. Es ist nicht von der Hand zu weisen, dass einige soziale und emotionale Fähigkeiten primär in der Natur jedes Menschen liegen, doch ein Großteil kann über entsprechende Lernangebote auch trainiert werden.
- **Kognitive Fähigkeiten**
  Auch in Bezug auf die kognitiven Fähigkeiten ist ein Trend weg von den grundlegenden und hin zu den erweiterten Fähigkeiten zu erwarten. Dabei ist die reduzierte Nachfrage nach grundlegenden kognitiven Fähigkeiten, vor allem im Kontext von Datenerfassung und -verarbeitung – die vergleichsweise einfach zu automatisieren sind – sehr ausgeprägt. Dies betrifft insbesondere Verwaltungstätigkeiten in der Banken- und Versicherungsbranche. Im Gegenzug steigt allerdings der Bedarf an Kommunikationsfähigkeiten für eine verstärkte Interaktion mit Kund*innen, gerade im Einzelhandel und im Gesundheitssektor. Es gibt durchaus auch erweiterte kognitive Fähigkeiten, die im Zuge der Automatisierung obsolet werden oder zumindest nicht stärker nachgefragt sein werden als heute. Dazu zählen die erweiterten Lese- und Schreibfähigkeiten, beispielsweise im Bereich des Lektorierens und Verfassens einfacher Texte, sowie quantitative und statistische Fähigkeiten, die vielfach durch Algorithmen ersetzbar sind.

Es liegt auf der Hand, dass in den unterschiedlichen untersuchten Ländern die Veränderungen in Bezug auf die erforderlichen Fähigkeiten in Abhängigkeit von der wirtschaftlichen Struktur, dem Anteil der unterschiedlichen Sektoren und dem Digitalisierungsgrad differieren (Abb. 11).[11]

11 Mit freundlicher Genehmigung des MGI wird eine Originalgrafik aus der Studie verwendet, die allerdings nur in englischer Sprache vorliegt.

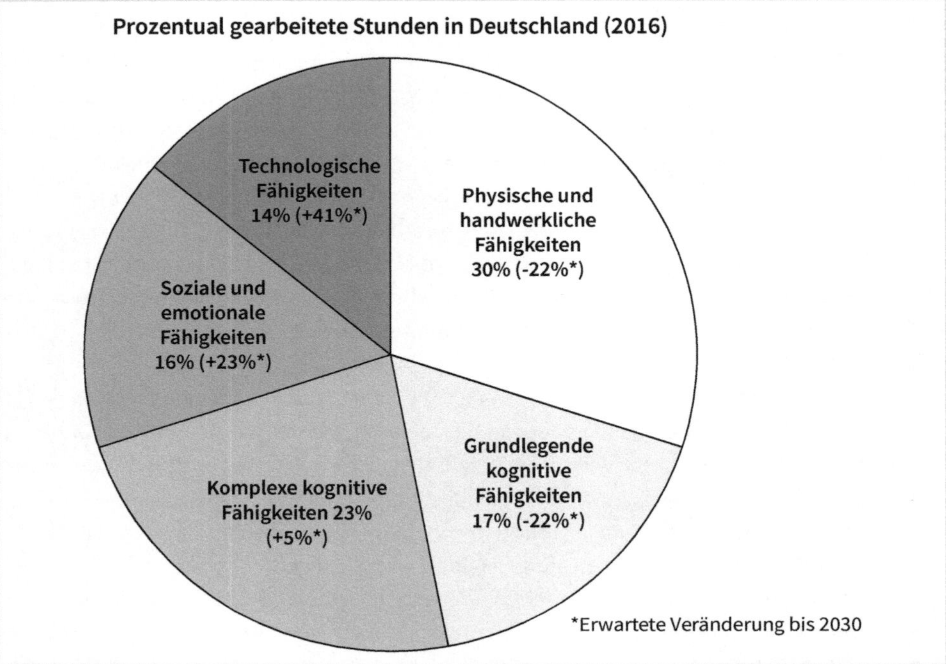

Abb. 11: Veränderungen der Kompetenzanforderungen bezogen auf die Arbeitszeit in Deutschland (eigene Darstellung mit Daten aus MGI 2018a)

Für Deutschland zeigt die Analyse, dass die grundlegenden digitalen Fähigkeiten vergleichsweise langsam zunehmen. Dies wird zum einen darauf zurückgeführt, dass in Deutschland bereits heute der Einsatz von Technologie am Arbeitsplatz weit fortgeschritten ist, insbesondere im Produktionsbereich, zum anderen aber auch auf den deutschen Branchenmix. Im Gegenzug wird in Deutschland der Anteil an Fähigkeiten im Kontext des Technologiedesigns bis 2030 stärker ansteigen als in anderen Ländern, da hier ein Schwerpunkt auf der Entwicklung neuer Produktionstechnologien und -ausstattung liegt. Besonders stark nimmt in Deutschland die Nachfrage nach den erweiterten sozialen Fähigkeiten zu.

Grundsätzlich veranschaulicht die Online-Befragung, dass die Unternehmensverantwortlichen in größeren Unternehmen eine stärkere Veränderung in Bezug auf die erforderlichen Kompetenzen erwarten als die Vertreter*innen kleiner und mittelständischer Betriebe. Dies gilt insbesondere in Bezug auf den Anstieg der Nachfrage nach technologischen und den Rückgang der Nachfrage nach körperlich-händischen und grundlegenden kognitiven Fähigkeiten. Über alle Skill-Bereiche hinweg gehen sie von folgenden Entwicklungen aus:

- Heute schon sehr bedeutsame und künftig noch bedeutsamere Fähigkeiten: Führungsfähigkeiten, erweiterte Kommunikationsfähigkeiten, erweiterte IT- und Programmierfähigkeiten sowie die Fähigkeit zum kritischen Denken.

- Heute eher weniger, aber in Zukunft sehr bedeutsame Fähigkeiten: erweiterte Datenanalysefähigkeiten, Fähigkeit, komplexe Informationen zu verarbeiten, Anpassungsfähigkeit sowie Lehren und Unterrichten.
- Heute sehr bedeutsame Fähigkeiten mit Bedeutungsverlust in Zukunft: körperlich-händische Fähigkeiten und grundlegende kognitive Fähigkeiten wie einfache Dateneingabe und -verarbeitung, grundlegende Schreib-, Rechen- und Kommunikationsfähigkeiten.
- Heute und in Zukunft weniger bedeutsame Fähigkeiten: grobmotorische Fähigkeiten.

Sektorbezogen zeigen sich einige Gemeinsamkeiten, jedoch auch signifikante Unterschiede. So steigt über alle fünf betrachteten Sektoren hinweg die Nachfrage nach sozialen und emotionalen Fähigkeiten. Der Bedarf an grundlegenden kognitiven Fähigkeiten allerdings fällt stark im Banken- und Produktionssektor, während er im Gesundheitsbereich stabil bleibt und im Einzelhandel nur leicht zurückgeht (Abb. 12)[12].

Fähigkeiten	Banken und Versicherung	Energie und Bergbau	Gesundheitswesen	Produktion	Einzelhandel
Physische und handwerkliche Fähigkeiten	--	---	-	---	--
Grundlegende kognitive Fähigkeiten	---	--	-	---	--
Komplexe kognitive Fähigkeiten	-	-	-	-	-
Soziale und emotionale Fähigkeiten	+	+	+	+	+
Technologische Fähigkeiten	+	+	+++	++	+++

Basiert auf Differenzen der gearbeiteten Stunden in 2016 zu den Prognosen in 2030 (Westeuropa)

Abb. 12: Sektorbezogene Veränderungen der Kompetenzanforderungen (eigene Darstellung mit Daten aus MGI 2018a)

- **Banken und Versicherungen**
  Dieser Sektor wird sich voraussichtlich enormen Veränderungen in Bezug auf die erforderlichen Fähigkeiten und die Belegschaften gegenübersehen. Die voranschreitenden Entwicklungen im Bereich der Künstlichen Intelligenz werden es zunehmend möglich machen, beispielsweise Einschätzungen bezüglich der Risiken von Krediten automatisiert zu treffen und betrügerische Aktivitäten aufzudecken. Auch im Marketing- und Vertriebsbereich können Produkte für Kund*innen immer besser mit Hilfe von KI personalisiert zugeschnitten und angeboten werden. Dadurch könnten die Tätigkeiten von Rechtsanwaltsgehilf*innen, Versi-

12 Auch diese Originalgrafik ist nur in englischer Sprache verfügbar.

cherungsangestellten und Vertreter*innen weitgehend automatisiert werden. Derzeit sind 38 % der Beschäftigten im Banken- und Versicherungsbereich im sogenannten Backoffice tätig. Hier wird ein Rückgang der Arbeitsstunden bis 2030 um 20 % erwartet. Mitarbeiter*innen an Bankschaltern und in der Buchhaltung sowie Börsenmakler*innen werden im Zuge der Automatisierung weniger gebraucht und somit diejenigen, die ausschließlich grundlegende kognitive Fähigkeiten einsetzen. Ein Anstieg hingegen wird in den Berufsfeldern erwartet, in denen mit Kund*innen interagiert wird – verbunden mit einer zunehmenden Nachfrage nach sozialen und emotionalen Fähigkeiten. Weiterhin stark nachgefragt sein werden Fachleute für Technologie und KI, um die bestehenden Anwendungen zu verbessern.

- **Energiewirtschaft und Bergbau**
  Digitale Technologien und Automatisierung haben bereits Veränderungen dahingehend bewirkt, dass Unternehmen neue Ressourcen nutzen und den Abbau alter Ressourcen effizienter gestalten können. Vollintegrierte digitale Plattformen können den Materialfluss optimieren und Ausfälle antizipieren. Zudem ist Echtzeit-Produktionsmanagement möglich. Es ist davon auszugehen, dass KI-Anwendungen einen erheblichen Einfluss auf Abbau und Produktion nehmen. 30 % der händischen Arbeit wird voraussichtlich entfallen, ebenso administrative Tätigkeiten im Bereich der Datenbearbeitung, beispielsweise beim Ablesen von Zählern. Die Analyse zeigt allerdings einen starken Anstieg des Bedarfs im Technologiebereich, entlang der gesamten Wertschöpfungskette und bei Softwareentwickler*innen sowie Computersystemanalyst*innen. Erweiterte kognitive, soziale und emotionale sowie technologische Fähigkeiten werden stärker nachgefragt werden.
- **Gesundheitswesen**
  Mit der Alterung der Gesellschaft wird sich dieser Sektor immens vergrößern. Im Zusammenhang mit der zunehmenden Vernetzung wird die Digitalisierung hierbei eine große Rolle spielen. Sie ermöglicht eine übergreifende Behandlung von Patient*innen, Echtzeitanalysen sowie basierend auf umfassenderen Erfahrungswerten auch eine Verbesserung der Klinikergebnisse und der Effizienz von Anbieter*innen. Der kritische Faktor beim Wachstum dieses Sektors ist die Verfügbarkeit qualifizierter Kräfte. Die Interaktion zwischen Patient*innen und den Beschäftigten im Gesundheitswesen wird sich im Zuge von KI verändern, wenn KI Aufgaben im Bereich der täglichen Pflege übernimmt. Krankenschwestern und -pfleger werden weiterhin in hohem Maße gebraucht werden, während administrative Tätigkeiten automatisiert werden. Insgesamt sieht sich der Sektor einer steigenden Beschäftigung gegenüber. Erweiterte und grundlegende IT- bzw. digitale Fähigkeiten, unternehmerisches Denken und Anpassungsfähigkeit werden besonders stark gefragt sein. Fähigkeiten im Zusammenhang mit der Überwachung von Patient*innen und der Kontrolle des medizinischen Equipments werden allerdings stagnieren, da hier Maschinen viele Routineaufgaben übernehmen können. Das Gesundheitswesen ist der einzige Sektor im Rahmen der Analyse, bei dem der Bedarf an körperlichen und händischen Fähigkeiten bis 2030 noch zunehmen wird. Dies zeigt die hohe Bedeutung grobmotorischer Fähigkeiten und Kraft für Tätigkeiten im Bereich der Altenpflege und der physikalischen Therapie sowie feinmotorischer Fähigkeiten zum Beispiel beim Legen von Zugängen und im Umgang mit medizinischem Gerät, aber auch in der Chirurgie und im sonstigen ärztlichen Kontext.

- **Produktion**
  KI und Automatisierung dürften zu erheblichen Verbesserungen der Wertschöpfungskette bis 2030 beitragen, insbesondere durch vorausschauende Instandhaltung, automatisierte Lieferketten, Echtzeitproduktion, intelligente Roboter und autonome Maschinen. Industrie 4.0 wird disruptive Auswirkungen auf Produktionsfunktionen in Fabriken haben. Zu denken ist hier an verbesserte Analysen und die zunehmende Mensch-Maschine-Interaktion. Auch Produktentwicklung, Marketing und Vertrieb werden beeinflusst. Viele Arbeitsplätze sind in erheblichem Maße von Automatisierung betroffen, nicht zuletzt im Bereich planbarer manueller Tätigkeiten wie denen von Fließbandarbeiter*innen, die derzeit 46 % der Beschäftigten in diesem Sektor weltweit ausmachen. Die Analyse zeigt, dass der Bedarf an Maschinenbestücker*innen oder Bediener*innen von Verpackungsmaschinen um nahezu 50 % zurückgehen könnte. Auch der Bedarf an grundlegenden kognitiven Fähigkeiten geht zurück, weil Unterstützungstätigkeiten im Büro automatisiert werden. Gleichzeitig wird der Bedarf an qualifizierten Vertreter*innen, Ingenieur*innen, Führungskräften und Geschäftsführer*innen zunehmen. Dadurch nimmt auch der Bedarf an sozialen und emotionalen Fähigkeiten, insbesondere im Bereich der erweiterten Kommunikations- und Verhandlungsfähigkeiten, Führung und Anpassungsfähigkeit zu. Auch technologische Fähigkeiten werden stärker nachgefragt, sowohl im Bereich der erweiterten IT-Skills als auch bei den grundlegenden digitalen Kompetenzen. Schließlich steigt auch der Bedarf an erweiterten kognitiven Fähigkeiten durch die Notwendigkeit von Kreativität und komplexer Informationsverarbeitung.
- **Einzelhandel**
  Auch der Einzelhandel sieht sich starken Veränderungen in Bezug auf die erforderlichen Fähigkeiten bis 2030 gegenüber. E-Commerce und Online-Kanäle sind bereits heute Standard für alle größeren Einzelhändler, was bereits zu einer Beschäftigungsveränderung in dem Sektor geführt hat. Die Interaktion mit Kund*innen, Führungsfunktionen und qualifizierte Tätigkeiten sind in dem Maße stärker gefragt, wie Backoffice-Unterstützung und planbare händische Tätigkeiten, zum Beispiel im Lager, stagnieren oder sich verringern. Diesen bereits bestehenden Trend werden KI und intelligente Automatisierung weiter vorantreiben. Zunehmend werden Kassen durch Selfservice-Computer ersetzt, Regale von Robotern aufgefüllt, Inventuren über Sensoren gesteuert, und Maschinen lernen, Kund*innenbedürfnisse vorherzusehen. Diese Transformation kann dramatische Ausmaße annehmen. Die Analyse zeigt, dass der Anteil planbarer händischer Tätigkeiten, zum Beispiel von Fahrer*innen, Packer*innen und Regalauffüller*innen um mehr als 25 % zurückgehen wird. Die verbleibenden Arbeitsplätze werden sich auf den Kundenservice, das Management sowie die Entwicklung und Instandhaltung der Technologien beschränken. Die Nachfrage nach allen körperlichen und händischen Fähigkeiten sowie grundlegenden Fähigkeiten zur Dateneingabe und -verarbeitung wird erheblich zurückgehen. Vermehrt gebraucht werden Fähigkeiten, die den Kund*innen dabei helfen, die richtigen Waren zu finden und ihre Käufe zu tätigen, wie Kreativität, interpersonale Fähigkeiten und Empathie – hier ist ein Zuwachs von nahezu 50 % zu erwarten. Erweiterte IT-Skills, Programmierkenntnisse und die Fähigkeit zur Verarbeitung komplexer Informationen werden zunehmend gefragt sein, wenn das Potenzial von Datenanalysen und KI ausgeschöpft werden soll. Viele große Einzelhandelsketten werden flexible-

re Arbeitskräfte finden müssen, die gleichermaßen Kund*innen helfen, Anfragen bearbeiten und Führungsaufgaben übernehmen können. Sie werden weniger Arbeitskräfte brauchen, die nur grundlegende kognitive Fähigkeiten haben, wie Kassierer*innen.

2.2.4 The Future of Jobs Report (WEF 2018)

Studiendesign

2018 wurden Personalführungskräfte von 313 globalen Unternehmen vom Weltwirtschaftsforum zur Zukunft der Arbeit in ihren jeweiligen Organisationen befragt. Große technische Neuerungen, wie Automatisierung und Digitalisierung, erfordern Veränderungen in Firmen, um wettbewerbsfähig zu bleiben. Um diesen erforderlichen Veränderungen und Skills der Mitarbeiter*innen auf den Grund zu gehen, wurden die Führungskräfte gefragt, welche Veränderungen wie erfolgreich momentan ablaufen, wie die Jobprofile in Bezug auf notwendige Fähigkeiten verändert werden und welche Prioritäten in den verschiedenen Unternehmen gesetzt werden.

Auch die Analyse des Weltwirtschaftsforums zeigt, dass sich unter den Kompetenzen, die in Deutschland zwischen bis 2022 am meisten gefragt sein werden, zahlreiche aus dem Bereich der nicht-digitalen Kompetenzen finden. Tabelle 8 veranschaulicht die Veränderungen der Top-10-Kompetenzen zwischen 2018 und 2022.

2018	Zunehmend bis 2022	Abnehmend bis 2022
• Analytisches Denken und Innovationsfähigkeit • Problemlösungskompetenz in Bezug auf komplexe Fragestellungen • Kritisches und analytisches Denken • Lernbereitschaft und Lernfähigkeit • Kreativität, Originalität und Eigeninitiative • Genauigkeit und Vertrauenswürdigkeit • Emotionale Intelligenz • Logisches Denken, Problemlösungskompetenz und Ideenfindung • Führungskompetenz und sozialer Einfluss • Koordination und Zeitmanagement	• Analytisches Denken und Innovationsfähigkeit • Lernbereitschaft und Lernfähigkeit • Kreativität, Originalität und Eigeninitiative • Technologie-Design und Programmierung • Kritisches und analytisches Denken • Problemlösungskompetenz in Bezug auf komplexe Fragestellungen • Führungskompetenz und sozialer Einfluss • Emotionale Intelligenz • Logisches Denken, Problemlösungskompetenz und Ideenfindung • Systemisches Analysieren und Evaluieren	Manuelle Fingerfertigkeit, Ausdauer und Präzision Erinnerungsvermögen, verbale und auditive Fähigkeiten sowie räumliches Denken Management finanzieller und materieller Ressourcen Installation und Wartung von Anlagen Schreiben und Lesen, Mathematik und aktives Zuhören Personalmanagement Qualitätskontrolle und Sicherheitsbewusstsein • Koordination und Zeitmanagement • Visuelle, auditive und sprachliche Fähigkeiten • Anwendung, Überwachung und Kontrolle von Technologie

Tab. 8: Veränderungen der Top-10-Kompetenzen bis 2022 (WEF 2018)

Bis 2022 werden der Studie nach 54 % aller Beschäftigten erheblichen Neu- und Nachqualifizierungsbedarf haben. Dabei erwarten die Teilnehmer*innen, dass etwa die Hälfte aller Weiterbildungsmaßnahmen unternehmensintern stattfinden, etwa ein Viertel durch private Schulungsanbieter und etwa ein Fünftel durch öffentliche Bildungseinrichtungen (WEF 2018).

2.2.5 Future Skills – The Future of Learning and Higher Education International Delphi Survey (Ehlers und Kellermann 2019)

Studiendesign

Die Studie »Future Skills« fokussiert ganz bewusst auf alle Kompetenzen, die für die Arbeitswelt der Zukunft vonnöten sind, nimmt also einen breiteren Blickwinkel ein als der in vielen Studien verwendete starke Fokus auf die digitalen Kompetenzen bzw. diejenigen, die im Zuge der digitalen Transformation entscheidend sind. Sie ist Teil eines Forschungsprojektes zum Thema »Next Skills« und führt die Meinungen von fast 50 Expert*innen aus aller Welt aus der akademischen Bildung und der Wirtschaft zusammen.

Das in dieser Studie entwickelte Modell der Future Skills gliedert sich in drei Dimensionen, die in Wechselwirkung zueinanderstehen (Abb. 13):

- **Subjektive Dimension**
  Sie bezieht sich auf die subjektiven, persönlichen Fähigkeiten eines Individuums, zu lernen, sich anzupassen und sich zu entwickeln, um die eigenen Möglichkeiten der Teilhabe am Arbeitsleben von morgen zu verbessern, die künftige Arbeitsumgebung aktiv mitzugestalten und sich an der Bildung von Gemeinschaften zu beteiligen, um künftige Herausforderungen zu meistern. Während Individuen sich in der Vergangenheit darauf verlassen konnten, sich auf gegebene Anforderungen einzustellen, wird es künftig immer mehr darauf ankommen, sich selbst proaktiv zu organisieren.
- **Objektive Dimension**
  Sie umfasst die Fähigkeit eines Individuums, sich in Bezug auf ein bestimmtes Objekt, eine Aufgabe oder eine bestimmte Thematik selbstorganisiert zu verhalten. Dabei geht es um einen neuen Ansatz in Bezug auf Wissen. Wissen soll weiterentwickelt und mit Motivation, Werten und Sinn verknüpft werden, zudem geht es darum, die Fähigkeit zu haben, sich in dem betreffenden Wissensgebiet selbstorganisiert zu bewegen. Somit handelt es sich nicht um das Streben nach mehr Wissen per se, sondern danach, auf eine neue Art und Weise mit Wissen umzugehen, mit dem Ziel der Professionalisierung anstelle einer Expertise auf einem bestimmten Wissensgebiet. In der Vergangenheit war es für Individuen ausreichend, Wissen, Methoden und Instrumente anzuwenden. In Zukunft wird es erforderlich sein, mit Kreativität neues Wissen sowie neue Methoden und Instrumente zu entwickeln.
- **Soziale Dimension**
  Diese dritte Dimension bezieht sich auf die Fähigkeit eines Individuums, sich in Bezug auf seine soziale Umgebung, die Gesellschaft und die organisatorischen Rahmenbedingungen selbstorganisiert zu verhalten. Es geht um die Doppelrolle des Individuums einerseits als Be-

wahrer seines eigenen »sozialen Portfolios« der Zugehörigkeit zu bestimmten organisationalen Bereichen und andererseits in Bezug darauf, organisationale Bereiche neu zu denken und entsprechende Strukturen neu zu erschaffen, um sie zukunftsfähig zu machen. Während Organisationen in der Vergangenheit anhand eindeutiger Strukturen organisiert und geführt wurden, wird die Zukunft fluide, agile Kulturen erfordern, die neue Möglichkeiten schaffen.

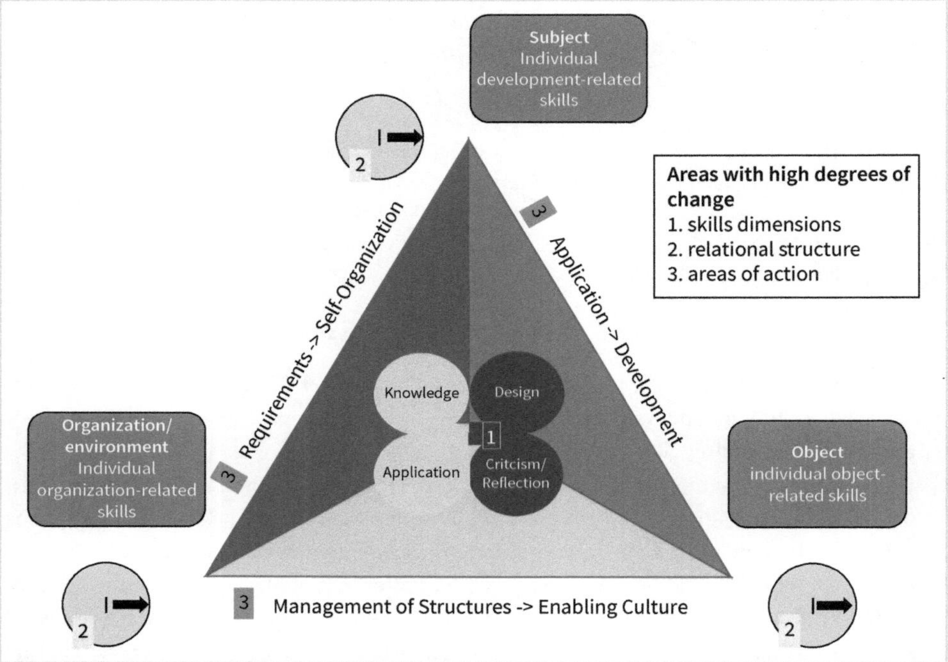

Abb. 13: Future-Skills-Modell (eigene Darstellung in Anlehnung an Ehlers und Kellermann 2019)

In allen drei Dimensionen finden Veränderungen statt. Grundsätzlich lässt sich erkennen, dass es für Individuen immer wichtiger wird, Verantwortung zu übernehmen für die eigene Entwicklung, das Kompetenzmanagement und das selbstständige Navigieren durch eine sich immer rasanter wandelnde Umgebung. Während in der Vergangenheit externe Strukturen dem und der Einzelnen einen Orientierungsrahmen boten, wird ein solches externes »Gerüst« künftig immer weniger wahrnehmbar sein. Insofern wird die Rolle des Navigators immer mehr dem Individuum selbst zukommen. Nicht zuletzt verändern sich auch die Kompetenzdimensionen, die in Zukunft wichtig sein werden. Obwohl sich der Begriff Kompetenzen (Skills) auf mehrere Elemente (Wissen, Kompetenzen, Einstellungen) bezieht, deutet einiges darauf hin, dass bestimmte Elemente an Bedeutung zunehmen werden, während andere zwar die Basis darstellen, jedoch nicht mehr ausreichen. Wissen und dessen Anwendung ist beispielsweise eine solche Basis, die allerdings in Zukunft nicht mehr ausreichen wird, um erfolgreich und leistungsfähig zu sein. Als viel bedeutsamer sind die Bereiche »Design« und »kritisches Denken/Reflektieren« anzusehen.

Innerhalb dieser drei Dimensionen werden sechzehn Kompetenzprofile definiert (Tabelle 9).

Fähigkeiten mit dem Bezug zur subjektiven Entwicklung	• Autonomie (Selbstbestimmung) • Eigeninitiative (Initiative und Leistungsfähigkeit) • Selbstmanagement (Entscheidungskompetenz) • Zielorientierung (Initiative und Leistungsfähigkeit) • persönliche Agilität (Selbstkompetenz) • eigenständige Lernfähigkeit (Lernkenntnisse) • Selbstwirksamkeit • Ambiguitätstoleranz (Ambiguitätsfähigkeit) • Reflexionsfähigkeit (Reflexionskompetenz)
Objektbezogene Fähigkeiten (instrumentelle Fähigkeiten)	• Agilität (Systemkompetenz) • Kreativität (Innovationskompetenz) • Digitale Kenntnisse (Digital Literacy)
Fähigkeiten mit Bezug zur sozialen Umgebung bzw. zur Organisation	• Wissensmanagement • zukunftsorientiertes Denken (Zukunfts- und Design-Kompetenz) • Kooperationsfähigkeit • Kommunikationsfähigkeit

Tab. 9: Kompetenzprofile der Future Skills (Ehlers und Kellermann 2019)

Als zentrale Trends mit Bezug zur künftigen Kompetenzentwicklung lassen sich insbesondere zwei ausmachen: die beständige Anpassung durch Lernen sowie Unsicherheit als ständiger Begleiter im beruflichen Kontext. Dadurch sind Kompetenzen eher als Fähigkeiten zum Agieren in zukünftigen unbekannten Kontexten zu sehen als im Sinn von reproduzierbarem Wissen.

2.2.6 DIGCOMP: A Framework for Developing and Understanding Digital Competence in Europe (Ferrari 2013; Carretero et al. 2017)

Studiendesign

Die DIGCOMP-Studie zielt darauf ab, zu einem besseren Verständnis und einer besseren Entwicklung von Digitalkompetenz in Europa beizutragen, indem diese eindeutig definiert wird und so ein europaweiter Konsens darüber erreicht werden kann, was sie umfasst. Dies wird nicht zuletzt deshalb für erforderlich gehalten, weil einerseits Digitalkompetenz als eine der acht Schlüsselkompetenzen für lebenslanges Lernen und als Grundvoraussetzung für die Teilhabe in einer zunehmend digitalisierten Gesellschaft erachtet wird, andererseits jedoch internationale Studien auf einen Skills Gap in Bezug auf Digitalkompetenz hinweisen. Dafür wurde bereits 2013 ein konzeptioneller Bezugsrahmen auf Basis der Meinungen unterschiedlicher Stakeholder entwickelt. Idealerweise sollte der DIGCOMP-Vorschlag als Meta-Bezugsrahmen für alle bereits existierenden Konzepte, Initiativen, Lehrpläne und Zertifikate dienen und gleichzeitig die Entwicklung neuer Initiativen und eines breiteren Blickwinkels auf die Digitalkompetenz fördern.

Die Grundstruktur des Bezugsrahmens wird aufbauend auf dem eCompetence-Bezugsrahmen für ICT-Fachleute (eCF) entwickelt, ebenso findet das Common European Framework of Reference for Languages (CEFR) Berücksichtigung, das einen Selbsteinschätzungsbogen auf drei Erfahrungslevels bietet und darüber hinaus eine Instrumentensammlung bereit hält, womit Standards für die Evaluation von Lernerfolgen in Bezug auf Fremdsprachen gesetzt werden. Die Kriterien zur Definition dieser Levels lehnen sich an das EQF (European Qualification Framework) an, wobei nur drei Levels ausgewählt werden anstelle von ursprünglich acht.

Ergebnisse des Projekts sind

1. ein Selbsteinschätzungsbogen, in dem auf drei unterschiedlichen Erfahrungsniveaus Digitalkompetenzen zur Auswahl gestellt und kurz erläutert werden. Er kann jedem bzw. jeder einzelnen Bürger*in dazu dienen, das eigene Niveau an Digitalkompetenz Dritten gegenüber sichtbar zu machen und ein Verständnis dafür zu entwickeln, wie die eigene Digitalkompetenz verbessert werden kann. Im Anhang zur Studie werden Handlungsempfehlungen zur Entwicklung der Digitalkompetenz von einem Erfahrungsniveau zum nächsten gegeben. Der Selbsteinschätzungsbogen kann auch als Kommunikationsinstrument genutzt werden, da er das Gesamtmodell übersichtlich und leicht verständlich darstellt.
2. der o. g. Bezugsrahmen: Dieser identifiziert für unterschiedliche Bereiche alle entsprechenden Kompetenzen, wobei jeweils eine allgemeine Beschreibung, eine Detailbeschreibung auf drei Levels sowie Beispiele für Wissen, Kenntnisse und Fähigkeiten und für die Anwendbarkeit in unterschiedlichen Kontexten gegeben werden. Er könnte zur Ideenfindung bei der Entwicklung von Curricula und Initiativen genutzt werden, die bestimmten Zielgruppen Digitalkompetenz vermitteln. Das Abstraktionslevel, auf dem die Kompetenzen im Bezugsrahmen dargestellt sind, macht es möglich, diese zu verfeinern und Subkompetenzen zu spezifizieren, die für die jeweilige Zielgruppe am geeignetsten erscheinen. Ebenso könnte der Bezugsrahmen als Referenzinstrument genutzt werden, um vorhandene Bezugsrahmen und Initiativen miteinander zu vergleichen und so einen Überblick über zentrale Bereiche der Digitalkompetenz zu erhalten.

Der DIGCOMP-Bezugsrahmen ist anhand von fünf Dimensionen strukturiert, die jeweils einen unterschiedlichen Detaillierungsgrad aufweisen:

- **Dimension 1**
  Kompetenzbereiche, die identifiziert wurden.
- **Dimension 2**
  Kompetenzen, die den jeweiligen Bereichen zuzuordnen sind.
- **Dimension 3**
  Erfahrungsniveaus, die für jede Kompetenz absehbar sind.
- **Dimension 4**
  Beispiele für Wissen, Kenntnisse und Einstellungen, die auf die Kompetenzen angewendet werden können.
- **Dimension 5**
  Beispiele für die Anwendbarkeit der Kompetenzen für unterschiedliche Zwecke (im Projektbericht werden vor allem Lernen und Beschäftigung fokussiert, denkbar sind aber auch Kategorien wie z. B. Freizeit, Soziales, Wohlbefinden …

Die ersten drei Kompetenzbereiche sind vergleichsweise linear, das heißt, sie beziehen sich auf Kompetenzen, die anhand spezifischer Aktivitäten und Verwendungszwecke nachvollzogen werden können. Dies bedeutet allerdings nicht, dass diese Bereiche keine Wechselwirkungen untereinander aufweisen. Obwohl jeder Bereich seine eigene Spezifik mitbringt, bestehen diverse Überschneidungen und Wechselwirkungen mit anderen Bereichen. Die beiden letztgenannten Kompetenzbereiche sind eher als Querschnittsbereiche anzusehen, insbesondere der Bereich Problemlösung.

Für jeden Kompetenzbereich identifiziert die Studie eine Reihe von Kompetenzen (Dimension 2, Tabelle 10).

Kompetenzbereiche (Dimension 1)	Kompetenzen (Dimension 2)
Information	• Fähigkeit, digitale Informationen zu suchen und zu filtern • Fähigkeit, digitale Informationen zu bewerten • Fähigkeit, digitale Informationen zu speichern und abzurufen
Kommunikation	• Fähigkeit, mit Hilfe von Technologien zu interagieren • Fähigkeit, Informationen und Inhalte zu teilen • Fähigkeit, sich online gesellschaftlich zu engagieren • Fähigkeit, über digitale Kanäle zu interagieren • Kompetenz in Bezug auf ethisches digitales Verhalten (Netiquette) • Fähigkeit, digitale Identitäten zu beherrschen
Erstellen von Inhalten	• Fähigkeit, Inhalte zu entwickeln • Fähigkeit, vorhandenes Wissen und Inhalte zu integrieren und zu überarbeiten • Wissen, mit rechtlichen Bestimmungen bezüglich des intellektuellen Eigentums angemessen umzugehen und sie anzuwenden • Fähigkeit, zu programmieren
Sicherheit	• Wissen um den Schutz eigener Geräte • Wissen um den Schutz persönlicher Daten • Wissen um den Schutz der Gesundheit • Wissen um den Schutz der Umwelt
Problemlösung	• Fähigkeit, (technische) Probleme lösen • Fähigkeit, Bedarfe zu identifizieren und mögliche technologische Antworten zu finden • Innovationsfähigkeit sowie Fähigkeit zur kreativen Nutzung der Technologie • Fähigkeit, digitale Kompetenzlücken zu identifizieren

Tab. 10: Dimension 2 (eigene Darstellung in Anlehnung an Ferrari 2013, S. 5 f.)

Der Selbsteinschätzungsbogen enthält wiederum die o. g. fünf Bereiche der Digitalkompetenz und in der ersten DigComp-Version drei Erfahrungsniveaus (Dimension 3):

- A = Basisniveau (foundation level)
- B = mittleres Niveau (intermediate level)
- C = fortgeschrittenen-Niveau (advanced level)

Das Gesamtergebnis der Studie stellt ein detailliertes »Digital Competence Framework« dar, das die Dimensionen auf einen Blick vereint. 2016 wurde mit DigComp 2.0 ein Update der Dimensionen 1 und 2 vorgenommen. Die zweite Überarbeitung im Jahr 2017 (DigComp 2.1) lieferte zusätzliche Anwendungsbeispiele und erhöhte die Anzahl der Erfahrungsniveaus pro Kompetenz von vier auf acht, d. h. innerhalb eines jeden Levels werden nun noch einmal zwei Stufen unterschieden. So kann die Entwicklung eines Menschen anhand von Lernen und Bildung von Niveau zu Niveau verbessert werden. Für jedes dieser Niveaus werden differenziert Wissen, Fähigkeiten und Einstellungen beschrieben. Somit ergeben sich insgesamt 168 Deskriptoren.

Auf einen Blick

Effekte der Treiber auf Beschäftigung (qualitativ)

- Studien weltweit zeigen eine zunehmende Bedeutung von Soft Skills,
- digitale Grundkompetenzen werden zur Basis nahezu aller Berufsbilder,
- die berufliche Entwicklung hängt eng damit zusammen, über alle erforderlichen Kompetenzen zu verfügen und diese stets anzupassen.

2.3 Bildungseffekte

Das Grundverständnis und die zentralen Strömungen in Bezug auf Bildung – sowohl in der Bildungspolitik als auch im Denken und Handeln jeder einzelnen Person befinden sich seit Jahrzehnten im Wandel und nehmen Einfluss darauf, wie Future Learning gestaltet sein muss. Nachfolgend sollen die wichtigsten Entwicklungen dargestellt werden.

2.3.1 Wandel des Bildungsverständnisses

Seit den 1970er Jahren vollzog sich ein Wandel des Bildungsverständnisses, der insbesondere bei Frauen immens war. Allerdings stieg auch gesamtgesellschaftlich betrachtet das Bildungsniveau erheblich an, nicht zuletzt infolge der bereits angesprochenen Bildungsreform. Das gilt für die Schulbildung ebenso wie für die Erstausbildung und die berufliche Weiterbildung. Hier spielen die aufgezeigten ökonomischen Entwicklungen, die erfolgskritisches Wissen und aktuelle Kompetenzen immer stärker in den Fokus rücken, ebenso eine Rolle wie der demografische Wandel, der zu einer Verlängerung des Erwerbslebens und in der Konsequenz zu einer gestiegenen Notwendigkeit des lebenslangen Lernens führt.

Als eine Konsequenz dieser Entwicklung avancierte das Gymnasium, dessen Besuch in den 1970er Jahren eher die Ausnahme denn die Regel darstellte, in den vergangenen 50 Jahren zur beliebtesten Schulform in vielen Bundesländern. Ebenso verdreifachten sich die Schülerzahlen an den im Rahmen der Bildungsreform eingeführten Gesamtschulen im Zeitraum von 2006/2007 bis 2016/2017 noch einmal. Auf beiden Schulformen streben immer mehr junge Menschen die Hochschulreife an (Statistisches Bundesamt 2018d). Dies ist nicht zuletzt auch dem Umstand geschuldet, dass in den meisten Bundesländern die Lehrerempfehlung für den Besuch der weiterführenden Schulen nicht mehr verbindlich ist und zudem in mehreren Bundesländern das dreigliedrige Schulsystem abgeschafft wurde. Abbildung 14 gibt einen Überblick über die Entwicklung der Bildungsabschlüsse.

Welche Abschlüsse erreichten Schüler früher und heute?

Bevölkerung in Deutschland nach Geburtsjahren und allgemeinbildenden Schulabschlüssen (2010)

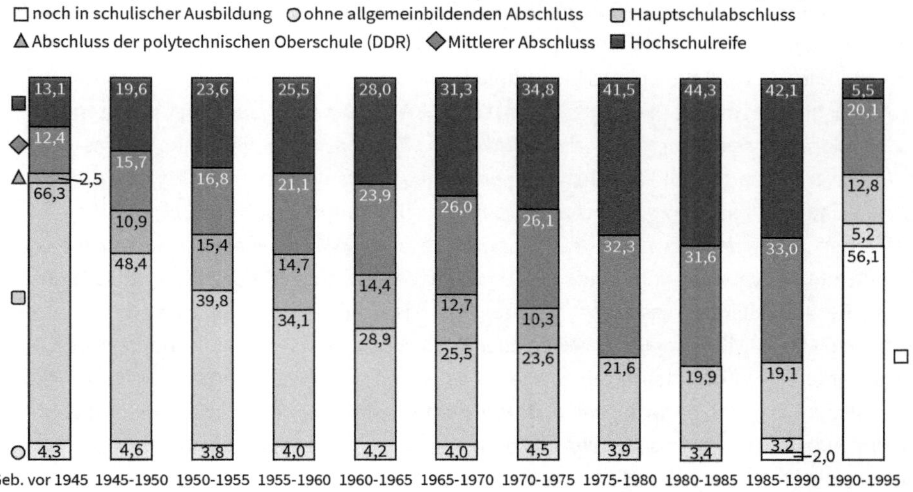

Hinweise: »Hauptschulabschluss« einschließlich Fachhochschule, »Ohne allgemeinbildenden Abschluss« einschließlich Abschluss nachhöchstens 7 Jahren Schulbesuch. Die Anteilswerte summieren sich nicht auf 100 Prozent, da die Kategorie »ohne Angaben des Schulabschluss« hier nicht aufgeführt wird.

Abb. 14: Allgemeinbildende Schulabschlüsse nach Geburtsjahren (in Anlehnung an Edelstein u. Grellmann für bpb 2013; Autorengruppe Bildungsberichterstattung 2012)

Grundsätzlich erlangen die heutigen 30- bis 34-Jährigen auch höhere Bildungsabschlüsse als die Generation ihrer Eltern. 29 % von ihnen verfügen über einen Hochschulabschluss – bei den 60- bis 64-Jährigen liegt dieser Anteil nur bei 19 %. Der Anteil an Akademikerinnen hat sich bei Frauen sogar verdoppelt (Statistisches Bundesamt 2018a). Die Studienanfängerquote stieg insbesondere in den 1990er Jahren nach der Wiedervereinigung deutlich an (Becker 2011) und ebenso zwischen 2005 und 2017 um knapp 41 % (BMBF 2018). Dennoch ist nach wie vor der Einfluss der Bildungsherkunft zu erkennen. So ist die Hochschulbeteiligung bei Kindern aus Akademikerfamilien höher und Student*innen mit Migrationshintergrund sind an den Hochschulen unterdurchschnittlich vertreten (Autorengruppe Bildungsberichterstattung 2020). Dabei spielen auch die sogenannten sekundären Herkunftseffekte eine Rolle.

Danach können besser gestellte Familien andere Bildungsentscheidungen treffen, selbst bei gleichen Kompetenzen und Qualifikationen der Bildungsteilnehmer*innen (Anger u. Plünnecke 2020).

Im Umkehrschluss zum Akademisierungstrend liegt heute der Anteil der 30- bis 34-Jährigen mit einer Lehre/Berufsausbildung im dualen System nur noch bei 45 % im Vergleich zu 55 % bei den 60- bis 64-Jährigen (Statistisches Bundesamt 2018a). Während gerade in den neuen Bundesländern über viele Jahre hinweg ein Nachfrageüberhang auf dem Ausbildungsstellenmarkt herrschte, ist seit 2008 ein Angebotsüberhang zu beobachten. Zum Ende des Ausbildungsjahres 2017 gab es mit 48.937 mehr unbesetzte Ausbildungsstellen als unversorgte Bewerber*innen (IAQ 2019b, Abbildung 15). Gerade bei Frauen ging die Zahl der neu abgeschlossenen Ausbildungsverträge zwischen 2009 und 2017 noch einmal deutlich zurück von rund 242.000 auf rund 197.500 (BMBF 2018). Dabei gilt es festzuhalten, dass hierfür nur teilweise die Akademisierung verantwortlich ist, denn es kommt der Umstand hinzu, dass es für Jugendliche mit Haupt- und Realschulabschluss immer schwieriger wird, in die Ausbildung zu wechseln, sodass fast jeder dritte dieser Jugendlichen zunächst in einer Warteschleife des Übergangssystems landet, die nicht zu einer voll qualifizierenden Ausbildung führt (Dälken 2015). Der aktuelle Bildungsbericht weist einen deutlichen Anstieg der sogenannten Passungsprobleme nach, also dem gleichzeitigen Auftreten unversorgter Jugendlicher und unbesetzter Ausbildungsplätze. In 33 % der Fälle sind es berufsfachliche Passungsprobleme (d. h. das Berufsangebot und das Berufsinteresse decken sich nicht), 43 % der Fälle weisen allerdings eigenschafts- und verhaltensbezogene Passungsprobleme auf und damit ein Mismatch zwischen den Ausbildungsvoraussetzungen der Jugendlichen und den Anforderungen der Betriebe beziehungsweise zwischen den Erwartungen der Jugendlichen an die Ausbildungsbedingungen und den tatsächlich vorgefundenen Gegebenheiten (Autorengruppe Bildungsberichterstattung 2020).

Ein Wandel hat sich zudem in Bezug auf die Wahrnehmung der dauerhaften Wertigkeit eines einmal erworbenen Berufsabschlusses vollzogen. Noch die heutigen Babyboomer wurden in dem Bewusstsein sozialisiert, eine einmal abgeschlossene berufliche oder akademische Ausbildung trage für ein Leben. Sie mussten allerdings im Verlauf ihres Berufslebens feststellen, dass dieser Zusammenhang nicht länger Bestand hatte, während die nachfolgenden Generationen, insbesondere die Generation Y ab den Geburtsjahrgängen 1980 bereits mit großer Selbstverständlichkeit davon ausgehen konnten, den Beruf mehrfach im Leben zu wechseln und sich stetig weiterbilden zu müssen. Die Vertreter*innen dieser Generation fordern die Möglichkeit zur persönlichen und beruflichen Entwicklung in der Konsequenz gar offensiv ein (Rump u. Eilers 2015).

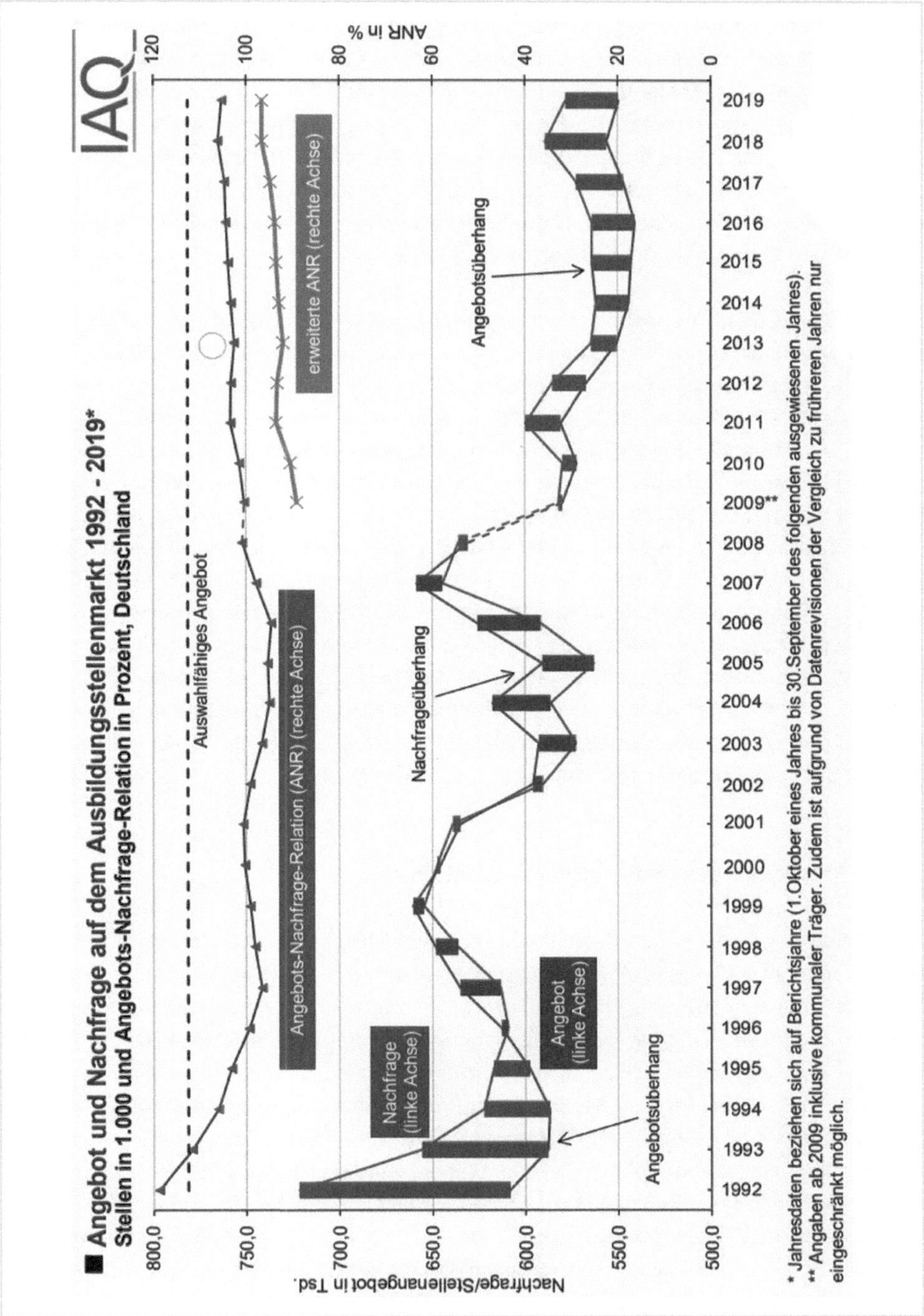

Abb. 15: Angebot und Nachfrage auf dem Ausbildungsstellenmarkt 1992–2017 (IAQ 2019b)

Ein Blick auf die Entwicklung der Weiterbildungsbeteiligung bestätigt diesen Trend. So lässt sich seit 1979, als die Weiterbildungsbeteiligung noch bei 23 % lag, ein nahezu kontinuierlicher Anstieg bei den 18- bis 64-Jährigen verzeichnen (DIE 2017). Dieser lässt sich in Zusammenhang mit dem steigenden Wirtschaftswachstum, der Erhöhung des allgemeinen Lebensstandards und der Bildungsexpansion bringen. Des Weiteren nahm der Strukturwandel von alten zu neuen Industrien sowie vom Produktions- zum Dienstleistungsbereich an Fahrt auf. Zentrale Ziele waren dabei neben der Sicherung qualifizierter Fachkräfte auch individuelle Entfaltungsmöglichkeiten und Chancengleichheit (Baethge et al. 2003).

Der noch einmal deutliche Anstieg der Weiterbildungsbeteiligung ab den 1990er Jahren ist nicht zuletzt der verstärkten politischen und wirtschaftlichen Diskussion um lebenslanges Lernen und Kompetenzerhalt seit dieser Zeit geschuldet (ebd.). So lag die Beteiligungsquote bereits 1991 bei 37 %, 2016 dann bei 50 %. Dabei ist es zum überwiegenden Teil betriebliche Weiterbildung, die wahrgenommen wird, in deutlich geringerem Umfang findet eine Beteiligung an individueller berufsbezogener Weiterbildung sowie nicht-berufsbezogener Weiterbildung statt (Bilger et al. 2017; DIE 2017; BMBF 2015). Seit 2007 lässt sich auch eine steigende Weiterbildungsteilnahme der 50- bis 64-Jährigen feststellen, am stärksten bei den 60- bis 64-Jährigen (Anstieg um 14 % zwischen 2007 und 2012). 2014 beteiligten sich 39 % der 55- bis 64-Jährigen an Weiterbildung – ein Wert, der in den 1970er oder 1980er Jahren noch undenkbar gewesen wäre. Die Ende der 1970er Jahre noch deutlich erkennbare Differenz in der geschlechtsspezifischen Weiterbildungsbeteiligung zuungunsten der Frauen hat sich inzwischen nahezu aufgelöst (ebd.). Die meisten Weiterbildungsaktivitäten entfallen auf betriebliche Angebote (45 %). Mit deutlichem Abstand folgen kommerzielle (22 %), gemeinschaftliche (17 %) und staatliche (13 %) Anbieter (Autorengruppe Bildungsberichterstattung 2020).

2.3.2 Entwicklungen im Berufswahlverhalten

Die Veränderungen im Berufswahlverhalten beziehen sich neben der bereits aufgeführten Tendenz zu höheren Bildungsabschlüssen und akademischen Laufbahnen insbesondere auf Bemühungen, das sehr stark geschlechtsspezifisch geprägte Berufswahlverhalten zu verändern und verstärkt junge Menschen für die sogenannten MINT-Berufe zu gewinnen (s. Abschn. 1.2.3 und 1.3.3). Hintergrund ist der durch vermehrten Einsatz neuer Technologien immer stärker werdende Fachkräftemangel im Bereich dieser Professionen. Zahlreiche Initiativen und Aktionen auf Bundes- und Landesebene, insbesondere seit den 2000er Jahren, zeigen erste Erfolge. So stieg zwischen 2008 und 2017 die Zahl der Student*innen in MINT-Studiengängen von knapp 196.000 auf etwas mehr als 350.000 an. Bei den weiblichen Studienanfängerinnen hat sich die Zahl im gleichen Zeitraum fast verdoppelt von knapp 60.000 auf rund 115.000. Erstmalig lag der Anteil der weiblichen Studienanfängerinnen in der Fächergruppe Ingenieurwissenschaften im Jahr 2017 über 25 %. Auch waren 23 % der Absolvent*innen in dieser Fächergruppe im Jahr 2017 weiblich (Kompetenzzentrum Technik-Diversity-Chancengleichheit e. V. 2018).

Grundsätzlich ist allerdings festzuhalten, dass die Berufswahl nach wie vor stark geschlechtsspezifisch geprägt ist. Bei den zehn beliebtesten Ausbildungsgängen zeigt sich 2017 ein Bild, das sich seit Jahrzehnten kaum verändert hat. So selektieren sich Frauen überwiegend in kaufmännische und medizinische Berufe sowie Ausbildungen im Einzelhandel und im Hotelgewerbe sowie dem Friseurhandwerk. Bei Männern hingegen finden sich unter den »Top Ten« überwiegend technisch ausgerichtete Ausbildungsgänge. Zunehmender Beliebtheit erfreut sich der Beruf des Fachinformatiker*in während der klassische Ausbildungsberuf der Bankkauffrau bzw. des -kaufmanns weiterhin an Zulauf einbüßt (BIBB 2017; BIBB 2018). Im Bereich der vollqualifizierenden Berufsausbildung ist zunehmend ein Trend zu technisch ausgerichteten Berufen zu erkennen (Autorengruppe Bildungsberichterstattung 2020).

2.3.3 Entwicklung der Bildungslandschaft

Anfang der 1970er Jahre entwickelte sich in Deutschland zunehmend eine lern- und bedarfsorientierte Weiterbildung, in deren Zentrum die Frage stand, wie betriebliche Notwendigkeiten durch Bildungsbedarfsanalysen betriebswirtschaftlich nachgewiesen werden konnten (Bunk et al. 1991). Da der ökonomische und technische Strukturwandel der 1970er und 1980 Jahre vergleichsweise moderat vonstattenging, konnten die Beschäftigten mit beruflicher Anpassungsfortbildung und Umschulungen sehr zielgenau auf neue Arbeitsformen und -anforderungen vorbereitet und so beispielsweise Bergleute rechtzeitig auf zukunftsorientiertere Berufsbilder hin umqualifiziert werden (Gary 2011). Im Kontext betrieblicher Weiterbildung stand zu diesem Zeitpunkt die fachliche Qualifikation klar im Fokus, während davon ausgegangen wurde, die erforderlichen nicht-fachlichen Kompetenzen würden sich von selbst im Zuge des Arbeitsprozesses entwickeln (Baethge et al. 2003). Mitte der 1970er Jahre folgte dann der Trend zur problemlösungs- und transferorientierten Weiterbildung, die insbesondere darauf abzielte, Teilnehmer*innen durch Weiterbildung in einen Problemlösungsprozess einzubinden und durch Übertragung des Gelernten am Arbeitsplatz zu unterstützen. Die team- und projektorientierte Weiterbildung kam Ende der 1970er Jahre auf und hatte die Flexibilisierung des Arbeitseinsatzes auf Basis einer Flexibilisierung der Qualifikationen im Fokus – nicht zuletzt, um für den Fall von Reorganisationsmaßnahmen Mitarbeiter*innen flexibler einsetzen zu können. In den 1980er Jahren kamen in diesem Zusammenhang auch Methoden wie Jobrotation, Qualitätszirkel, Vorschlagswesen und Gruppenarbeit auf (Bunk et al. 1991; Gary 2011).

Die 1980er Jahre brachten eine engere Verzahnung einer vermehrt werteorientierten Weiterbildung mit der Organisationsentwicklung und das Aufkommen erster Lehr- und Lernmethoden, die auf die Selbstqualifizierung des Lernenden setzten. Bereits Mitte der 1980er fand neben der fachlichen Qualifizierung auch verstärkt die Förderung von sozialen und methodischen Kompetenzen statt. Zudem beschäftigte man sich damit, wie Werthaltungen, Arbeitsleben und Humankompetenz im Sinne der Unternehmenskultur Berücksichtigung finden können (ebd.).

Zu Beginn der 1990er Jahre kam es zu massiven Reorganisationsbestrebungen im Kontext des sogenannten »Lean Managements«, die nicht zuletzt das Outsourcing nicht-wertschöpfender Prozesse und die Verringerung der Fertigungstiefe mit entsprechendem Wegfall von Hierarchieebenen nach sich zogen. Mehrfachqualifikationen waren nun gefragt, um sicherzustellen, dass Mitarbeiter*innen breitere Tätigkeitsfelder ausüben konnten und zudem auch den Trends wie dem kontinuierlichen Verbesserungsprozess (KVP) und den steigenden Qualitätsnormen gerecht wurden. Hinzu kam der Wandel von einer berufs- und funktionsbezogenen zu einer stärker prozessorientierten Arbeitsorganisation – eine Tendenz, die sich auch auf die Ausgestaltung von Weiterbildungsangeboten niederschlug. Es kam zu einer verstärkten Ausrichtung von Weiterbildungsinhalten an situativen Bedarfen und Bedürfnissen, einem systematischen Einbezug arbeitsintegrierten und selbstorganisierten Lernens und einer Aufwertung des informellen Lernens. Baethge et al. (2003) sprechen in diesem Zusammenhang von einer Entwicklung weg von einer stärker angebots- zu einer stärker nachfrageorientierten Weiterbildungspraxis. Da die Entwicklungen auf den Produkt- und Arbeitsmärkten zunehmend unsicher und unkalkulierbar wurden und sich die Innovations- und Wissensdynamik erhöhte, wurde es zunehmend schwieriger, Personen proaktiv und gezielt aus- und weiterzubilden. Teilweise löste sich auch die Zuordnung beruflicher Qualifikationen zu Arbeitsfunktionen auf. Die Folgen waren insbesondere neue Steuerungsanforderungen (kein »Lernen auf Vorrat« mehr, stattdessen kontinuierliche berufliche Weiterbildung im Sinne des lebenslangen Lernens), neue Kompetenzprofile (stärkere Ausrichtung auf kommunikative und selbst-reflexive Kompetenzen) sowie neue Lernarrangements (Betonung non-formalen und informellen Lernens, u. a. zur Vermittlung nicht-objektivierbaren Wissens) (Baethge et al. 2003; Bunk et al. 1991). Weiterbildung erhielt eine proaktiv gestalterische Funktion, mit der sichergestellt werden sollte, dass qualifizierte Mitarbeiter*innen den zunehmenden Anforderungen an Innovation gerecht werden konnten (Gary 2011).

Einer der entscheidendsten Umbrüche in Bezug auf Weiterbildung war die in den 2000er Jahren aufkommende Verlagerung der Verantwortung für den Erhalt und die Weiterentwicklung von Qualifikationen auf das Individuum. Dies forderte jeder einzelnen Person neue Kompetenzen im Sinne der Selbstreflexion und kontinuierlichen Aktualisierung ihres Wissens als integralem Bestandteil ihrer Lebens- und Karriereplanung ab (Baethge et al. 2003), trug aber gleichzeitig dem gesellschaftlichen Streben nach Individualisierung und Selbstverwirklichung Rechnung. In diesem Kontext kam auch die Begrifflichkeit des »Arbeitskraftunternehmers« (Voß u. Pongratz 1998) auf. Allerdings blieben gleichermaßen institutionalisierte Rahmenbedingungen seitens der öffentlichen Hand ebenso wie auf Initiative der Arbeitgeber bedeutsam, um dem Individuum den entsprechenden Rahmen für seine Aktivitäten zu geben (Baethge et al. 2003).

Im Jahr 2000 gab die EU-Kommission eine Klassifikation zur Unterscheidung zwischen formalem, non-formalem und informellem Lernen heraus. Danach findet formales Lernen in Bildungs- und Ausbildungseinrichtungen statt und führt zu anerkannten Qualifikationen und

Abschlüssen, während non-formales Lernen sich außerhalb der Hauptsysteme allgemeiner und beruflicher Bildung abspielt, so beispielsweise am Arbeitsplatz, aber auch im Rahmen von Aktivitäten von zivilgesellschaftlichen Organisationen und Gruppierungen oder durch die Teilnahme an privat organisierten und finanzierten Kursen. Es führt nicht zwangsläufig zum Erwerb eines formalen Abschlusses. Bereits 2003 stellten Baethge et al. fest, dass sich eine Tendenz zu non-formaler Weiterbildung im Sinne von Mentoring, Coaching etc. sowie zum selbstgesteuerten Lernen mit Hilfe moderner Medien abzeichnet – eine Entwicklung, die bis heute Bestand hat. Informelles Lernen schließlich wird als »Begleiterscheinung des alltäglichen Lebens« klassifiziert, das heißt, es muss nicht unbedingt auf Basis einer konkreten Intention erfolgen (Baethge et al. 2003; Europäische Kommission 2000). Im betrieblichen Kontext kann folglich zwischen der formalisierten betrieblichen Weiterbildung im Rahmen organisierter Aktivitäten, zwischen non-formaler Weiterbildung im Zusammenhang mit organisierten arbeitsplatznahen und arbeitsintegrierten Lehr- und Lernarrangements sowie dem informellen Lernen, das im Prozess der Arbeit gewissermaßen »nebenbei« vollzogen wird, unterschieden werden. Die Lernförderlichkeit der eigenen Arbeit und deren Bedeutung für das lebenslange Lernen wurde insbesondere mit Beginn der 2000er Jahre immer stärker anerkannt (Baethge et al. 2003). In der Konsequenz lässt sich auch in den Jahren 1999 bis 2015 neben dem generellen Anstieg des Weiterbildungsangebotes in Unternehmen und der Teilnahmequoten insbesondere ein Anstieg der Weiterbildungskonzepte »Weiterbildung am Arbeitsplatz« sowie »Selbstgesteuertes Lernen« erkennen (Statistisches Bundesamt 2017b).

Mit Beginn der 2000er Jahre und noch einmal verstärkt in den 2010er Jahren stieg zudem der Grad der Flexibilisierung von Arbeitsverhältnissen massiv an, immer vielfältigere Arbeitsmodelle verbreiteten sich, nicht zuletzt um dem steigenden Bedarf nach einer besseren Vereinbarkeit von Beruf und Privatleben gerecht zu werden. Auch diesem Trend folgte die Ausgestaltung von Weiterbildungsangeboten, indem in zunehmendem Maße eine flexible Nutzung möglich wurde: so beispielsweise durch die Ausrichtung von Angeboten an den Bedürfnissen von Teilzeitbeschäftigten, eine Vermeidung mehrtägiger Außer-Haus-Seminare oder Angebote des E-Learning, die gewissermaßen von jedem Ort zu jeder Zeit wahrgenommen werden können. Diese letztgenannte Entwicklung wurde von der digitalen Transformation noch einmal befördert (Rump u. Eilers 2019). Dennoch ließ sich vor Ausbruch der Corona-Pandemie im Frühjahr 2020, die viele Änderungen mit sich brachte, die so zuvor nicht denkbar gewesen wären, konstatieren, dass digitales Lernen noch nicht wirklich Einzug in die Bildungslandschaft gehalten hatte.

2.3.4 Polarisierung der Bildungsverhältnisse

Analysen zeigen, dass immer mehr Menschen von dauerhafter Armut betroffen sind und sich parallel individueller Reichtum ausbreitet. Hier ist insbesondere relevant, dass nicht nur die Einkommen stark auseinanderdriften, sondern vielmehr auch die entsprechenden Lebenswelten, was eine soziale Spaltung nach sich zieht. Dabei zeigt sich auch, dass die Bildungsmobilität zwischen den Generationen nur gering ausgeprägt ist, d. h. der Bildungsgrad eines Kindes ist noch immer stark abhängig vom Bildungsgrad seiner Eltern, was sich letztlich auch in den beruflichen Perspektiven niederschlägt. Neben dieser Reproduktion sozialer Herkunftsunterschiede zeigen sich auch starke Streuungen in den Leistungen deutscher Schüler*innen sowie eine unzureichende Integration von Kindern mit Migrationshintergrund. Noch immer sind 12,1 % der Menschen in Deutschland funktionale Analphabet*innen (BMBF 2019).

In der Konsequenz steht trotz einer drastisch verringerten Zahl der Erwerbstätigen ohne beruflichen Bildungsabschluss seit den 1970er Jahren (von 33,4 % im Jahr 1976 auf 17,7 % im Jahr 2017) dem kontinuierlich wachsenden Anteil gut und sehr gut qualifizierter Personen am anderen Ende des Qualifikationsspektrums ein relativ stabiler Sockel an Bildungsarmut gegenüber (Seeber et al. 2013). Der Anteil der Erwerbstätigen ohne beruflichen Bildungsabschluss lag bereits 1991 bei 19,6 % und ist somit im Vergleichszeitraum kaum noch gesunken (IAQ 2018). Dabei sind wiederum Menschen mit Migrationshintergrund und Personen aus sozial schwachen Familien besonders häufig betroffen (Seeber et al. 2013). Die Polarisierung setzt sich auch im Berufsleben fort. Nur ein Viertel der Jugendlichen ohne Bildungsabschluss und knapp drei Fünftel mit Hauptschulabschluss mündeten 2018 in eine vollqualifizierende Ausbildung – im Vergleich zu vier Fünfteln mit mittlerem Schulabschluss und fast allen mit (Fach-)Hochschulreife (Autorengruppe Bildungsberichterstattung 2020). Die bereits seit Jahren bestehenden Trennlinien in Bezug auf Bildungsarmut drohen sich durch die Corona-Krise weiter zu verschärfen, insbesondere in Bezug auf die primären Herkunftseffekte, also herkunftsbezogene Unterschiede in Bezug auf Kompetenzen und Qualifikationen, bedingt durch unzureichende technische Ausstattung und fehlende familiäre Hilfestellung bei Schulunterbrechungen (Anger u. Plünnecke 2020).

Im Geschlechtervergleich hat sich in den vergangenen 50 Jahren die Polarisierung der Bildungsverhältnisse zwischen Jungen und Mädchen bzw. Männern und Frauen nahezu komplett aufgelöst. Inzwischen sind es sogar etwas mehr junge Männer als Frauen, die von Bildungsarmut betroffen sind, während Mädchen im Durchschnitt früher eingeschult werden und mit 57 % eine höhere Gymnasialquote aufweisen (Seeber et al. 2013; Autorengruppe Bildungsberichterstattung 2020).

Seeber et al. (2013) stellen fest, dass es bei einer kompletten Verschiebung des Bildungsniveaus nach oben für den Fachkräftebedarf unterhalb der akademischen Ebene immer bedeutsamer wird, diese eher ungenutzten Potenziale stärker durch gezielte Förderung zu erschließen. Gelingt dies nicht, gehen damit individuelle ökonomische Risiken ebenso einher wie potenzielle volkswirtschaftliche Verluste und eine Reduzierung der gesellschaftlichen Teilhabe durch Bildungsarmut.

2.3.5 Renaissance der Beschäftigungsfähigkeit (Employability)

Die in den späten 1990er Jahren aufkommende Begrifflichkeit der »Employability«, zu Deutsch Beschäftigungsfähigkeit, vereint fachliche und überfachliche Kompetenzen in sich und betont darüber hinaus das Wechselspiel von Eigen- und Unternehmensverantwortung (Abbildung 16).

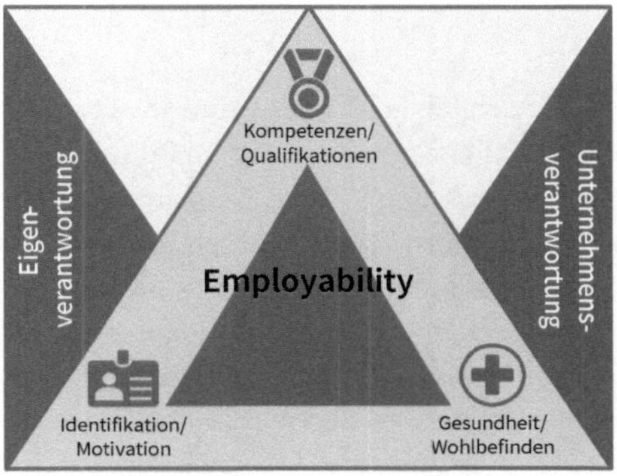

Abb. 16: Das magische Dreieck der Employability (eigene Darstellung)

Bereits im Verlauf des 20. Jahrhunderts wurden verschiedenste Definitionen für »Beschäftigungsfähigkeit« entwickelt, die sich zunächst ausschließlich auf körperliche und sozioökonomische Merkmale der einzelnen Menschen konzentrierten, um die Person als beschäftigungsfähig oder nicht beschäftigungsfähig zu charakterisieren. In einer nächsten Stufe wurde der Bezug zum Arbeitsmarkt als entscheidendes Kriterium erkannt, wobei in erster Linie Arbeitslose in den Mittelpunkt der Betrachtung gestellt wurden. Erst seit den neunziger Jahren wurde diese Fokussierung aufgegeben und die Sicherung der Beschäftigungsfähigkeit jede einzelne Person als bedeutendes Ziel definiert (Weinert et al. 2001; Rump u. Eilers 2017b).

Heute werden mit Beschäftigungsfähigkeit oder Employability in erster Linie zwei große Themenbereiche abgedeckt: zum einen die Auswahlprozesse für Arbeitssuchende am Arbeitsmarkt, zum anderen die unternehmensinternen Prozesse zur Nutzung von Humanressourcen. Bausteine der Employability sind also Faktoren, die Menschen dazu befähigen, eine bestehende Beschäftigung zu behalten oder aber eine neue Beschäftigung zu finden. Dabei können diese Fähigkeiten sowohl innerhalb als auch außerhalb der aktuellen beruflichen Tätigkeit erworben worden sein. Dazu gehören Erfahrung und Fähigkeiten ebenso wie die Bereitschaft zur Teilnahme an entsprechenden Maßnahmen, die die Beschäftigungsfähigkeit fördern. Von entscheidender Bedeutung ist auch das Maß an Eigenverantwortung und globalem Denken, das der jeweilige Arbeitgeber seinen Mitarbeiter*innen ermöglicht (vgl. Weinert et al. 2001). Nicht zu vergessen sind zudem Kenntnisse, die z. B. bei freiwilligem sozialem Engagement oder durch selbstständige Tätigkeit in Rahmen der Elternzeit erworben wurden (Rump u. Eilers 2017b). Auf der Basis der einschlägigen Literatur und neuerer empirischer Erkenntnisse lässt sich Employability letztendlich wie folgt definieren:

> *»Employability ist die Fähigkeit, fachliche, soziale und methodische Kompetenzen unter sich wandelnden Rahmenbedingungen zielgerichtet und eigenverantwortlich anzupassen und einzusetzen, um eine Beschäftigung zu erlangen oder zu erhalten.«*
> (Rump u. Eilers 2011, S. 81)

Die Forderung nach Beschäftigungsfähigkeit oder Employability ist also keineswegs neu. Die derzeitige »Renaissance« der Schlüsselkompetenzen im Kontext von Employability hat ihren Ursprung in den sich verändernden Bedingungen innerhalb und außerhalb von Unternehmen. Gerade in der Diskussion um die Voraussetzungen für ein erfolgreiches »Arbeiten 4.0« fällt auf, dass die Kompetenzen und Handlungsansätze im Sinne eines sogenannten Employability-Managements als unerlässlich angesehen werden, um adäquat mit den Implikationen der digitalen Transformation umzugehen (Rump u. Eilers 2017b). Eine Studie von Vodafone und FHAM (2016) hat mehr als 10.000 Beschäftigte zu deren individuellem Lernen befragt. Dabei geben 98 % der Befragten an, sich der Bedeutung des Lernens aufgrund sich verändernder Anforderungen bewusst zu sein. Deutliche Unterschiede im Antwortverhalten zeigen sich bei der Frage nach den Konsequenzen einer fehlenden Fortbildung. So erwarten von den unter 21-Jährigen 90 % negative Auswirkungen, während es unter den 51- bis 60-Jährigen nur noch etwa drei Viertel sind. Auch der berufliche Bildungshintergrund beeinflusst die Wahrnehmung bezüglich der Notwendigkeit von Weiterbildung – je geringer der berufliche Bildungsgrad, desto eher werden Auswirkungen einer fehlenden Weiterbildung auf die berufliche Zukunft befürchtet (Vodafone Stiftung u. FHAM 2016).

Auf einen Blick

Effekte der Treiber auf Bildung

- Sowohl das Bildungsverständnis als auch die Bildungslandschaft waren in den vergangenen Jahrzehnten enormen Veränderungsprozessen unterworfen,
- die Entwicklungen gehen hin zu höheren Bildungsabschlüssen und einem steigenden Bewusstsein für lebenslanges Lernen und Verantwortung für die eigene Entwicklung,
- bei allen Bestrebungen nach mehr Gleichberechtigung und einer vorausschauenden Bildungsplanung ist dennoch auch eine starke Polarisierung zu erkennen.

2.4 Zusammenfassende Betrachtung

Letztendlich lässt sich als Bilanz der Studien zu den quantitativen Beschäftigungseffekten ziehen, dass rein zahlenmäßig die Effekte je nach Szenario weitgehend ausgeglichen sein werden. Zu diesem Schluss kommen unter anderem Wolter et al. (2016). Eine Studie von Arntz et al. (2018) lässt mit Blick auf die bisherigen Auswirkungen der Digitalisierung auf den Arbeitsmarkt gar den Schluss zu, dass die Beschäftigungseffekte in Deutschland Stand heute unter dem Strich positiv sein könnten. Allerdings wird es zu einer Verschiebung der Tätigkeitsschwerpunkte weg von mittleren Qualifikationen und Routinetätigkeiten hin zu höheren Qualifikationen sowie Basic Work kommen.

Allerdings muss auch die qualitative Perspektive berücksichtigt werden, da vielfach die vorhandenen Qualifikationen nicht zu den benötigten passen und insofern ein Mismatch entsteht. Die große Herausforderung liegt somit nicht darin, dass die Arbeit per se ausgeht, sondern darin, die Umbrüche und Veränderungen in Bezug auf Qualifikationsanforderungen, Berufs- und Tätigkeitsprofile zu meistern. Gelingt dies nicht, könnte es selbst bei ausreichender Nachfrage nach Arbeitskräften zu struktureller Arbeitslosigkeit kommen. Eine Studie von Hutter u. Weber (2019) zeigt, dass technologischer Wandel durchaus Beschäftigung kosten kann, wenn er »qualifikationsverzerrt« ist, also niedrigere Qualifikationen zugunsten von höheren benachteiligt. Kann diese Reibung überwunden werden, sind aber positive Effekte zu erwarten, denn technologischer Wandel ohne Qualifikationsverzerrung erhöht das Beschäftigungsniveau. Dies unterstreicht die zentrale Rolle von Aus- und Weiterbildung für einen gesamtgesellschaftlichen Erfolg der Digitalisierung.

Grundsätzlich ist eine Durchlässigkeit in beruflicher Hinsicht gegeben, sodass Beschäftigte aus Berufen mit einer hohen Automatisierungswahrscheinlichkeit in solche mit geringer Automatisierungswahrscheinlichkeit wechseln können. In der Praxis allerdings lassen sich solche Veränderungen vielfach nicht realisieren, weil sie an fehlenden Kompetenzen scheitern oder umgekehrt mit einschneidenden Verlusten im Hinblick auf vorhandene Kompetenzen und/ oder die Höhe des Verdienstes einhergehen. Zu denken ist hier beispielsweise an den Wechsel von Controlling-Sachbearbeiter*innen in den Bereich der personennahen Dienstleistungen wie Pflege, Nahrungszubereitung oder Friseurhandwerk, der nicht ohne Weiteres zu bewerkstelligen wäre. Es lässt sich auch nicht von der Hand weisen, dass Beschäftigte mit einer sehr guten Qualifizierung sehr viel einfacher von einem Arbeitsplatz auf einen anderen wechseln können als Geringqualifizierte, da die Unterschiede zwischen den erforderlichen kognitiven Kompetenzen in solchen Tätigkeitsbereichen, die eine hohe Qualifizierung erfordern, geringer sind als in Tätigkeitsbereichen, die eine geringe Qualifizierung erfordern (so benötigen beispielsweise Ingenieur*innen unterschiedlicher Fachrichtungen ähnliche kognitive Kompetenzen, während sich die Anforderungen zwischen Pflegehelfer*innen und Küchenhilfen immens unterscheiden). Ebenso zeigen sich große Unterschiede in den erforderlichen kognitiven Kompetenzen zwischen Tätigkeitsbereichen, die eine mittlere Qualifikation erfordern und solchen mit hohen Qualifikationserfordernissen. Hinzu kommt: Geben sehr gut qualifizierte Beschäftigte ihren Arbeitsplatz auf, weil dieser von Automatisierung bedroht ist, so sind die Opportunitätskosten höher als dies bei gering qualifizierten Arbeitnehmer*innen der Fall ist.

Abbildung 17 fasst die Effekte noch einmal zusammen.

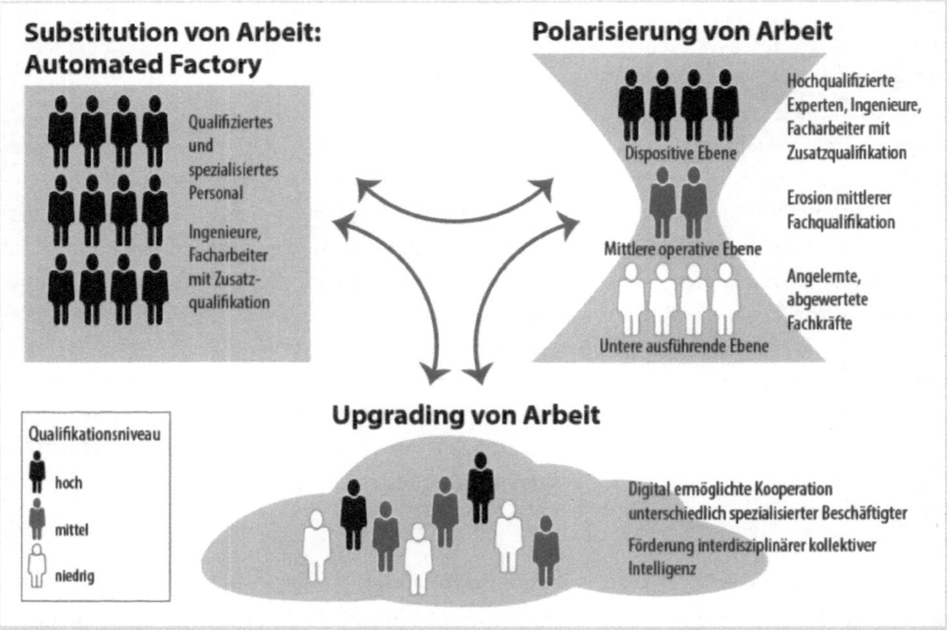

Abb. 17: Auswirkungen des digitalen Wandels auf Beschäftigung (Hirsch-Kreinsen et al. 2016)

Im Zeitvergleich der vergangenen Jahrzehnte ist generell eine deutliche Wandlung der Kompetenzanforderungen zu erkennen, die ihre Ursachen insbesondere in den ökonomischen und technologischen Entwicklungen hat. Als entscheidende Veränderungen sind dabei vor allem die zunehmende Bedeutung sogenannter »Soft Skills« im Vergleich zu »Hard Skills«, das Aufkommen einer ganzheitlichen Betrachtung des Kompetenzprofils im Sinne der »Beschäftigungsfähigkeit« (Employability) sowie das Entstehen neuer Kompetenzanforderungen zu nennen. Damit einher geht auch die steigende Notwendigkeit, Personal im Unternehmen strategisch zu planen, um sicherzustellen, dass die richtigen Personen mit den richtigen Qualifikationen zur richtigen Zeit am richtigen Ort verfügbar sind. Immer deutlicher wird, dass ein »Mismatch«, also eine fehlende Passung besteht zwischen den Fähigkeiten und Kompetenzen, die Arbeitnehmer*innen mitbringen und denen, die Arbeitgeber brauchen und suchen. Hier stehen insbesondere technologische und/oder digitale Fähigkeiten im Fokus. In einer repräsentativen Umfrage der Bitkom Research aus dem Jahr 2017 äußern 77 % der Befragten die Einschätzung, dass Digitalkompetenz künftig an ihrem Arbeitsplatz genauso wichtig sein wird wie fachliche oder soziale Kompetenz (Brandau u. Pauly 2017).

Dies führt in vielen Unternehmen zu der auf den ersten Blick paradoxen Situation von Fachkräfteengpässen bei gleichzeitiger Notwendigkeit der Personalanpassung. Dazu trägt auch der Umstand bei, dass in Anbetracht der quantitativen Beschäftigungseffekte der Bedarf an Menschen mit mittlerer Qualifikation (auch als medium-skilled bezeichnet) drastisch sinken wird, während der Bedarf an sogenannten high-skilled Beschäftigten steigt und auch immer mehr Menschen mit Basic Skills benötigt werden.

Grundsätzlich lässt sich erkennen, dass es immer wichtiger für Individuen wird, Verantwortung zu übernehmen für die eigene Entwicklung, das Kompetenzmanagement und das selbstständige Navigieren durch eine sich immer rasanter wandelnde Umgebung. Während in der Vergangenheit externe Strukturen dem und der Einzelnen einen Orientierungsrahmen boten, wird ein solches externes »Gerüst« künftig immer weniger wahrnehmbar sein. Insofern wird die Rolle des Navigators immer mehr dem Individuum selbst zukommen. Nicht zuletzt verändern sich auch die Kompetenzdimensionen, die in Zukunft wichtig sein werden. Obwohl sich der Begriff Kompetenzen (Skills) auf mehrere Elemente (Wissen, Kompetenzen, Einstellungen) bezieht, deutet einiges darauf hin, dass bestimmte Elemente an Bedeutung zunehmen werden, während andere zwar die Basis darstellen, jedoch nicht mehr ausreichen. Deloitte (2017) führt aus: »Als besonders zukunftssicher gelten jene Kompetenzen, bei denen einerseits Menschen im Vorteil sind gegenüber Maschinen und die sich deshalb kaum automatisieren lassen und bei denen andererseits eine Nachfrage auf dem Arbeitsmarkt besteht bzw. neue Stellen entstehen werden, die diese Kompetenzen einfordern.« Spezifische Kompetenzen für einzelne Berufsbilder zu definieren, gestaltet sich zunehmend schwierig, da sich Berufsbilder und Tätigkeitsprofile rasant wandeln und es infolgedessen eher auf übergreifende Kompetenzen ankommt, die Einzelne befähigen, sich an veränderte Anforderungen, Tätigkeiten oder Rahmenbedingungen anzupassen. Diese müssen über alle Bildungsformen hinweg kontinuierlich gefördert werden. Zusammenfassend lassen sich folgende Tendenzen in Bezug auf Kompetenzen identifizieren:

- Bedeutungszunahme sozialer und emotionaler Kompetenzen,
- Verringerung der Notwendigkeit händischer und körperlicher Kompetenzen (außer in ausgewählten Berufszweigen),
- digitale Grundkompetenz für alle, gehobene IT-Kompetenzen für viele,
- Bedeutungszunahme branchen- und fächerübergreifender Kompetenzen,
- steigende Notwendigkeit von Selbstorganisation, Selbstwirksamkeit und Eigenverantwortung,
- weitere häufig genannte Kompetenzen im Rahmen der einschlägigen Studien sind Entscheidungsfähigkeit, Kommunikationsfähigkeit, Problemlösungskompetenz, interdisziplinäres Denken und Handeln sowie die Fähigkeit zum Umgang mit Komplexität und zum Setzen von Prioritäten.

Es liegt auf der Hand, dass es eine der zentralen Anforderungen an Unternehmens- und Personalpolitik, aber auch an die Bildungspolitik darstellt, diese Entwicklungen bei Ausgestaltung von Lernangeboten zu berücksichtigen. Dies erkennen auch viele Arbeitgeber bereits und stufen weniger die Substitution bestehender Berufsbilder durch die Digitalisierung als Herausforderung ein als vielmehr die Notwendigkeit, ihre Belegschaften mit den richtigen Kompetenzen auszustatten (MGI 2018b). Dadurch verschieben sich auch die Lernziele – einerseits im Hinblick auf zu erlernende Fähigkeiten, andererseits aber auch im Hinblick darauf, eher ein »Mindset« zu schulen als eine konkrete Fertigkeit.

Denn heute mehr denn je wird Bildung als lebenslanger Prozess gesehen, der ein kontinuierliches Lernen über den gesamten Lebensverlauf mit sich bringt. Die eigene Beschäftigungsfähigkeit wird damit zum »Sicherungsanker« in einem immer volatileren Umfeld.

Teil II
Die Zukunft von Bildung und Lernen

Nachdem sich Teil I dieses Buches ausführlich mit den für Bildung und Lernen relevanten Trends, deren Implikationen und Effekten beschäftigt hat, soll es in Teil II darum gehen, in die Zukunft von Bildung und Lernen zu blicken. Dazu gehört zunächst natürlich auch eine kurze Betrachtung des Status Quo. Ein eigenes Kapitel wird dabei der Digitalisierung des Lernens gewidmet, da sie eine der wesentlichen Stellschrauben für »Future Learning« darstellt.

Wenngleich der Fokus dieser Publikation auf dem betrieblichen Lernen liegt, ist nicht von der Hand zu weisen, dass auch das institutionelle Lernen einen immensen Einfluss darauf nimmt, mit welchen Voraussetzungen die Adressat*innen betrieblicher (Weiter)Bildungsaktivitäten in Unternehmen eintreten, wie ihre Bildungssozialisation stattfand und welche Ableitungen daraus für das Lernen im Erwachsenenalter im Unternehmenskontext zu treffen sind. Daher soll auch das institutionelle Lernen im Folgenden entsprechend Berücksichtigung finden.

Bevor konkrete Hinweise und Empfehlungen dahingehend ausgesprochen werden, wie Lernen in der Zukunft aussehen kann und muss, soll in einem kurzen Rückblick auf die vorangegangenen Kapitel zusammenfassend die grundsätzliche Zielrichtung dargestellt werden.

RÜCKBLICK

Die vorab beschriebenen Entwicklungen machen deutlich, dass sich in einer Welt, die sich beständig im Wandel befindet und in der gerade die Digitalisierung neue Herausforderungen an alle Agierenden in Bezug auf Kompetenzen und berufliche Perspektiven stellt, Lernen über den gesamten Lebenszyklus hinweg diesen Gegebenheiten anpassen muss. Des Weiteren werden Lerngruppen immer heterogener und ein »one fits all«-Ansatz erscheint nicht zielführend. Insofern sind Bildungseinrichtungen wie Schulen, Hochschulen und Weiterbildungsträger, aber auch die Verantwortlichen für betriebliche Bildung gefordert,

- dafür Sorge zu tragen, dass der Lernzyklus über das gesamte Erwerbsleben ausgeweitet wird und eine Durchlässigkeit zwischen den einzelnen Lernphasen besteht,
- verstärkt Soft Skills und überfachliche Kompetenzen zu fördern, die zu einer breiten Basis im Sinne der Beschäftigungsfähigkeit führen,
- Digital Skills als Querschnittsthema in alle Curricula aufzunehmen,
- der zunehmenden Heterogenität der Lernenden durch individualisierte bzw. modulare Angebote gerecht zu werden,
- den zunehmend differenzierten Weiterbildungsbedarf von Unternehmen infolge der zentralen Trends in der Arbeitswelt zu berücksichtigen und
- interdisziplinäre Bildungsansätze zu nutzen, die vielfältige neue Skills und Kenntnisse fördern (IFTF 2011; bfw 2017).

3 Status quo: Wo steht das betriebliche Lernen heute?

Mit Blick auf den Status Quo des betrieblichen Lernens interessiert zum einen, wie viel Weiterbildung in deutschen Unternehmen stattfindet und welche Beweggründe bzw. Hemmnisse dabei zu beobachten sind. Zum anderen gilt es, erwachsene Lernende und deren Wahrnehmung von Weiterbildungsaktivitäten näher zu beleuchten.

3.1 Weiterbildungsaktivitäten in Unternehmen

88 % der Unternehmen in Deutschland waren laut der zehnten IW-Weiterbildungserhebung im Jahr 2019 aktiv in der Weiterbildung. Dabei bildete sich jede*r Mitarbeiter*in durchschnittlich 18,3 Stunden pro Jahr weiter (Seyda u. Placke 2020). Branchenbezogen ließ sich laut Bildungsbericht 2018 ein deutlicher Anstieg in den Weiterbildungsaktivitäten der Branche »Erziehung und Unterricht« feststellen (Autorengruppe Bildungsberichterstattung 2020). Die IW-Weiterbildungserhebung zeigt deutliche Zuwächse zwischen den Jahren 2016 und 2019 vor allem für die unternehmensnahen Dienstleistungen (Seyda u. Placke 2020).

Im HR-Report 2020 (Rump et al. 2020c) wird hinterfragt, wie sich das Weiterbildungsangebot in den teilnehmenden Unternehmen in den vergangenen Jahren entwickelt hat. Knapp die Hälfte (48 %) der Befragten berichten, das Angebot sei gleichgeblieben, in 37 % der Fälle ist es erhöht worden, nur 8 % sprechen von einer Reduzierung (für 7 % ist keine Aussage möglich). Je nach Position der Teilnehmenden in den Unternehmen zeigen sich gravierende Unterschiede in der Einschätzung. Es scheint, als sei die Erhöhung des Angebotes bei den Führungskräften aus den Fachabteilungen und insbesondere bei den Mitarbeiter*innen nicht in ausreichendem Maße angekommen bzw. kommuniziert worden, während Geschäftsführer*innen und HR-Führungskräfte ein deutlich höheres Angebot wahrnehmen (Abb. 18, Rump et al. 2020c).

Die schnelle Verfallszeit des erforderlichen Wissens und die Entstehung neuer Tätigkeitsprofile sind die beiden Hauptgründe, die laut HR-Report 2020 zu einer Ausweitung des Weiterbildungsangebots in Unternehmen führen. Aber auch die Einstellung neuer Mitarbeiter*innen sowie organisatorische Veränderungen bedingen eine Ausweitung des Angebots. Immerhin 30 % der Unternehmen haben die Budgets für Weiterbildung generell erhöht, in 18 % wurde ein neues Geschäftsfeld eröffnet (Rump et al. 2020c). In der IW-Weiterbildungserhebung ist in Bezug auf die Investitionen in Weiterbildung ebenfalls ein Anstieg um 16 % zwischen den Jahren 2016 und 2019 festzustellen (Seyda u. Placke 2020). Als Hauptgründe für Weiterbildung können zudem die Steigerung der Motivation und Arbeitszufriedenheit, die Erhöhung der Produktivität und die Fachkräftesicherung identifiziert werden (Seyda u. Placke 2017).

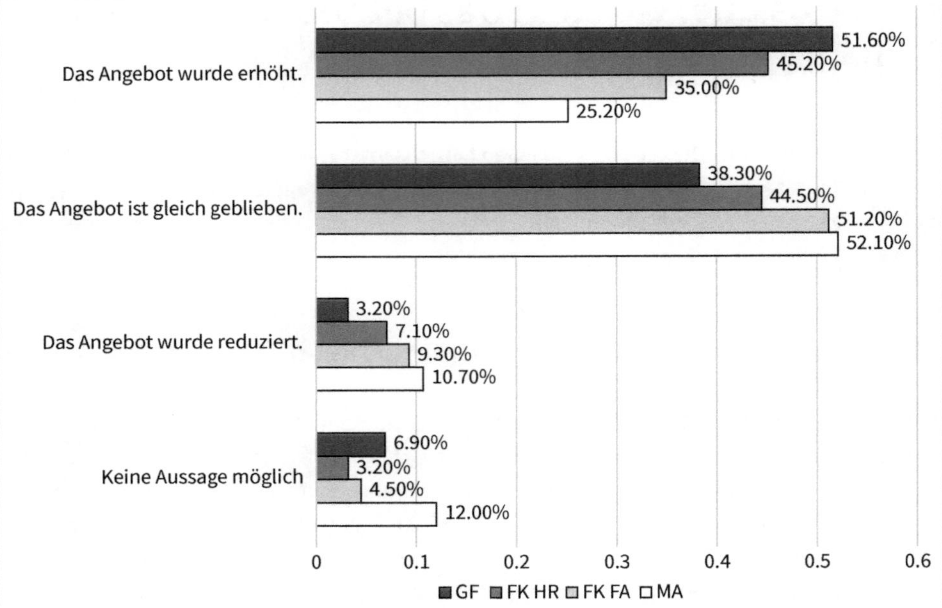

Abb. 18: Entwicklung des Angebots an betrieblicher Weiterbildung – Einschätzung nach Position im Unternehmen (Sonderauswertung auf Basis von Rump et al. 2020c, S. 14)

Im Rahmen der bereits angesprochenen Studie des Weltwirtschaftsforums geben 73 % der teilnehmenden Unternehmen an, dass sie eine Weiterqualifizierung der vorhandenen Belegschaft anstreben, um den Veränderungen der Kompetenzanforderungen zu begegnen. Genauer danach befragt, welche Gruppen innerhalb ihrer Belegschaften sie bei Umschulungs- und Weiterbildungsangeboten vor allem berücksichtigen wollen, konstatieren jeweils mehr als die Hälfte der Arbeitgeber, entsprechende Aktivitäten auf Beschäftigte in Schlüsselpositionen und solche, die an vorderster Front wichtige neue Technologien umsetzen sollen, fokussieren zu wollen. Die Umschulung bzw. Weiterbildung von besonders leistungsstarken Beschäftigten möchten 41 % besonders vorantreiben, nur 33 % geben an, sich auf diejenigen konzentrieren zu wollen, für deren Jobprofile das höchste Risiko der Substitution durch Technologie besteht. Das heißt, diejenigen, die eine Umschulung bzw. Weiterbildung am nötigsten bräuchten, haben gleichzeitig die geringsten Chancen darauf (WEF 2018). Eine weitere Untersuchung des IW Köln zeigt ebenfalls, dass Unternehmen insbesondere individualisierte Instrumente häufig nur für ausgewählte Mitarbeiter*innen anbieten, während Maßnahmen zur Kompetenzentwicklung, die direkte arbeitsorganisatorische Implikationen aufweisen, in der Regel für den Großteil der Beschäftigten gelten (Hammermann u. Stettes 2016).

In Unternehmen, in denen das Weiterbildungsangebot reduziert wurde, sind hauptsächlich Budgetkürzungen dafür verantwortlich. Weitere mögliche Gründe wie der Wegfall von Geschäfts- oder Tätigkeitsfeldern, Reduzierung der Mitarbeiterzahl oder Reduzierung des Bedarfs werden nur selten genannt (Rump et al. 2020c). Die IW-Weiterbildungserhebung zeichnet ein geringfügig anderes Bild, was die häufigsten Hemmnisse für Weiterbildung anbelangt (Tabelle 11).

Hemmnisse für Weiterbildung	Anteil der Nennungen
Keine internen Kapazitäten für die Organisation und Planung von Weiterbildung	58 %
Keine Zeit für weitere Freistellungen der Mitarbeiter*innen	57 %
Interesse der Mitarbeiter*innen an weiteren Weiterbildungsmaßnahmen zu gering	45 %
Kein weiterer Weiterbildungsbedarf	43 %
Fehlen passender Angebote am Weiterbildungsmarkt	40 %
Kein Budget für weitere Weiterbildungsmaßnahmen	34 %

Tab. 10: Hemmnisse für Weiterbildung (eigene Darstellung auf Basis von Seyda u. Placke 2020, S. 120)

3.2 Erwachsende Lernende: Motivation, wahrgenommene Unterstützung und Kompetenzen[13]

Wie nehmen die Lernenden selbst die Unterstützungsangebote seitens ihrer Arbeitgeber wahr? Wie motiviert sind sie selbst zum Lernen und wie ist es um ihre Eigeninitiative bestellt? Nicht zuletzt stellt sich die Frage, inwieweit die zukunftsrelevanten Kompetenzen bereits ausgeprägt sind.

3.2.1 Motivation zum lebenslangen Lernen

Zunächst gilt es festzuhalten, dass das Bewusstsein für die Bedeutung von lebenslangem Lernen offensichtlich groß ist. In einer Bitkom-Befragung bestätigen 92 % der Teilnehmer*innen die Aussage, lebenslanges Lernen werde im Zusammenhang mit der Digitalisierung immer wichtiger, für 89 % erhöhen Weiterbildungen zu Digitalthemen die Chancen auf dem Arbeitsmarkt, für 88 % sind sie Voraussetzung für Erfolg im Beruf (Brandau u. Pauly 2017). In einer Studie von Vodafone und FHAM sind sich ebenfalls nahezu alle befragten Mitarbeiter*innen durchaus bewusst, dass sie neue Dinge lernen müssen, um den Anforderungen am Arbeitsplatz zu genügen, und sie sind auch willens, Verantwortung für ihre Weiterbildung zu übernehmen. Die Studie zeigt weiter, dass es insbesondere Personen ohne Hochschulabschluss und Berufsausbildung sind, die für sich die Notwendigkeit von Weiterbildung für ihre berufliche Zukunft sehen. Allerdings belegen andere Untersuchungen seit Jahren, dass gerade aus dieser Zielgruppe etwa zwei Drittel sich nicht oder nur in geringem Umfang an Weiterbildungsangeboten beteiligen.

13 Zu dieser Fragestellung liegt sehr umfangreiches Zahlen- und Datenmaterial vor. Aus Gründen der Lesefreundlichkeit werden allerdings nur ausgewählte Ergebnisse dargestellt.

Grundsätzlich zeigt sich, dass die Befragten sich selbst auch durchaus kritisch bewerten. Sie attestieren sich eine unzureichende Zielsetzung, zu wenig Durchhaltewillen und ein schlechtes Zeitmanagement (Vodafone Stiftung u. FHAM 2016). Dies deckt sich mit den Ergebnissen des HR-Report 2020. Bei der Frage danach, wer beim betrieblichen Lernen letztendlich dafür Sorge zu tragen hat, dass Beschäftigte über die erforderlichen Kompetenzen für die Zukunft verfügen, sehen 61 % der Teilnehmer*innen die primäre Verantwortung für das lebenslange Lernen bei den Mitarbeiter*innen (Rump et al. 2020c).

Nicht vernachlässigt werden sollte in diesem Zusammenhang der Umstand, dass nicht jeder Mensch lebenslanges Lernen als positive Herausforderung und Chance empfindet. Vielmehr löst diese Vorstellung bei vielen Menschen Ängste aus, den Anforderungen nicht gewachsen zu sein oder in eine Überlastungssituation zwischen Beruf, Privatleben und Lernen zu geraten. Die vorab genannten Studien zeigen allerdings, dass die Weiterbildungsteilnahme insgesamt auf einem vergleichsweise hohen Niveau ist. 76 % der Bitkom-Befragten bilden sich privat weiter, wobei die Themenauswahl nicht immer konkret berufsbezogen ist (Brandau u. Pauly 2017).

Die Motivation zum Lernen ziehen die Befragten der Studie der Vodafone Stiftung und FHAM (2016) etwa zu gleichen Teilen aus der Freude am Lernen und der Notwendigkeit, sich für neue Aufgaben im Beruf zu qualifizieren. Die letztgenannte Gruppe zeigt allerdings weniger Durchhaltevermögen und hat ein höheres Risiko eines Lernabbruchs. In Bezug auf den Zeitumfang sind 13 % der Befragten der Bitkom-Studie willens, bis zu 30 Minuten pro Woche in private Weiterbildung zu investieren, 27 % bis zu einer Stunde, 21 % bis zu zwei Stunden, 13 % bis zu einem Tag und 2 % auch mehrere Tage. Insgesamt 20 % der Teilnehmer*innen sind allerdings grundsätzlich nicht bereit, Zeit in eine private Weiterbildung zu investieren. Die Studienautor*innen äußern die Vermutung, dass vielseitige und leicht zugängliche digitale Formate, die sehr spezifisch an individuelle Lernfortschritte und Wissensstände angepasst werden können wie Tutorials, Lern-Apps oder MOOCs hier die Akzeptanz erhöhen könnten (Brandau u. Pauly 2017). Dies bestätigt sich auch in der Vodafone/FHAM-Studie. Ein Drittel der Befragten wünscht sich einen weiteren Ausbau des computergestützten Lernens, bei den unter 21-Jährigen sind es sogar mehr als die Hälfte. Allerdings möchten die Befragten auch mehrheitlich beim Lernen im Austausch mit anderen stehen.

Insgesamt identifiziert die Studie drei Lernstile (Vodafone Stiftung u. FHAM 2016):

- **Beobachtende:**
  Sie sind zurückhaltend und bei Unbekanntem eher vorsichtig, schnelle Entscheidungen versuchen sie zu meiden. Bevor sie sich selbst an neue Aufgaben herantrauen, beobachten sie das Geschehen zunächst, beispielsweise indem sie anderen bei Übungen zusehen. Präferierte Lernmethoden der Beobachtenden sind Hospitationen und Mentoring. In dieser Gruppe finden sich besonders viele Personen unter 21 Jahren.

- **Aktivist*innen:**
  Sie gehen unbefangen an neue Aufgaben heran, sind aktiv, praktisch orientiert und experimentieren gerne. Neuem begegnen sie aufgeschlossen und vorurteilsfrei. Am liebsten lernen sie durch eigene Erfahrung und durch Ausprobieren. Aktive Lernmethoden und »learning by doing« werden bevorzugt, wie beispielsweise Fallstudien oder auch haptische Erlebnisse wie Hantieren und Experimentieren mit Lerngegenständen. Aktivist*innen finden sich besonders häufig unter Personen ohne Schulabschluss.
- **Nachdenkende:**
  Sie sind gekennzeichnet von analytischem und logischem Denken. Da sie zudem sehr interessiert und häufig auch sehr rational sind, können sie nicht selten Handlungen bzw. Konsequenzen vorhersagen. Sie möchten verstehen, wie Dinge funktionieren und nähern sich neuen Lerngegenständen gerne zunächst gedanklich, indem sie Fakten sammeln. Insbesondere Männer sind dieser Gruppe zuzuordnen. Zudem zeigt sich, dass der Anteil an Nachdenkenden mit steigender Schulbildung bzw. steigendem beruflichem Bildungsgrad wächst.

3.2.2 Wahrgenommene Unterstützung seitens der Arbeitgeber

Bei aller Eigenverantwortung in Bezug auf lebenslanges Lernen wird doch auch ein Teil der Verantwortlichkeit bei den Arbeitgebern gesehen. In einer XING-Umfrage (2018) geben mehr als die Hälfte der Teilnehmer*innen an, sie fühlen sich durch die in ihren Unternehmen angebotenen Trainings und Weiterbildungen nicht ausreichend auf die Herausforderungen der Digitalisierung vorbereitet. Auch in der Studie von Vodafone und FHAM wird mit deutlicher Mehrheit konstatiert, dass beim eigenen Unternehmen Weiterbildung und Lernen keine gelebten Werte seien, nur 8 % der Teilnehmer*innen erachten die Lernkultur in ihren jeweiligen Unternehmen als gut oder sehr gut. Von den Führungskräften fühlen sich die wenigsten adäquat beim Lernen unterstützt (Vodafone Stiftung u. FHAM 2016).

Ähnlich in einer repräsentativen Umfrage der Bitkom Research aus dem Jahr 2017. Hier sehen sich die meisten Teilnehmer*innen nicht optimal für die digitale Arbeitswelt gewappnet. 72 % fehlt während der Arbeit die Zeit, sich zum Umgang mit neuen, digitalen Technologien weiterzubilden, bei 59 % bietet der Arbeitgeber gar keine entsprechende Weiterbildung an. 39 % geben an, an ihrem Arbeitsplatz würden zwar vermehrt neue, digitale Technologien eingesetzt, doch es erfolge keine Investition in die dafür erforderliche Weiterbildung (Brandau u. Pauly 2017).

3.2.3 Ausprägung zukunftsrelevanter Kompetenzen

Jede*r vierte Beschäftigte benötigt nach den Ergebnissen der Studie des Stifterverbandes mit McKinsey (2018) Weiterbildung in Bezug auf digitale Basiskompetenzen und nicht-digitale Schlüsselqualifikationen. Dieses Ziel erscheint ambitioniert, jedoch nicht unerreichbar. Es setzt allerdings voraus, dass lebenslanges Lernen zu einem systematischen und integrierten

Bestandteil des Arbeitsprozesses wird und dass in Zusammenarbeit mit weiteren Akteuren – wie beispielsweise Aus- und Weiterbildungsanbietern, Hochschulen oder auch der Bundesagentur für Arbeit – Angebote vorhanden sind, die den aktuellen Bedarfen entsprechen und stetig angepasst werden (Stifterverband u. McKinsey 2018; WEF 2018).

In einer Expertenbefragung der Initiative Wege zur Selbst GmbH e.V. (Graf et al. 2020) zeigt sich, dass ein Zuwachs an den als erfolgskritisch identifizierten Kompetenzen bei den Mitarbeiter*innen für die Zukunft zwar erwartet wird, die Expert*innen allerdings trotz des Zuwachses nicht glauben, dass dieser ausreichen wird, um den entstehenden Bedarf an den relevanten Kompetenzen zu decken (Abb. 19).

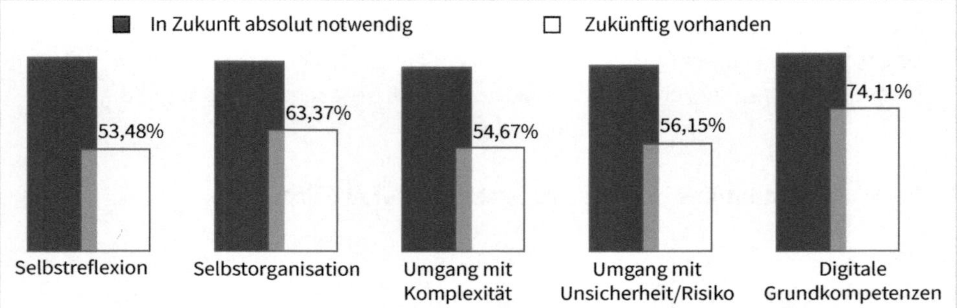

Abb. 19: Notwendigkeit und Vorhandensein der Top-5-Metakompetenzen (Graf et al. 2020, S. 16)

Der Bundesverband der Personalmanager (BPM) und das Institut der deutschen Wirtschaft (IW) Consult stellen in einer gemeinsamen Studie fest, vor allem bei den Soft Skills von Mitarbeiter*innen bestehe noch dringender Nachholbedarf, insbesondere im Hinblick auf Veränderungsbereitschaft und Flexibilität, die sie als Kernkompetenzen der Zukunft erachten. Ebenfalls bedeutsam sind der Ansicht der Personalfachleute nach Soft Skills wie Kooperations- und Kommunikationsfähigkeit, Selbstständigkeit und Organisationsfähigkeit. Erst auf den Rängen vier und fünf finden sich IT-Fachwissen und berufliches Fachwissen (Gekeler 2018). Veränderungsprozesse gestalten sich nicht selten aufgrund fehlender Kompetenzen, vor allem im Hinblick auf Veränderungsbereitschaft und -fähigkeit, schwierig. Damit einher geht auch eine erhöhte Wahrscheinlichkeit von Spannungen und Interessenskonflikten (Flüter-Hoffmann et al. 2020).

In Bezug auf digitale Grundkompetenzen stimmt eine Untersuchung auf europäischer Ebene hoffnungsvoll. Danach sind diese in Deutschland höher ausgeprägt als im EU-Durchschnitt (66 % im Vergleich zu durchschnittlich 55 %, Europäische Kommission 2016). Führt man sich jedoch vor Augen, dass in Deutschland bislang nur knapp 16 % der Oberstufenabsolvent*innen einen Informatikgrundkurs besucht haben und in einigen Bundesländern Informatikunterricht für die Orientierungs- und Sekundarstufe weiterführender Schulen nicht vorgesehen ist, besteht hier durchaus noch immenser Nachholbedarf dahingehend, Informatikkenntnisse als berufsfeldübergreifende Schlüsselkompetenz bereits von Anfang an in der Schullaufbahn zu fördern (FZI 2017).

3.3 Zusammenfassende Betrachtung

In Bezug auf betriebliches Lernen lässt sich konstatieren, dass der Großteil der Betriebe ein entsprechendes Weiterbildungsangebot vorhält. Es scheint jedoch, als sei dieses Angebot noch immer nicht überall strukturiert und institutionalisiert und es falle nicht selten »dem Rotstift zum Opfer«, wenn Budgets gekürzt werden. So verwundert es denn auch nicht, wenn Beschäftigte sich von ihren Arbeitgebern nicht in ausreichendem Maße unterstützt fühlen, wenn es um Weiterbildung geht. Das Prinzip von Eigen- und Unternehmensverantwortung wird hier deutlich: Zwar liegt der Großteil der Verantwortlichkeit für Lernen und Bildung bei jedem und jeder Einzelnen, doch auch Arbeitgeber sind in der Pflicht, Rahmenbedingungen zu schaffen, in denen erfolgreiches Lernen gelingen kann. Gerade angesichts der immer größeren Heterogenität von Lern-Settings und Lern-Adressat*innen und der Ausprägung zukunftsrelevanter Kompetenzen besteht hier noch Handlungsbedarf.

4 Digitalisierung des Lernens

Aufgrund der immensen Relevanz der Digitalisierung für das Thema Lernen soll ihr eine gesonderte Betrachtung gewidmet werden. Bereits der Blick auf die Anforderungen, die zukunftsorientiertes Lernen an alle Agierenden stellt (vgl. Teil I), machte an vielen Stellen deutlich, dass die Digitalisierung einerseits neue Herausforderungen an Kompetenzen stellt, andererseits aber auch unterstützend dabei wirken kann, diese zu meistern. Dieses Kapitel soll daher eine kritische Würdigung des digitalen Lernens vornehmen und zentrale Instrumente vorstellen. Dabei sind gewisse Überschneidungen zu anderen Schwerpunkten nicht zu vermeiden, da sich die Digitalisierung aus den unterschiedlichsten Perspektiven gewissermaßen »wie ein roter Faden« durch zukunftsorientiertes Lernen zieht. Die folgende Betrachtung schließt auch den Bereich der schulischen Bildung ein, da hier die Grundlagen für die spätere Vertrautheit mit digitalem Lernen und einer Affinität dafür gelegt werden.

4.1 Überblick über gängige digitale/E-Learning-Instrumente und -Konzepte

Nachfolgend ist eine Auswahl an gängigen Instrumenten und Konzepten im Zusammenhang mit digitalem Lernen dargestellt, die keinesfalls einen Anspruch auf Vollständigkeit erhebt.

4.1.1 Blended Learning und hybrides Lernen

Nicht alle Menschen sind gleich. Dementsprechend fällt es beispielsweise auch nicht allen Menschen gleich leicht, in Frontalveranstaltungen nur zuzuhören. Gerade in Berufen, in denen persönliche Erfahrungen und Empathie eine große Rolle spielen, ist eine reine Wissensvermittlung über E-Learning wiederum nicht zielführend, vielmehr sind hier gemischte Ansätze eher Erfolg versprechend (Oenning 2016). Es braucht unterschiedliche Lernangebote, die von den Lernenden nach ihrem Belieben genutzt werden können (Driesen 2016). Das Internet bietet dazu heutzutage sehr viel mehr Möglichkeiten als früher, so z. B. auch die Möglichkeit, hybride Lernprogramme zu erstellen. Hybrides Lernen kombiniert face-to-face-Präsenzveranstaltungen mit Online-Lernangeboten (Penn State University 2020). Während der Präsenzzeit kann Frontalunterricht gehalten werden, aber u. a. auch Gruppenarbeiten mit Diskussionsrunden. Die besprochenen Themen können dann in Online-Kursen oder -Übungen weiter vertieft werden. Das macht Lernen flexibler. Wenn die Lernenden Erklärungen der Dozierenden benötigen, können sie diese in den Präsenzzeiten erhalten, während sie den Rest an ihren persönlichen Zeitplan anpassen können. So geht die Praxis und vor allem Eigenverantwortung nicht verloren und es liegt nicht nur an der dozierenden Person, diese zu implementieren (eThink 2020).

Bei hybriden Lernprogrammen ist die Distribution der Präsenz- und Onlineaktivitäten frei wählbar, wie es am besten zum Lernstoff, aber auch zum Lernenden passt (ebd.). Das hybride Lernen wird gegliedert in Präsenzlernen und Lernen auf Distanz. Präsenzlernen kann flexibel mit, aber auch ohne digitale Elemente stattfinden (Digitales Klassenzimmer 2020). Die Präsenzveranstaltungen bringen die Vorteile mit, dass man face-to-face miteinander spricht und auch unmittelbar die Reaktionen der anderen aufnimmt, dass man sich mit Kollegen austauschen kann oder dass Gruppenübungen sehr gut möglich sind. So könnte man z. B. in Präsenz ein Thema anschneiden, die Lernenden vertiefen sich online in Eigenarbeit darin und in der nächsten Präsenzveranstaltung gibt es eine praktische Gruppenarbeit zur Anwendung und Diskussion des Erlernten. Nachteilig ist hingegen aber die Flut an Information, die zunächst konsolidiert werden muss. Online kann der Stoff eher als Happen vermittelt werden. Das funktioniert entweder synchron oder asynchron.

Synchrones Online-Lernen ist z. B. eine Online-Vorlesung, Lehrenden und Lernende sind zeitlich synchron online. Beim asynchronen Lernen muss man nicht zwingend gleichzeitig online sein, so z. B. bei Online-Lernplattformen, die die Lernenden in ihrer eigenen Zeiteinteilung ohne Beisein der dozierenden Person erkunden können. Diese stellt hier nur die Lernangebote und Übungen bereit und gibt schriftliches Feedback. Synchrones Lernen hat ähnliche Vorteile wie das Präsenzlernen (Torma 2014). Es ermöglicht die direkte Interaktion mit der Lehrkraft und auch z. B. Gruppenarbeiten mit zusätzlichen interaktiven digitalen Lernmaterialien, aber auch ohne zusätzliche Elemente oder nur mit analogen wie z. B. einem Schulbuch (Digitales Klassenzimmer 2020). Ein entscheidender Vorteil gegenüber den Präsenzseminaren, ist die Minimierung der Kosten, z. B. weil die Verkürzung der einzelnen Vorlesung auf 60–90 Minuten möglich ist. Da man keine Anfahrt hat, kann man auch öfter kürzere Veranstaltungen abhalten. Das asynchrone Lernen nutzt die Flexibilität des hybriden Lernens. Hier können die Lernenden selbst steuern, was sie wann wie machen, und es ist einfacher in den Zeitplan integrierbar als synchrones Online-Lernen oder Präsenzveranstaltungen. Die Methodenvielfalt in den Lernplattformen ist enorm. Es gibt u. a. Texte, Videos, Lückentexte, Einsendeaufgaben und sogar Gruppenarbeiten. Hier ist der Nachteil, dass es keine direkten Reaktionen und kein direktes Feedback gibt, sondern das Ganze natürlich zeitversetzt stattfindet, was das Feedback dann aber auch strukturierter und intensiver werden lassen kann.

Obwohl das Online-Lernen sehr flexibel ist und viele Vorteile mit sich bringt, so ist es doch nicht für jeden das Richtige. Rovai und Jordan (2004) haben festgestellt, dass manche Lernenden, vor allem diejenigen mit geringerer Selbstregulation, Anweisungen und Unterstützung durch eine anwesende Lehrkraft benötigen. Hier setzt das hybride Lernen an. Dodero et al. (2003) konnten bei einem Vergleich der Teilnahme am Unterricht feststellen, dass hybrides Lernen der Teilnahme förderlicher ist als reines E-Learning. Heterick und Twigg (2003) entdeckten außerdem bei 19 von 30 hybriden Lernkonzepten eine Verbesserung der Lernleistung. Diese Ergebnisse lassen auf signifikante Lernverbesserungen und ein erhöhtes Engagement im Unterricht bei hybriden Lernprogrammen im Vergleich zu reinem Online-Lernen schließen und bestärken diese Lernform in ihrer Wirksamkeit. Bereits 2004 wurden zehn Merkmale guten Unterrichts festgelegt, so z. B. ein lernförderliches Klima, eine Methodenvielfalt oder eine klare Strukturierung der Lernphasen. Hybrides Lernen ist mit guter Kurszusammenstellung in der Lage, diese Kriterien ausreichend zu erfüllen, und ist deshalb als gutes Lernmodell zu bezeichnen (Digitales Klassenzimmer 2020). Viele Lehrkräfte an allgemein- und berufsbildenden Schulen zeigen sich allerdings noch skeptisch, was die Verbesserung der Lernqualität oder -ergebnisse durch digitale Medien angeht (Autorengruppe Bildungsberichterstattung 2020).

Hybrides Lernen und Blended Learning werden oft synonym verwendet. Das ist allerdings nicht vollkommen richtig. Zwar sind einige der hybriden Lernangebote genauso aufgebaut wie Blended Learning, aber das muss nicht zwingend so sein. Blended Learning zielt auf eine 50/50-Balance zwischen Präsenzveranstaltungen und Online-Lernangeboten ab. Hybrides Lernen hingegen ist nicht an diese Aufteilung gebunden. Es geht vielmehr darum, die für dieses Subjekt bestgeeignete Zusammenstellung verschiedener Lernangebote zu finden. Dies kann wie beim Blended Learning aussehen oder aber mehr Präsenz oder sogar nur Online-Aspekte beinhalten (Driesen 2016; eThink 2020).

4.1.2 Digitale Bildungsmedien

Im Hinblick auf Bildungsmedien gibt es inzwischen eine nahezu unüberschaubare Anzahl an frei zugänglichen Inhalten – teils kostenfrei, teils kostenpflichtig –, die sich an keine konkrete Zielgruppe wenden, sowie ebenso zahlreiche zielgruppenspezifische Angebote für Schüler*innen, Student*innen sowie Weiterbildungsinteressierte. Hier sind beispielsweise die Pink University zu nennen, die E-Learning-Angebote für Unternehmen anbietet, und der Flowcampus, der sich gezielt an kleine Unternehmen richtet. Einen Überblick über die Kurse unterschiedlichster Anbieter geben Plattformen wie LearnNow oder eLearning+ (Janson 2016). Nachfolgend werden einige grundlegende Instrumente kurz dargestellt.

4.1.2.1 Lernportale/-plattformen

Bei Lernplattformen bzw. -portalen sind kostenpflichtige sowie kostenfreie Lösungen zu unterscheiden. So gibt es beispielsweise kostenpflichtige Portale wie »Sofatutor« für Grund- und Sekundarschüler*innen, bei denen vor allem mit Hilfe von Bildungsvideos gelernt wird, die User*innen selbst auf die Seite stellen können, nachdem sie eine Qualitätskontrolle durchlaufen haben. Zusätzlich gibt es individuelle Playlists zu bestimmten Themen, Tags und Lernerfolgskontrollen in Form von Multiple-choice-Tests (Steinbrück 2018). **Learning Management Systeme (LMS)** wie z. B. Moodle werden in der Regel gezielt von bestimmten Einrichtungen und ihren Lehrer*innen für die Lernenden mit Inhalt gefüllt. Sie ermöglichen die Interaktion zwischen Lehrer*innen und Lernenden sowie der Lernenden untereinander und bieten eine Vielzahl an Methoden, wie z. B. die Einreichung und Bewertung von Arbeitsunterlagen innerhalb bestimmter Fristen (WEF 2015). Bislang ging deren Verbreitung eher schleppend voran (Autorengruppe Bildungsberichterstattung 2020), doch wurden sie an Schulen und Hochschulen im Frühjahr und ab Herbst 2020 während der Schließungen wegen der Corona-Pandemie nach anfänglichen Hürden nahezu flächendeckend eingesetzt.

Großer Beliebtheit erfreuen sich sogenannte **MOOCs (Massive Open Online Courses)**. Dort werden Lerninhalte regelmäßig online gestellt, der Austausch der Lernenden untereinander und mit den Lehrer*innen gefördert. MOOCs werden insbesondere im Bereich der akademischen Ausbildung und der Erwachsenenbildung genutzt. Auch Bachelor- und Masterabschlüsse lassen sich zunehmend online erreichen. Nicht selten haben die Kurse mehrere tausend Teilnehmer*innen. Häufig sind MOOCs kostenlos. Ende 2018 wurden MOOC-Plattformen von mehr als 101 Millionen Lernenden genutzt. Sie konnten auf mehr als 11.400 unterschiedliche Kurse, zur Verfügung gestellt von mehr als 900 Universitäten weltweit, zugreifen. Im Bereich der Bachelor-/Masterabschlüsse zeigte sich von 2017 auf 2018 ein Zuwachs von 17 auf 47 entsprechende Angebote (Shah 2018; Lemke 2020; Janson 2016; Class Central MOOC Report 2018). Mit Hilfe der MOOCs wird Bildung unabhängig von Ort, Zeit und Vorkenntnissen zugänglich und erreicht somit mehr Zielgruppen als je zuvor. **SPOCs (Small Private Online Courses)** werden ebenfalls für berufliche und private Weiterbildungszwecke genutzt, haben allerdings eine beschränkte Teilnehmerzahl und Kursgebühren und infolgedessen eine geringere Abbruchquote. Auch das Interesse an **Corporate Open Online Courses (COOCs)**, die nach dem Prinzip von MOOCs funktionieren, jedoch ausschließlich innerhalb von Unternehmen zum Einsatz kommen, nimmt zu. Für eine erfolgreiche Nutzung ist allerdings Voraussetzung, dass sich die betrieblichen Ansprechpersonen intensiv mit der Thematik auseinandersetzen, die Inhalte einen Mehrwert für die Nutzenden schaffen und auf konkrete Arbeitsinhalte und Zielgruppen zugeschnitten sind. Zertifikate für abgeschlossene Lerneinheiten sind ebenfalls förderlich (Lecturio 2019).

Unter der Begrifflichkeit der **Open Educational Resources (OER)** wird der Trend zusammengefasst, Lehrmaterialien online zur Verfügung zu stellen, sodass sich Lernende diese nach den eigenen Bedürfnissen und aus verschiedenen Quellen zusammenstellen können. OER kommen überwiegend im Hochschulkontext zum Einsatz, doch es etablieren sich auch unabhängig davon entsprechende Lernplattformen, wie z. B. Serlo, ZUM-Wiki oder Wikiversity. Ursprünglich stammt der Begriff aus einem UNESCO-Forum, auf dem im Jahr 2002 diskutiert wurde, wie es gelingen könne, den Zugang zu Bildung insbesondere für Entwicklungsländer zu verbessern. Eine eindeutig abgegrenzte Definition oder Zuordnung, was im Einzelnen unter Open Educational Resources zu verstehen ist, existiert nicht, sodass sowohl Kurse als auch Texte, Bilder, Videos oder auch Lernmanagementsysteme darunter zu fassen sind und die Inhalte für die unterschiedlichsten Zielgruppen Verwendung finden (sbr 2019). Die OECD (2007) nimmt in einem Positionspapier zu OER einen Strukturierungsversuch von Margulies (2005) auf (Abb. 20).

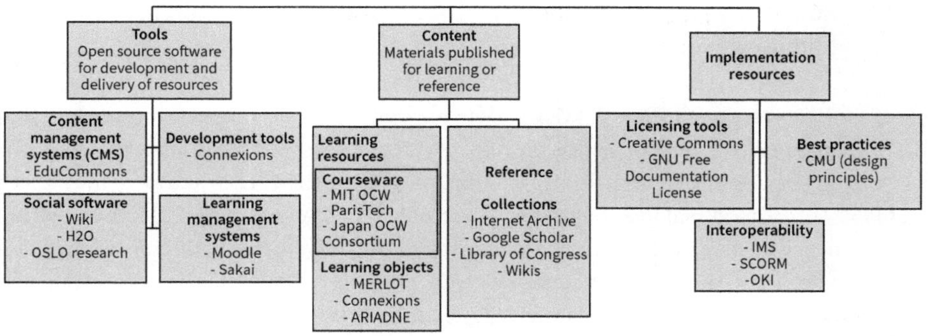

Abb. 20: Begrifflichkeiten im Zusammenhang mit OER (Margulies 2005; OECD 2007)

Eine Unterteilung ist zum einen nach dem Materialtyp möglich – also beispielsweise in Software, Kurse, Publikationen o. Ä. – und zum anderen nach den verwendeten Medienformaten – Webseiten, CD-ROM etc. Open Educational Resources aufzufinden ist unter anderem über klassische bzw. spezielle Suchmaschinen für freie Bildungsmaterialien möglich; erstellt werden können OER ähnlich wie andere Lehrmaterialien. Es empfiehlt sich allerdings, sie speziell zu lizenzieren und als OER zu kennzeichnen, damit sie auffindbar und nutzbar sind. In OER-Datenbanken werden die Informationen gesammelt und verwaltet. Etwa 10 % der Mitglieder einer OER-Community beteiligen sich auch aktiv daran, Inhalte beizusteuern. Eine Hürde für viele Interessierte stellt dabei der Zeitaufwand für die Aufbereitung ihres Materials für die Datenbank dar, eine weitere die Klärung von Rechten und Lizenzen, insbesondere dann, wenn die Lehr-/Lernmaterialien auch bearbeitet werden sollen. Hinzu kommen Vorbehalte, die eigenen Lehrinhalte kostenfrei zur Verfügung zu stellen. In Deutschland sind OER erst seit 2011 im Einsatz, vergleichsweise spät im OECD-Raum. Inzwischen finden sich allerdings unterschiedliche Förderprojekte und Initiativen, um die OER-Bewegung in Deutschland zu tragen und zu unterstützen, so beispielsweise die vom Bundesministerium für Bildung und Forschung seit 2016 geförderte Informationsstelle OER (https://open-educational-resources.de/) (sbr 2019).

4.1.2.2 Webinare

Hier werden in Sitzungen von 45–90 Minuten bestimmte Inhalte live am Bildschirm von den Lehrer*innen vorgetragen. Über eine Chatfunktion sind auch Fragen der Teilnehmer*innen möglich. In der Regel sind Webinare kostenpflichtig (Janson 2016). Der Begriff Webinar ist seit 2003 markenrechtlich geschützt, sodass in der Regel von Anbieter*innen Synonyme wie z. B. Web-Seminar, Online-Seminar oder virtuelles Seminar verwendet werden.

4.1.2.3 Künstliche Intelligenz, Augmented/Virtual Reality und Gamification im Bildungsbereich

Immer häufiger werden im Sinne der **Gamification** Arbeits- und Lernprozesse mit spielerischen und interaktiven Elementen ausgestattet, vielfach auch in Anlehnung an Computerspiele konzipiert. Ziel ist es, den Zugang zu erleichtern und mehr Menschen zur Nutzung zu motivieren, indem der Lernstoff im Rahmen bekannter Oberflächen und Anwendungsabläufe spielerisch wird, beispielsweise durch Schulungsspiele anstelle von Handbüchern. Gerade bei jüngeren Lernenden lässt sich auf diese Weise die Akzeptanz steigern. So wurden beispielsweise bestimmte mathematische Themen in die Spielewelt des bekannten Online-Spiels »World of Warcraft« integriert (Steinbrück 2018). Es gilt nämlich bis ins hohe Alter der Zusammenhang, dass sich neue Kompetenzen (emotional, sozial, motorisch und kognitiv) spielerisch am besten erlernen lassen (Mazari 2018). Gamification-Ansätze ermöglichen es, während der Beschäftigung mit einem bestimmten fachlichen Inhalt gleichzeitig Fähigkeiten wie Kreativität, Neugierde und Ausdauer zu trainieren (WEF 2015). Künftig ist noch mit einer deutlichen Zunahme von Gamification in verschiedensten Bereichen des Arbeitens und Lernens zu rechnen, befördert durch neue Vernetzungstechnologien und die immer stärkere Verbreitung von Smartphones und sogenannten Wearables, die digitale Funktionen in Uhren, Brillen oder Ringen verstecken (Mazari 2018).

Auch der Einsatz von **Augmented Reality (AR)** nimmt weltweit zu, indem beispielsweise Schulungsbrillen Sprach- und Qualifikationshürden überwinden, um auch Menschen mit einer sehr geringen Grundbildung bestimmte Abläufe ihrer täglichen Arbeit zu verdeutlichen.

Künstliche Intelligenz (**KI**) schließlich kann sowohl formale als auch informelle Lernprozesse unterstützen. Im betrieblichen Kontext steht hier die Lernförderlichkeit KI-basierter Arbeitssysteme und -umgebungen im Fokus. Diese zeigt sich insbesondere in Bereichen, in denen es um explizites Wissen und kognitive Fähigkeiten im Kontext von Informationsverarbeitung, Kombinatorik oder Komplexitätsbewältigung geht. Beim Ausbau von sozialen Fähigkeiten ist KI allerdings nur begrenzt einsetzbar. Die Herausforderung der Zukunft besteht insofern darin, mit technologischer Unterstützung eine Verzahnung der stark auf Kognitionen gerichteten Dimensionen des Lernens mit dessen sozialen Facetten zu erreichen (Wilkens et al. 2019, Abb. 21).

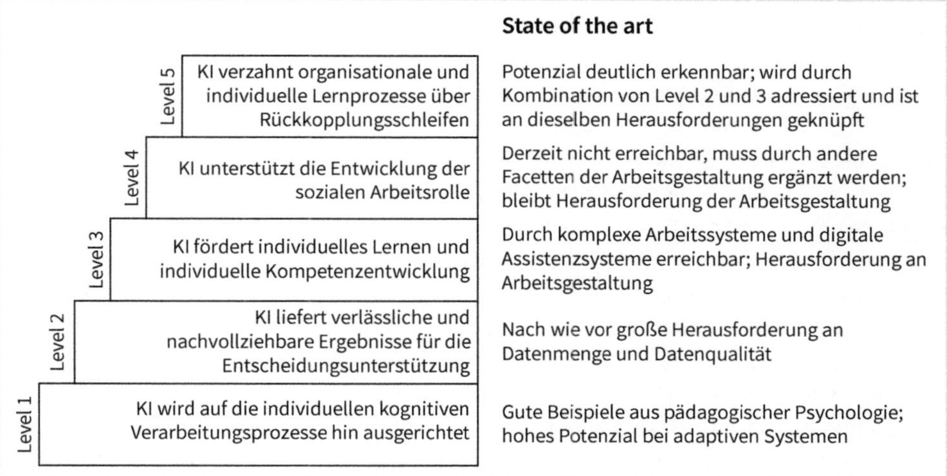

Abb. 21: Lern- und Entwicklungspotenzial von KI (Wilkens et al. 2019, S. 82)

Wilkens et al. (ebd.) geben einige Beispiele für die Nutzung des Befähigungspotenzials von KI:

- Nutzung zur autonomen Generierung allgemeiner Lerninhalte sowie zur individuellen Anpassung des Lernsystems an die Bedürfnisse der Lernenden (Ullrich et al. 2015a),
- Erweiterung der Fähigkeiten von Beschäftigten durch Assistenzsysteme in der Produktion, die Informationen zur Ausführung von Tätigkeiten bereitstellen und die Vermittlung von prozeduralem Wissen möglich machen (Ullrich et al. 2016),
- Nutzung zur automatischen Speicherung und Bereitstellung von prozeduralem Wissen sowie – mit deutlich erhöhtem Aufwand – zur Entscheidungsfindung,
- Einsatz zur Förderung organisationaler Lernprozesse, indem Wissen zur Verfügung gestellt wird, das basierend auf personenbezogenen Daten und der jeweiligen Situation im Produktionssystem zusammengestellt wird (Ullrich et al. 2015b).

Auf einen Blick

Begrifflichkeiten

- Die Begriffe Hybrides Lernen und Blended Learning sind zu differenzieren in eine eher freie Aufteilung zwischen Präsenz- und Online-Lernangeboten (hybrid) und dem Streben nach einer gleichmäßigen Balance (blended).
- In Bezug auf digitale Bildungsmedien sind insbesondere Lernportale/-plattformen, Webinare und das große Feld der künstlichen Intelligenz, Augmented/Virtual Reality bzw. Gamification zu unterscheiden.

4.2 Verbreitung von digitalem Lernen

Angesichts der Corona-Krise des Jahres 2020 scheint es angebracht, in ein »Davor« und »Danach« zu differenzieren, da die Ausnahmesituation flächendeckender Schul- und Hochschulschließungen und Einstellung nahezu aller Weiterbildungsaktivitäten erhebliche Veränderungen in Bezug auf digitales Lernen mit sich brachte. Viele dieser Aktivitäten folgten allerdings angesichts der Kürze der Reaktionszeit dem Prinzip des »Trial and Error«, und nicht selten scheiterten gut gemeinte Ansätze an einer unzureichenden Infrastruktur und/oder Digital Skills von Lehrer*innen und Lernenden. Was bleiben wird, lässt sich zum heutigen Zeitpunkt noch nicht verlässlich vorhersagen, doch es lässt sich nicht von der Hand weisen, dass die Krise eine Art »Weckruf« in Bezug auf die Digitalisierung darstellte. Denn vor der Krise ging die Ausbreitung digitalen Lernens über Jahre hinweg sehr schleppend voran. Im Jahr 2016 schulte einer Bitkom-Befragung zufolge nur jedes zehnte Unternehmen in Deutschland seine Beschäftigten auch digital. Insgesamt zeigte sich, dass 43 % der teilnehmenden Betriebe zur Weiterbildung auf externe Seminare setzten, 40 % arbeiteten mit externen Referent*innen, die zu ihnen kommen, ein Fünftel praktizierten das Prinzip »Mitarbeiter*innen schulen Mitarbeiter*innen«. Webbasierte Lernprogramme fanden 2016 immerhin in 36 % der befragten Unternehmen Anwendung, Lernprogramme auf Computern kamen auf 24 %, interaktive Lernvideos auf 12 % (Oenning 2016).

Als mögliche Gründe, aus denen Weiterbildungsträger sich nur zögerlich neuen Lern- und Lehrmethoden öffneten, lassen sich folgende anführen (Wache 2003):

- fehlendes fachliches Know-how im E-Learning-Bereich,
- keine bzw. nur geringe Nachfrage seitens der Kund*innen und der Kostenträger (insbesondere des Arbeitsamtes),
- kein Interesse, sich selbst Konkurrenz zu den eigenen Geschäftsmodellen im Bereich der Präsenzkurse zu machen,
- Abschreckung wegen Beispielen von gescheiterten E-Learning-Unternehmen und E-Learning-Projekten.

Außerhalb offizieller digitaler Lehr- und Lerntools, die seitens der Schulen, Hochschulen und Weiterbildungsanbietenden zur Verfügung gestellt werden, hat sich gerade bei Schüler*innen der allgemeinbildenden Schulen sowie Student*innen die Nutzung von Lerninhalten aus dem Internet, hier insbesondere von Lernvideos (z. B. maiLAB, Explainity), bereits etabliert. Ganz gleich, ob englische Grammatik, Kurvendiskussion oder SWOT-Analyse, nahezu zu allen erdenklichen Themen finden sich entsprechende kurze Videos, und gerade über die Plattform YouTube werden diese auch genutzt, wie eine repräsentative Befragung des Rats für Kulturelle Bildung unter 12- bis 19-Jährigen zeigt. Danach empfindet nahezu die Hälfte der befragten Schüler*innen YouTube als wichtig bis sehr wichtig für die Schule. Genutzt werden die Inhalte insbesondere zur Wiederholung von Inhalten aus dem Unterricht (73 %) sowie für Hausaufgaben und Hausarbeiten (70 %). Dabei sind sie sich durchaus der Vorteile dieser Videos im

Vergleich zum Schulunterricht – ständige Verfügbarkeit, Möglichkeit der beliebig häufigen Wiederholung sowie Art und Weise der Präsentation –, aber auch der Nachteile – persönlicher Kontakt und Austausch mit den Lehrer*innen sowie den Mitschüler*innen fehlt – bewusst (Rat für Kulturelle Bildung 2019). »Damit hat die kommerzielle Plattform YouTube eine folgenreiche Änderung der Bildungskonstellation bewirkt. Ein weiterer Akteur wirkt als Hilfs- und Nachhilfelehrer*in intensiv an den schulbezogenen Bildungsprozessen der Jugendlichen mit.« (ebd., S. 9)

Wie gesehen, sind nicht alle Lehrer*innen von der Sinnhaftigkeit hybrider Lehrkonzepte überzeugt (Abb. 22). Dies mag auch damit in Zusammenhang stehen, dass ihnen vielfach Erfahrungen im Umgang mit digitalen Medien fehlen und digitalisierungsbezogene Inhalte in ihrer Aus- und Weiterbildung bislang kaum eine Rolle spielen (Autorengruppe Bildungsberichterstattung 2020).

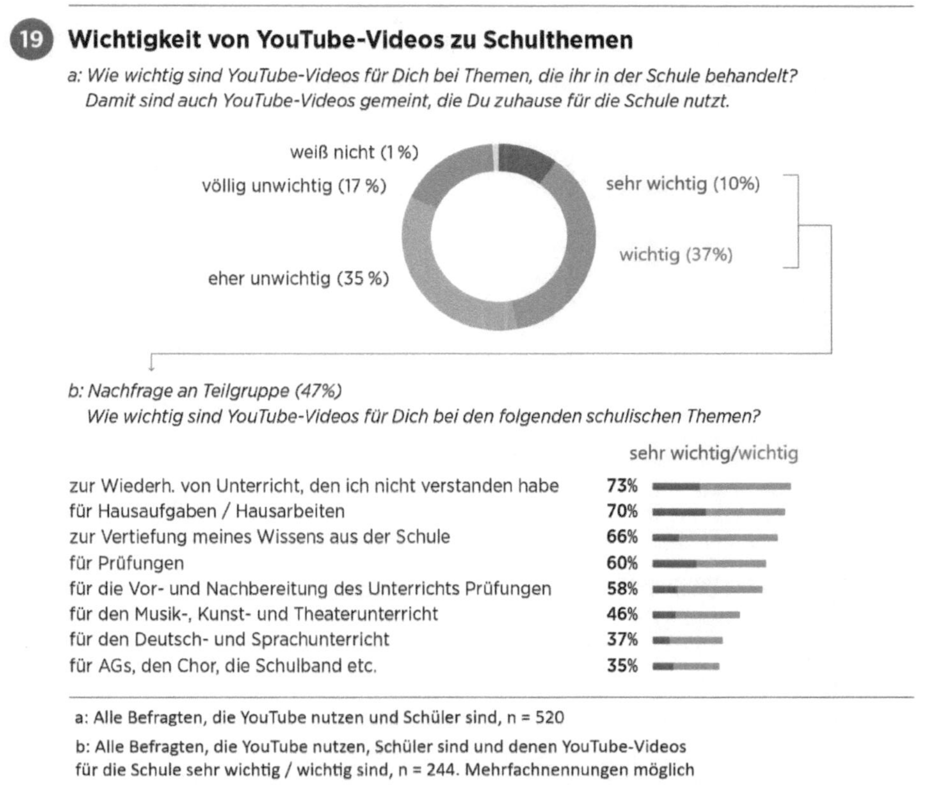

Abb. 22: Wichtigkeit von YouTube-Videos für Schulthemen (Rat für kulturelle Bildung 2019, S. 29)

Berufsschüler*innen messen YouTube eine noch höhere Bedeutung für ihre Ausbildung bei als die befragten Schüler*innen an allgemeinbildenden Schulen (Abb. 23). 92% derjenigen, die

YouTube für die Ausbildung nutzen, bereiten sich mit den entsprechenden Videos auf Prüfungen, Klausuren und Tests vor, 84 % dient es zur Vertiefung des eigenen Wissens, 80 % halten die Videos für (sehr) wichtig im Kontext von Seminar-/Hausarbeiten, Referaten, Vorträgen oder zur Unterrichtswiederholung. Die Einschätzung der Vor- und Nachteile im Vergleich zu den befragten Schüler*innen ist nahezu deckungsgleich (Rat für Kulturelle Bildung 2019).

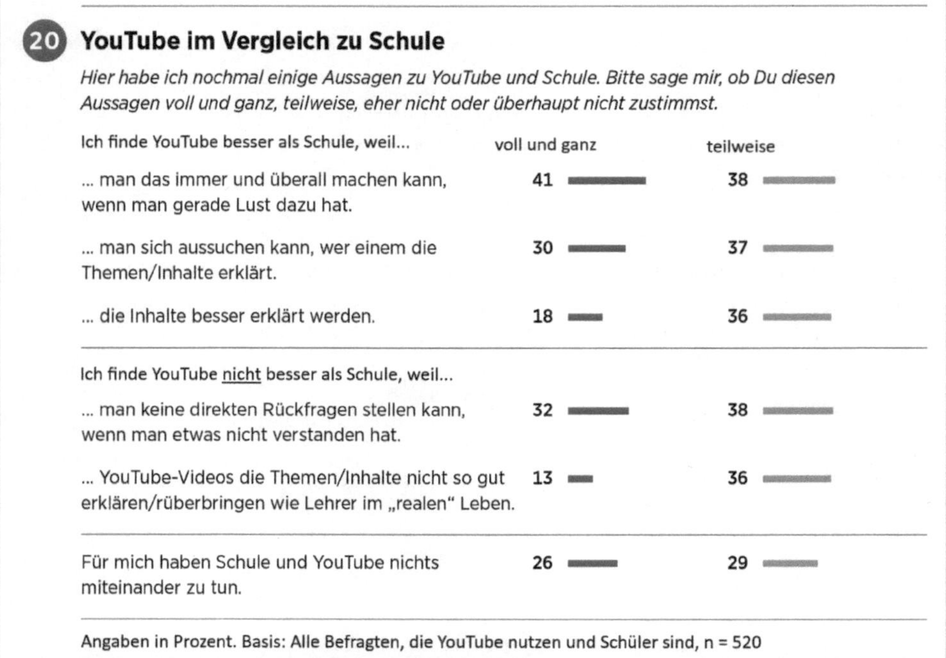

Abb. 23: YouTube-Videos im Vergleich zur Schule (Rat für kulturelle Bildung 2019, S. 31)

Es ist davon auszugehen, dass der Anteil des digitalen Lernens in Zukunft noch deutlich zunehmen wird. Als eine Ursache lässt sich anführen, dass die heutige Schüler*innen-, Auszubildenden- und Student*innengeneration bereits sehr früh digitale Lerninhalte, z. B. in Form von Lernvideos, nutzt und hierfür aller Voraussicht nach auch im späteren Erwerbsleben eine große Offenheit zeigen wird. Derzeit liegt zur allgemeinen Nutzung von E-Learning in Unternehmen nur eine sehr begrenzte Datenbasis vor. Immerhin gaben 2016 rund 40 % der deutschen Betriebe an, zunehmend digitale Medien oder E-Learning für ihre Fort- und Weiterbildung zu nutzen. Dabei sind die Betriebe aktiver in der Nutzung, die in den vergangenen fünf Jahren stärker in Technologien im Zusammenhang mit Industrie 4.0 investiert haben. Zudem zeigt sich, dass die Nutzung mit der Betriebsgröße sinkt, was den Schluss zulässt, dass die Zugangshürden für kleinere Betriebe geringer zu sein scheinen bzw. sie E-Learning verstärkt als Alternative zu sehr kostspieligen externen Seminaren ansehen (Janssen et al. 2018).

4.3 Zusammenfassende Betrachtung

Grundsätzlich lässt sich konstatieren, dass die Nutzung digitaler Instrumente und Konzepte für den Bildungsbereich sowohl Vorteile als auch Herausforderungen mit sich bringt.

4.3.1 Vorteile des digitalen Lernens

Unterschiedliche Untersuchungen und Studien weisen auf einige zentrale Vorteile des digitalen Lernens hin (u.a. KMK 2017; Oenning 2016; Janson 2016; Lemke 2020; Brandau u. Pauly 2017; Rump et al. 2020c; Birkelbach et al. 2019; Janssen et al. 2018; Kohl 2017)

- Digitales Lernen unterstützt eine Demokratisierung der Bildung, da Menschen weltweit und völlig unabhängig von ihrem sozialen Status und ihren Voraussetzungen den gleichen Zugang zu Wissensangeboten erhalten. So bieten beispielsweise Online-Lerninhalte, die kostenlos verfügbar sind (z.B. Lernvideos, Online-Tests, Erläuterungen zu gängigen schulischen Themen ...) auch jungen Lernenden aus finanziell schlechter ausgestatteten Familien, in denen zudem die Eltern kognitiv nicht in der Lage sind, Unterstützung zu leisten, die Möglichkeit, Wissenslücken auch ohne kostspielige Nachhilfe zu schließen und tragen so zur Bildungsgerechtigkeit bei.
- Gerade für die jüngere Generation, die mit digitalen Medien aufgewachsen ist und eher auf kurze, prägnante Lerninhalte und visuelle Reize anspricht als auf ausführliche schriftliche Ausarbeitungen, stellen Lernvideos eine ideale Möglichkeit dar, sich über eine Fragestellung zu informieren, die ihnen Probleme bereitet oder mit der sie sich intensiver als im Unterricht möglich auseinandersetzen möchten, ohne dafür beispielsweise ein Lehrwerk zur Hand zu nehmen.
- Frühzeitig digitale Bildungsmedien in die schulische Bildung zu integrieren bietet die Chance, junge Menschen an eine reflektierte und souveräne Nutzung dieser Medien heranzuführen, um sie so auf eine sich verändernde Bildungs- und Arbeitswelt vorzubereiten.
- Digitales Lernen kann weitgehend orts- und zeitunabhängig erfolgen, was einen enormen Vorteil unter anderem für die Vereinbarkeit von Beruf und Privatleben, aber auch für die Verbreitung von Lernen in strukturschwachen Regionen mit sich bringt.
- Für viele Lernende bieten digitale Lernformate ein schnelleres und zielgerichteteres Lernen. Dies bejahen 59 % der Nutzer*innen in der o.g. Studie. Zudem sind Lerninhalte schneller verfügbar, als wenn man z.B. auf das Zustandekommen eines Präsenzseminars warten muss, weil eine Mindest-Teilnehmerzahl zu erreichen ist. Das ermöglicht auch ein sogenanntes »Just-in-time«-Lernen.
- Für viele Menschen ist digitales Lernen ansprechender als Frontalunterricht oder die Lektüre von Fachtexten. So geben 43 % der Nutzer*innen in der o.g. Studie an, digitales Lernen mache mehr Spaß als das Lernen in klassischen Formaten. Auch der Wechsel zwischen ver-

schiedenen Darbietungsformen (visuell, auditiv, audiovisuell) ist für viele Menschen anregend und wird unterschiedlichen Lerntypen gerecht.
- Lernen ist nachweislich erfolgreicher, wenn Lernende eigenverantwortlich agieren und herausfinden können, welche Lernangebote für sie optimal sind. Diese Möglichkeiten lassen sich im E-Learning-Bereich sehr viel einfacher anbieten als bei klassischen Präsenzseminaren – so beispielsweise durch einen unternehmensweiten Zugang zu Lernplattformen, über den Beschäftigte ohne Zusatzkosten unterschiedlichste Formate und Inhalte ausprobieren und zeitlich flexibel nutzen können. Präsenzseminare hingegen sind mit fixen Kosten verbunden, nicht selten ist die Auswahlmöglichkeit für Teilnehmer*innen daher eingeschränkt.
- Talente und Potenziale können sehr viel individueller gefördert werden. Gerade der zunehmenden Heterogenität von Lerngruppen kann hierdurch mit individualisierten Lernarrangements, nicht zuletzt auch im Sinne eines Methodenmix aus traditionellen und digitalen Instrumenten, Rechnung getragen werden (z. B. bei länger andauernder Erkrankung, Betreuungspflichten, räumlicher Entfernung zum Lernort ...). Hinzu kommt die Möglichkeit, Lerntempi und Lerninhalte zu individualisieren.
- Trotz anfänglicher Zusatzinvestitionen ist davon auszugehen, dass E-Learning-Angebote auf lange Sicht günstiger sind als interne oder externe Seminare mit Coaches bzw. Trainer*innen. Davon profitieren auch zahlreiche kleine und mittelständische Betriebe, denen es schwerfällt, Beschäftigte zu kostenintensiven externen Seminaren zu schicken bzw. Trainer*innen zu engagieren.
- Der Unterricht kann durch neue Gestaltungsoptionen und eine Erweiterung des Angebots qualitativ verbessert werden, u. a. zur Vermittlung von Kreativität und kritischer Meinungsbildung.
- Das gemeinsame Entwickeln von Lösungen und die Teamarbeit können gefördert werden, auch wenn die Teilnehmer*innen räumlich weit voneinander entfernt sind.
- Die Interaktivität ermöglicht Rückmeldesysteme, die den Lernenden unmittelbar zur Verfügung stehen und ihnen dadurch Informationen zu ihrem Lernstand geben können.
- Die Dokumentation von Lernprozessen und Zwischenständen ist jederzeit möglich und abrufbar, beispielsweise durch automatisierte Follow-ups.
- Für bestimmte Lerninhalte, die aus Komplexitäts- oder Sicherheitsgründen nicht oder nur unter hohem Aufwand real darstellbar sind, ist die Vermittlung anhand von Simulationen möglich.

Abbildung 24 gibt einen Überblick über die im Rahmen des HR-Reports 2020 abgefragten Vorteile des digitalen Lernens im Unternehmenskontext.

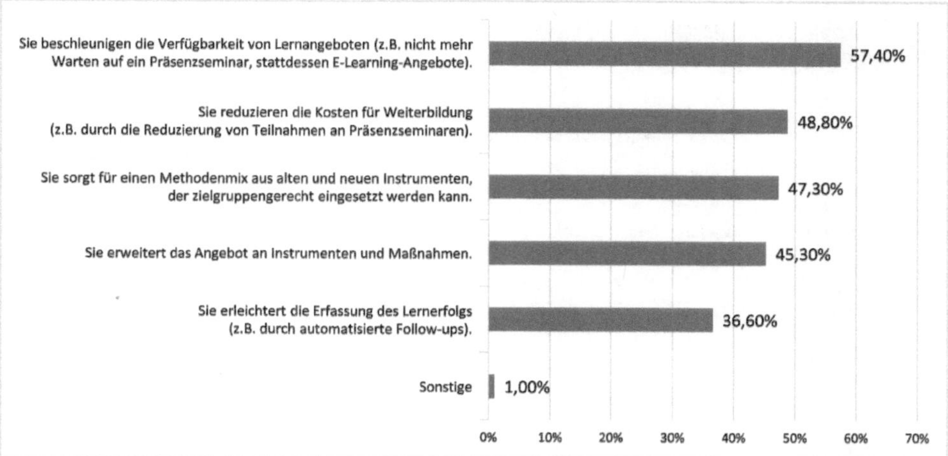

Abb. 24: Vorteile des digitalen Lernens im Unternehmenskontext (Sonderauswertung auf Basis von Rump et al. 2020c)

4.3.2 Herausforderungen des digitalen Lernens

Es liegt auf der Hand, dass mit digitalem Lernen auch gewisse Herausforderungen einhergehen (KMK 2017; Rump et al. 2020c; Wache 2003; Janssen et al. 2018; Oenning 2016):

- Die Lehrer*innen verlieren wichtige und vertraute Instrumente, um das Verhalten der Lernenden und der Lerngruppe einzuschätzen und zu beeinflussen.
- Den Lernenden fehlen wichtige Möglichkeiten, um von den Lehrer*innen und von Mitlernenden motivierende und Verständnis fördernde Aufmerksamkeits- und Bestätigungssignale zu bekommen.
- Für alle Agierenden in der Lernumgebung gibt es Restriktionen bezüglich der Möglichkeiten, sich auszudrücken bzw. andere zu verstehen und die Kommunikationssituation einzuschätzen. Kommt es zu Gruppenkommunikationen über Online-Tools ist dies für alle Beteiligten kognitiv sehr anspruchsvoll.
- Lernende, denen das technische Grundverständnis zum Umgang mit digitalen Lernmethoden fehlt, verlieren schnell den Anschluss bzw. konzentrieren sich so sehr auf eine angemessene technische Handhabung, dass sie sich auf die eigentlichen Inhalte nur noch bedingt fokussieren können.
- Digitales Lernen erfordert ein sehr viel höheres Maß an Selbstorganisation und Selbstdisziplin als Präsenzlernen. Es besteht daher eine Gefahr für den Bildungserfolg von Menschen, die diese Kompetenzen nicht mitbringen.
- Für die Infrastruktur und Software, gerade bei Nutzung zielgruppenspezifischer Angebote, ist mit hohen Anfangsinvestitionen zu rechnen.
- Der Aufwand für die Überarbeitung bisheriger Lern- und Lehrformate, die Überprüfung von Bildungszielen sowie die adäquate Vorbereitung von Lehrer*innen und Lernenden ist immens.

Auch in Bezug auf die Herausforderungen nimmt der HR-Report 2020 eine Abfrage für den Unternehmenskontext vor (Abb. 25).

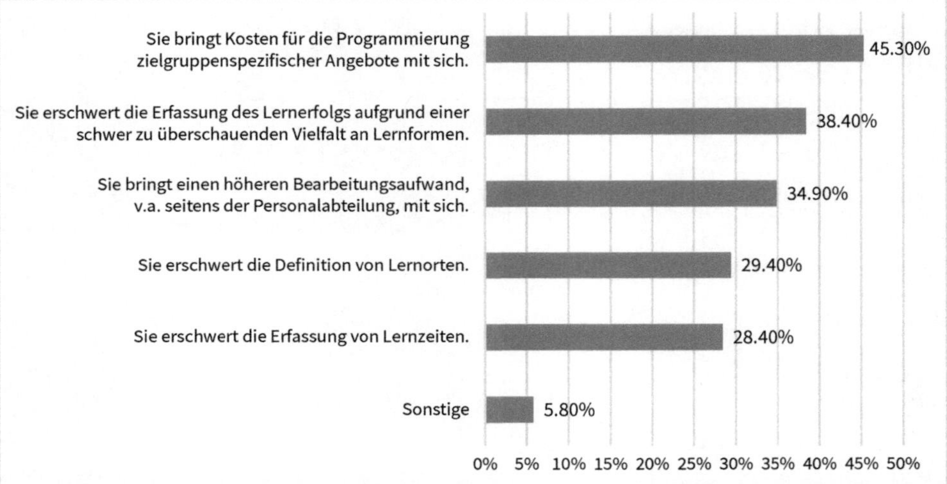

Abb. 25: Herausforderungen des digitalen Lernens im Unternehmenskontext (Sonderauswertung auf Basis von Rump et al. 2020c)

5 Zentrale Anforderungen an zukünftiges Lernen in allgemein- und berufsbildenden Institutionen

»Lernen lernen« – Schulen, Hochschulen und Berufsschulen, aber auch sonstige außerbetriebliche Bildungseinrichtungen stellen die Weichen für die lebenslange Lernfähigkeit und -bereitschaft. Zudem lassen sich vom institutionellen Lernen bereits wertvolle Erkenntnisse zur grundsätzlichen Ausrichtung von »Future Learning« gewinnen. Nachfolgend werden daher die Ziele und Herangehensweisen in den unterschiedlichen Institutionen näher beleuchtet. Dabei sei vorangeschickt, dass es durchaus nicht unerhebliche Schnittmengen gibt. Dennoch erscheint es sinnvoll, jede Institution für sich in ihrer Ganzheitlichkeit zu betrachten. Darüber hinaus gilt es, sich näher mit der neuen Rolle von Lehrer*innen in diesem Zusammenhang zu befassen.

5.1 Schule

»Der Bildungs- und Erziehungsauftrag der Schule besteht im Kern darin, Schülerinnen und Schüler angemessen auf das Leben in der derzeitigen und künftigen Gesellschaft vorzubereiten und sie zu einer aktiven und verantwortlichen Teilhabe am kulturellen, gesellschaftlichen, politischen, beruflichen und wirtschaftlichen Leben zu befähigen. Dabei werden gesellschaftliche und wirtschaftliche Veränderungsprozesse und neue Anforderungen aufgegriffen.« (KMK 2017, S. 10)

Akteure in Bezug auf diesen schulischen Bildungsauftrag sind zum einen die Schulen selbst, aber auch die zuständigen Landesbehörden. Letztere reagieren auf neue Anforderungen in der Regel durch die kontinuierliche Überarbeitung von Lehr- und Bildungsplänen und die Formulierung entsprechender Anforderungen. Im Falle besonders bedeutsamer fächerübergreifender Anforderungen werden gezielte Empfehlungen von der Kultusministerkonferenz formuliert. Schulen agieren in dem ihnen vorgegebenen Rahmen, haben jedoch durchaus individuelle schulische und pädagogische Gestaltungsfreiheiten, innerhalb derer sie eigenständig auf Veränderungen reagieren können.

2012 gab die Kultusministerkonferenz eine Empfehlung zur Medienbildung in der Schule heraus, die 2017 präzisiert und erweitert wurde, sodass auch verbindliche Anforderungen dahingehend formuliert wurden, über welche Kenntnisse, Kompetenzen und Fähigkeiten Schüler*innen zum Ende ihrer Pflichtschulzeit verfügen sollten, um in der digitalen Welt ein selbstständiges und mündiges Leben führen zu können.

In diesem Zusammenhang formulierte die Kultusministerkonferenz zwei zentrale Ziele: als erstes die Einbeziehung der o. g. identifizierten Kompetenzen in alle Lehr- und Bildungspläne sowie Rahmenpläne (beginnend mit der Primarstufe) als integrativer Teil der Fachcurricula aller

Fächer. Zur Begründung heißt es, die Kompetenzen für die digitale Welt seien keinem isolierten Lernbereich zuordenbar, sondern beträfen vielmehr alle Unterrichtsfächer. In der Konsequenz sollen die Kompetenzen im Rahmen unterschiedlicher Erfahrungs- und Lernmöglichkeiten erworben werden können, sowohl auf Basis- als auch auf spezialisiertem Niveau. Perspektivisch sind diesbezüglich auch die KMK-Bildungsstandards sowie die Bildungs- und Lehrpläne der Länder anzupassen. Das zweite Ziel richtet sich darauf, digitale Lernumgebungen so einzusetzen, wie sie pädagogisch sinnvoll erscheinen, sodass durch die neue Spannbreite an Gestaltungsoptionen eine verbesserte Individualisierungsmöglichkeit ebenso gegeben ist wie die Stärkung der Eigenverantwortung im Lernprozess. Gerade der Erwerb dieser Kompetenz stellt eine entscheidende Basis für lebenslanges Lernen dar (KMK 2017). Die Corona-Krise hat in Bezug auf digitale Lernumgebungen massiven Nachholbedarf in nahezu allen Schulformen aufgezeigt und zu einer Beschleunigung bei der Schaffung entsprechender Rahmenbedingungen geführt.

Der Rat für kulturelle Bildung mahnt überdies, Bildungswelten stärker als bislang geschehen zu verschränken. Gerade Jugendliche nutzen in ihrer Freizeit täglich audiovisuelle Medien. Da hier durchaus auch Lern- und Bildungspotenziale gegeben sind, sollten sie gezielt genutzt werden. YouTube bezeichnet der Rat gar als »das größte audiovisuelle Archiv, das es je gab«. Bereits heute geben etwa die Hälfte der für eine Studie befragten Schüler*innen an, YouTube sei für die Schule wichtig oder sogar sehr wichtig. 28 % konstatieren, über entsprechende Videos würden Sachverhalte für sie verständlicher und einprägsamer erklärt als durch Lehrkräfte. Hier gilt es, mit Maß und Ziel vorzugehen. Die Vorteile von Lernvideos liegen auf der Hand: Anders als beim Frontalunterricht ist bei Videos eine Wiederholung zum besseren Verständnis ebenso möglich wie das Überspringen weniger relevanter Passagen. Zudem können individuelle Lernrhythmen und -zeiten berücksichtigt werden. Nicht zuletzt ist für eine gleichbleibende Qualität gesorgt. Ersetzen können sie den persönlichen Kontakt und die lebendige Erfahrung im Unterricht allerdings nicht, vielmehr sind Verschränkungen zu empfehlen, sofern die technische Ausstattung an den Schulen adäquat ist. So kann der Einsatz entsprechender Medien der Wiederholung und Vertiefung bereits erarbeiteter Inhalte dienen, während sich Lehrkräfte die gewonnene Zeit für pädagogische Lernunterstützung und individuelle Angebote nutzen können (Rat für kulturelle Bildung 2019).

Ein Ziel schulischer Bildung soll und muss es zudem sein, regionale und soziale Disparitäten so weit wie möglich zu vermeiden und sowohl schwächere als auch besonders leistungsstarke und begabte Schüler*innen adäquat zu fördern. Dabei besteht die Herausforderung in bevölkerungsarmen ländlichen Regionen, die bereits stark von der demografischen Entwicklung betroffen sind und entsprechend sinkende Schülerzahlen aufweisen, insbesondere darin, ein ausgewogenes und wohnortnahes Angebot aufrechtzuerhalten. Gerade hier kann zeit- oder raumunabhängiges Lernen eine sinnvolle Alternative darstellen (Seeber et al. 2013; van Ackeren et al. 2019). Der Individualisierung von Bildungsangeboten – und damit die Förderung der Schwächeren und Stärkeren gleichermaßen – lässt sich mit einem höheren Maß an Flexibilisierung in Bezug auf Bildungswege und -angebote sowie einem Ausbau der Förderungs- und

Unterstützungsmaßnahmen erreichen. Die heranwachsende Bildungsgeneration weist eine immer höhere Heterogenität auf, sodass eine Zielgruppenausrichtung von Bildungsangeboten unerlässlich erscheint. Schulstrukturelle Veränderungen wie zum Beispiel der Ausbau von Gemeinschafts- oder Gesamtschulen alleine können dies nicht leisten, vielmehr gilt es, Curricula entsprechend auszugestalten, Didaktik und Methodik zu individualisieren und dies mit einer fundierten pädagogischen Diagnostik zu untermauern. Gerade für letzteren Punkt bedarf es einer Professionalisierung von Lehrer*innen und Betreuer*innen (Seeber et al. 2013).

Empfehlenswert ist zudem, die Trennung nach institutionellen Lernorten weiter aufzuheben. Dies ist zum einen dem immer knapper werdenden Zeitbudget von Schüler*innen, aber auch Eltern geschuldet, zum anderen birgt es Chancen einer verstärkten Nutzung gerade musischer, künstlerischer und sportlicher Aktivitäten. Dies kann beispielsweise durch ein Zusammenwirken von Schulen mit Musik- und Kunstschulen sowie Sportvereinen im Ganztagesbereich erfolgen (ebd.). Zudem können sich Kostenvorteile bei der Nutzung entsprechender Angebote ergeben, sodass auch Kindern aus finanziell schlechter gestellten Elternhäusern diesbezüglich mehr Optionen offen stehen.

5.2 Hochschule

In Bezug auf neue Bildungsformen und die Integration digitaler Technologien in das Lernen kommt Hochschulen eine doppelte Funktion zu. So sind sie einerseits diejenigen, die zu diesem Thema forschen, entwickeln und es treiben, da sie die Fach- und Führungskräfte von morgen ausbilden und als wissenschaftliche Partner von Politik und Wirtschaft agieren, andererseits sind sie jedoch auch selbst gefordert, ihren Lehrbetrieb entsprechend auf die neuen Möglichkeiten und Herausforderungen umzustellen. Die Vor- und Nachteile einer zunehmenden Digitalisierung der akademischen Lehre gestalten sich ähnlich wie im schulischen Bereich. So lassen sich im positiven Fall individuelle Bedürfnisse und Lernvoraussetzungen besser berücksichtigen und zeit- sowie ortsunabhängiges Lernen wird erleichtert. Hinzu kommen im akademischen Bereich der Vorteil einer Unterstützung des lebenslangen Lernens durch entsprechende Erhöhung der Reichweite, individualisierte und lebensphasenorientierte digitale Angebote und die Verbesserung der Sichtbarkeit und Attraktivität deutscher Hochschulen auch im internationalen Kontext. Zudem lassen sich forschungsgetriebene Inhalte besser in die Lehre integrieren, beispielsweise durch digitale Simulationen oder virtuelle Labore. Ebenso wie im schulischen Bereich ist eine reine Online-Lehre weder umsetzbar noch wünschenswert, vielmehr bedarf es einer sinnvollen Kombination mit Präsenzangeboten. Ziel der Hochschulen sollte es sein, Student*innen zu einem kritischen und reflektierten Umgang mit neuen Techniken zu befähigen, ihnen aktuelle Kommunikations- und Arbeitsformen zu vermitteln und sie damit auf die Anforderungen ihres künftigen Berufslebens vorzubereiten. Zudem bietet sich die Möglichkeit, Student*innen aktiv an Lehr-Lern-Prozessen zu beteiligen (KMK 2017). Der Reifegrad bezüglich der Integration digitaler Technologien in die Lehre ist zwischen den einzelnen Institutionen der akademischen Lehre allerdings äußerst unterschiedlich (Ehlers u. Kellermann 2019; KMK 2017).

Auch hier deckte die Corona-Krise einige Missstände auf und beförderte zugleich einen immensen Innovationsschub.

Über den Aspekt der Digitalisierung hinaus kommt der akademischen Bildung in Bezug auf die Zukunft des Lernens eine entscheidende Rolle zu. In struktureller Hinsicht geht es dabei nach Ansicht der Expert*innen im Future Skills Delphi-Survey (Ehlers u. Kellermann 2019) vor allem darum, akademisches Lernen als einen Prozess zu etablieren, der in unterschiedlichen Phasen des Lebens wiederholt stattfinden kann, und sich von der Vorstellung zu lösen, dass akademisches Lernen in einer Institution stattfinden muss, sondern vielmehr die Vorstellung eines »Patchwork« an unterschiedlichen Institutionen zu fördern. Voraussetzung hierfür ist allerdings eine Weiterentwicklung von Strukturen, um erreichte Bildungserfolge, die sogenannten Credits, von einer Institution zur nächsten zu transferieren sowie von kleinteiligen Qualifikationsstufen und Leistungsnachweisen. Mit Bezug zur pädagogischen Ausgestaltung des akademischen Lernens werden in den kommenden fünf bis zehn Jahren nach Einschätzung der Befragten Kriterien wie eine veränderte Herangehensweise bei Assessments, Peer-Validation, Lerngemeinschaften und das Fokussieren von Wissen als zentraler Zukunftskompetenz in interaktiven und gemeinschaftlichen kreativen Lernumgebungen eine entscheidende Rolle spielen (Abb. 26; Ehlers u. Kellermann 2019).

Die zentralen Treiber künftiger Veränderungen der akademischen Bildung sind nach Ansicht der Expert*innen der o. g. Delphi-Befragung die Folgenden (ebd.):

1. Der zunehmende Fokus auf Zukunftskompetenzen verändert die bisherigen Anforderungen an Absolvent*innen; das heißt, es wird nicht länger darum gehen, akademisches Wissen zu erwerben, um korrekte Antworten auf bekannte Fragen geben zu können, auf der Basis eines Curriculums, das sich auf vorab definierte Kompetenzen für bestimmte Berufsbilder bezieht.
2. Akademische Bildung wird immer mehr zu einer Erfahrung in unterschiedlichen Institutionen; das heißt, während bislang der Fokus in der Regel auf einer Institution lag, ist ein künftig multi-institutionelles Modell denkbar, das aus Allianzen unterschiedlicher Bildungsinstitutionen besteht.
3. Student*innen stellen sich ihre eigenen individualisierten Curricula zusammen. Mit zunehmenden Wahlmöglichkeiten in Bezug auf akademische Angebote findet eine Veränderung weg von vorgegebenen Gesamtpaketen hin zu einem flexibleren, individualisierten und partizipatorischen Modell statt, das es Student*innen ermöglicht, sich aktiv mit Professor*innen, Lehrer*innen sowie Berater*innen über den Aufbau ihres persönlichen Curriculums auszutauschen.
4. Akademische Institutionen werden immer mehr Angebote in Bezug auf lebenslanges Lernen machen; das heißt, das traditionelle Angebot, Student*innen im Vorfeld des Berufslebens auf dieses vorzubereiten, wird durch berufsbegleitende Angebote im Sinne des lebenslangen Lernens ergänzt.

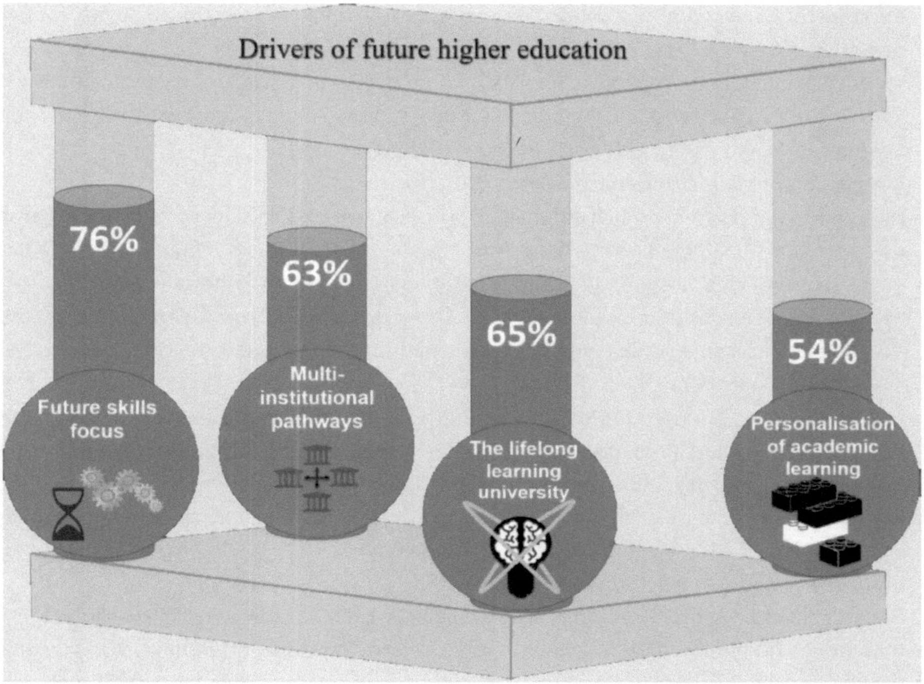

Abb. 26: Treiber einer zukunftsorientierten akademischen Bildung (Ehlers u. Kellermann 2019, S. 4)

Aus dem Delphi lassen sich neun Empfehlungen zur Umsetzung einer Strategie zur Förderung der Zukunftskompetenzen in der akademischen Bildung ableiten (Ehlers u. Kellermann 2019):

- **Kulturveränderung innerhalb der Institutionen akademischer Bildung**
  Dies beinhaltet zum einen eine Erhöhung des Bewusstseins der Stakeholder (Student*innen, Lehrer*innen sowie Verantwortliche aus Industrie und Politik) dafür, dass es wichtig ist, sich stärker auf Zukunftskompetenzen zu fokussieren. Dafür bedarf es allerdings vorab einer klaren Definition dieser Zukunftskompetenzen. Eine mögliche Herangehensweise könnte es sein, Pflichtmodule zur Vermittlung dieser Kompetenzen in alle Curricula aufzunehmen, um allen Student*innen die Möglichkeit zu geben, sie zu entwickeln. Ein anderer Ansatz wäre es, die Curricula auf Basis der Anforderungen der Stakeholder neu zu gestalten. Die Vermittlung der entsprechenden Zukunftskompetenzen kann als Aufgabe der Lehrer*innen angesehen werden, aber auch über spezielle Schulungszentren geschehen. Diese müssten hierfür allerdings erst aufgebaut werden.
- **Verbreitung von erfolgreichen Praxisbeispielen, um die Implementierung zu fördern**
  Einrichtungen der akademischen Bildung betreiben Öffentlichkeitsarbeit vielfach weniger in Bezug auf ihre Lehrtätigkeiten als vielmehr auf Forschungsergebnisse. Es wird die Anregung gegeben, auch gute und innovative Lehrmethoden stärker zu incentivieren.

- **Verstärkter Einsatz digitaler Möglichkeiten in Bezug auf die Infrastruktur sowie das Lernen und Lehren**
  Voraussetzung für einen Erfolg dieser Maßnahme ist allerdings, dass die Lehrer*innen entsprechend ausgebildet und unterstützt werden, um die Fähigkeiten und das Wissen zum adäquaten Umgang mit der Digitalisierung zu besitzen.
- **Einführung neuer Methoden zur Leistungsüberprüfung**
  Die Expert*innen sprechen sich dafür aus, die bisherige Praxis, Inhalte zu vermitteln, um sie dann in Tests abzufragen, durch neue Methoden abzulösen. Diese sollten nicht mehr länger ausschließlich ermitteln, ob Student*innen in der Lage sind, Inhalte auswendig zu lernen und wiederzugeben, sondern vielmehr, ob sie das Erlernte anwenden und bestimmte Kompetenzen zeigen können. Auch bereits vorhandenes Wissen bzw. Kompetenzen sollten stärker Berücksichtigung finden.
- **Motivieren der Lehrer*innen durch Schulungen, Unterstützung und Bewusstseinsbildung im Hinblick auf die Bedeutung der Entwicklung von Zukunftskompetenzen**
  Die Auswahl von Lehrer*innen sollte nicht vor dem Hintergrund ihrer Erfolge in der Forschung erfolgen, sondern vielmehr gilt es nach einer guten Balance zwischen den Fähigkeiten als Forschende*r und Lehrende*r zu suchen.
- **Etablierung neuer Lehr- und Lernformate**
  Hierzu gehört zum einen der Wandel von einem Lernen, das die Lehrer*innen in den Mittelpunkt stellt, hin zu einem Lernen mit den Student*innen im Mittelpunkt. Zum anderen sollte ein ganzheitlicher Ansatz verfolgt werden, der die Student*innen nicht für bestimmte Abschlüsse ausbildet, sondern vielmehr ihr Kompetenzprofil insgesamt schärft. Möglichkeiten hierfür können Gruppenarbeiten ebenso sein wie projekt- und kontextbasierte Lernansätze sowie Projekte »aus dem echten Leben« oder solche, die dem sehr nahekommen. Es gilt, Raum für Reflektion, Kreativität und Interdisziplinarität zu schaffen. Dazu bedarf es allerdings in vielen Fällen einer Reduzierung von Gruppengrößen.
- **Förderung eines engeren Austauschs von Lehrer*innen und Lernenden zur Intensivierung der Lernerfahrung**
  Zentrale Voraussetzung hierfür ist eine Aufstockung des Lehrpersonals zum Erreichen eines besseren zahlenmäßigen Verhältnisses zwischen Lehrer*innen und Student*innen.
- **Schlüsselrolle der Regierung**
  Es gilt, die Zukunftskompetenzen und neuen Konzepte auch zum Teil nationaler Bildungsstrategien und Zertifikate zu machen. Dabei gehen die Meinungen dazu auseinander, wie viel Standardisierung sinnvoll erscheint.
- **Verstärkung der Kooperationen zwischen Anbietern akademischer Bildung, der Wirtschaft und der Regierung**
  Der »Blick über den Tellerrand« der eigenen Institution kann helfen, neue Ideen zu generieren und Synergieeffekte zu erzeugen. Gerade im Austausch mit der Wirtschaft kann definiert werden, welche Kompetenzen tatsächlich gebraucht werden. Zudem kann es gemeinsame Pläne dahingehend geben, wie die Förderung dieser Kompetenzen gelingen kann.

Ein wichtiger Aspekt ist auch die Interdisziplinarität, die in Studiengängen stärker als bisher gefördert werden sollte. So sollten entscheidende Kenntnisse und Kompetenzen, die auch disziplinenübergreifend Gültigkeit besitzen, im Fokus stehen (Acatech 2016).

5.3 Ausbildung (Berufsschule)

Ähnlich wie beim schulischen und akademischen Lernen, steht auch bei der Ausbildung in der Berufsschule das Ziel einer individuellen Förderung im Fokus, um Benachteiligungen zu vermeiden und Stärken und Potenziale zu unterstützen. So soll es jeder und jedem Lernenden möglich sein, die eigene Persönlichkeit zu entfalten und die eigene Handlungskompetenz zu erweitern. Zudem sollten Berufsschüler*innen zunehmend dazu in der Lage sein, ihr Lernen selbst zu steuern und zu verantworten (Brand et al. 2019). Janssen et al. (2018) betonen darüber hinaus die Notwendigkeit einer Modernisierung der Ausbildung vor allem im Hinblick auf die Entwicklung neuer Berufe, die Überarbeitung von Ausbildungsverordnungen sowie die grundsätzliche methodisch-didaktische Gestaltung. Es gilt, in die definierten Berufsbilder fächerübergreifende Kompetenzen zu integrieren und mehr Flexibilität beim Wechsel zwischen Ausbildungsberufen zu ermöglichen (Vodafone Stiftung u. Fraunhofer ISI 2016).

Hinzu kommt der Umstand, dass sich Unternehmen und Berufsschulen infolge des demografischen Wandels und des Trends zur Akademisierung in zunehmendem Maße der Situation gegenübersehen, auch leistungsschwächere Jugendliche, die in der Vergangenheit eher nicht als Auszubildende aufgenommen worden wären, zu integrieren. Um Ausbildungsabbrüche zu vermeiden, bedarf es hier zusätzlicher Anstrengungen im Sinne von Förderung und Unterstützung sowie Kooperationen mit externen Bildungsträgern. Idealerweise sollte die Unterstützung schon bei einem entsprechenden Übergangsmanagement zwischen Schule und Beruf ansetzen. Auch abschlussorientierte modulare Qualifizierungsbausteine im Rahmen eines Ausbildungsberufs oder einer Berufsgruppe erscheinen zielführend. Ebenso kann eine Verstärkung des raum- und zeitunabhängigen Lernens für Auszubildende zu einer Erhöhung der Attraktivität von Ausbildung und einer verbesserten Integration von Jugendlichen aus Regionen mit einer eingeschränkten Infrastruktur führen. Bildungsfachleute fordern auch bereits seit Jahren, berufliche Bildung und Hochschulbildung stärker miteinander zu verzahnen, um eine Konkurrenzsituation zu vermeiden, denn nicht selten beziehen sich diese auf ähnliche oder gleiche Qualifizierungsfelder, und auch der Adressatenkreis ist zum Teil identisch. Eine Verzahnung ist zum einen durch alternative Studienformen wie ein duales oder berufsbegleitendes Studium oder auch Fernstudien denkbar, zum anderen durch eine weitere Erhöhung der Durchlässigkeit zwischen beruflicher Bildung und Hochschulbildung (z. B. durch Anrechnungsverfahren) (Seeber et al. 2013).

Der Berufsbildungspakt, der einen Teil zur Umsetzung der Nationalen Weiterbildungsstrategie bildet, verfolgt infolgedessen mehrere Ziele (BMBF 2019):

1. Rahmenbedingungen modernisieren (Digitalisierung, offen für Neues),
2. Durchlässigkeit und Transparenz verbessern durch mehr Angebote der Berufsorientierung, Vereinheitlichung von Abschlussbeziehungen und Erleichterung von Aufstiegsmöglichkeiten,
3. Infrastruktur modernisieren (technologischer Ausbau von Bildungsstätten),
4. Personal qualifizieren (Digitalisierung und Heterogenität der Lernenden),
5. die Ausbildungsleistung von KMU erhalten durch Unterstützung bei der Anbietung von Ausbildungsplätzen,
6. alle Potenziale nutzen, indem Menschen ohne bisherigen Ausbildungserfolg beim Erwerb von Qualifikationen und eines Abschlusses unterstützt werden,
7. die internationale Perspektive stärken, indem die Auslandsmobilität von Auszubildenden und der Erwerb interkultureller, fachlicher, sozialer und fremdsprachlicher Kompetenzen ausgebaut werden.

Brand et al. (2019) haben ein Basismodell zur individuellen Förderung an beruflichen Schulen entwickelt. Dabei werden die Maßnahmen den drei Handlungsfeldern pädagogische Diagnose und Lernwegeplanung, Lernzeitgestaltung sowie Reflexion zugeordnet, wobei die Übergänge fließend sind. Eine solche individuelle Förderung im Bereich der Ausbildung sollte ganzheitlich und auf Dauer angelegt sein. Zunächst gilt es, die individuellen Lernvoraussetzungen der Lernenden zu erfassen, die Passung von Lern- und Aufgabenanforderungen zu ermitteln und in Abstimmung mit den bestehenden Lernstandards und -zielen passgenaue Lernwege zu entwickeln (Schritt 1 der individuellen Förderung = pädagogische Diagnose und Lernwegeplanung). Hierzu eignen sich Instrumente wie beispielsweise diagnostische Interviews, Selbsteinschätzungen der Lernenden oder Beobachtungsverfahren, aber auch Lerntagebücher oder Testverfahren (Fischer et al. 2014). Die entwickelten Lernwege beziehen sich insbesondere auf die gewählten Lerninhalte und die Gestaltung der Lernprozesse, also darauf, welche Maßnahmen in welchem Zeitraum erfolgen sollen und wie deren Erfolg beurteilt werden kann. Dabei werden die Lernenden begleitet und unterstützt. Es bietet sich auch an, sie bereits in die Planung des Lernwegs mit einzubeziehen, um sie zu motivieren und ihnen ein tieferes Verständnis für die Lernziele zu vermitteln. Der Unterricht sollte so gestaltet werden, dass zeitgleich individuell unterschiedliche Lernprozesse ablaufen können. Zudem gilt es, differenzierte, auf einzelne Lernende zugeschnittene Lernziele zu formulieren, die idealerweise Mindest-, Regel- und Maximalanforderungen beinhalten sollten. Das heißt, es können Mindestanforderungen für alle gelten, die durch höher gesteckte Ziele im Sinne von Regelstandards für manche Lernende ergänzt werden und schließlich Maximalstandards für die leistungsstärksten Lernenden. Eine weitere Differenzierung kann bezüglich der Quantität und Qualität der Lerninhalte im Unterricht erfolgen, und schließlich lassen sich auf der Lernprozessebene Unterschiede über das Unterrichts- bzw. Lerntempo, die zugewiesene Lernzeit, Medien bzw. Methoden oder auch Unterstützung und Hilfestellung realisieren. So besteht ein Ansatz für schwächere Lernende darin, ihnen zeitlich unbegrenzt die Möglichkeit zu geben, sich so lange mit dem Lehrstoff auseinanderzusetzen, bis der Lernerfolg eintritt (sog. Mastery Learning nach Carroll 1963). Allerdings lässt sich dieser im Alltag vielfach kaum umsetzen (Schritt 2 der individuellen Förderung = Implementierung von Fördermaßnahmen/Lernzeitgestaltung). Nicht zuletzt muss überprüft werden, ob die vorab gesetzten Ziele der Maßnahmen erreicht wurden und wie weiter verfahren werden soll. Diese Evaluation kann formativ, also im Lernprozess selbst, oder auch summativ als abschließendes Gesamturteil erfolgen. Auch bezüglich der Aspekte, die in die Bewertung einfließen, und der Methoden zur Leistungsfeststellung besteht ein breites Gestaltungsspektrum (Reflexion des Erfolgs der Maßnahme) (Brand et al. 2019).

Als zentrale Voraussetzung wird eine gute Beziehung zwischen Lehrer*innen und Lernenden erachtet. Hierbei kommt es insbesondere auf eine zugewandte und unterstützende Haltung der Lehrer*innen und ein konstruktives Unterrichtsklima an, das auf gegenseitigem Vertrauen beruhen sollte. Dabei liegt der Zusammenhang zugrunde, dass Lernen dann besonders gut gelingt, wenn es mit positiven Emotionen, Anerkennung, Selbsttätigsein und Selbstbestimmung einhergeht (Bauer 2008; Spitzer 2011) und hierdurch die Motivationssysteme im Gehirn aktiviert werden. Vertrauen stärkt das Selbstwertgefühl und den Lernwillen. Des Weiteren ist es von entscheidender Bedeutung, dass Lehrer*innen in der Lage sind, sich in die Perspektive der Lernenden hineinzuversetzen und einerseits bestimmt und als Leitfigur aufzutreten und eine gewisse Distanz zu wahren, jedoch gleichzeitig freundlich und einfühlsam zu agieren und Nähe zu vermitteln. Ein weiterer entscheidender Punkt ist die Gestaltung der Lernprozesse und dabei auch die Wahl des jeweils passenden Instrumentariums. Im Bereich der pädagogischen Diagnostik und Lernwegeplanung gilt es, passende Beobachtungskriterien festzulegen und Diagnoseinstrumente entsprechend des konkreten Anlasses, des spezifischen Fokus und des Zeitpunkts auszuwählen. Digitale Instrumente können sowohl die Auswertung als auch die Veranschaulichung der Ergebnisse unterstützen. Selbsteinschätzungen der Lernenden spielen insofern eine Rolle, als sie die Selbstlernkompetenz und Selbstkompetenz stärken.

Im Berufsschulbereich können entsprechende diagnostische Verfahren beispielsweise direkt zu Beginn Anwendung finden, um den jeweiligen Lernstand zu eruieren, und dann in regelmäßigen Abständen und im Sinne von Lernstandserhebungen zur Sicherstellung einer Rückmeldung an die Lernenden und zur individuellen Entwicklung und Optimierung der Prozesse und der Erlangung von Kompetenzen. Hierzu eignen sich die üblichen Leistungsnachweise, die in den Kontext zu einzelnen Lernschritten gesetzt werden sollten, um den Erfolg zu überprüfen und ggf. Anpassungen vorzunehmen. Die Unterrichtsgestaltung selbst besteht aus einer Kombination von Methoden, Sozial- und Organisationsformen, die idealerweise ebenfalls Individualität zulassen sollten. So bieten sich beispielsweise Phasen an, in denen die Lernenden nach Impulsen oder Informationsphasen durch die Lehrkraft nach ihren eigenen Bedürfnissen weiterarbeiten können. Die in diesen Phasen erarbeiteten Ergebnisse werden dann wiederum in den gemeinsam gestalteten Phasen präsentiert, diskutiert und bewertet. Je vielfältiger die Lernangebote sind, desto eher gelingt es, auf individuelle Lernpräferenzen und -möglichkeiten der Lernenden adäquat eingehen zu können. Hier kommen Angebote wie ergebnisoffene Aufgabenstellungen, Aufgaben mit unterschiedlichen Lernzugängen oder Schwierigkeitsgraden oder auch das Arbeiten mit unterschiedlichen Lernhilfen infrage. Dabei bieten sich nicht zuletzt im digitalen Bereich Möglichkeiten zusätzlicher Lernimpulse oder -hilfen. Indem das Lernprodukt, der Lernprozess und das Lernhandeln regelmäßig reflektiert werden, soll das Lernen sichtbar werden und es bieten sich Anregungen für das weitere Vorgehen. Auch hierfür stehen unterschiedliche Methoden zur Verfügung, unter anderem die Selbsteinschätzung des eigenen Leistungsniveaus, Feedback oder formative Evaluation, das heißt, die Perspektiven von Lehrer*innen und Lernenden sollten zueinander in Bezug gesetzt werden. Als geeignete Lehr- bzw. Lernarrangements gelten solche, die...

- ... eine problemhaltige Situation mit Praxis- und Berufsbezug aufgreifen,
- ... einen situativen Wissenserwerb ermöglichen,
- ... die Theoriebildung auf der Grundlage der Praxiserfahrungen ermöglichen,
- ... fachliche mit überfachlichen Kompetenzen verbinden,
- ... eine vollständige, abgeschlossene Handlung verfolgen,
- ... Lernen als Ergebnis des eigenen Handelns erlauben,
- ... auf ein konkretes Handlungs- bzw. Lernergebnis zielen,
- ... die Kooperation zwischen den Lernenden fördern,
- ... individuelle Lernwege durch unterschiedliche Zugänge und Lösungen erlauben und
- ... die Reflexion der Lernwege und Lernprozesse ermöglichen (Brand et al. 2019).

Dabei sollten Lernsituationen als didaktische Bezugspunkte genutzt werden, die für die spätere Berufsausübung wichtig sind. Zudem gilt es, vollständige Lernhandlungen zu ermöglichen, die die Lernenden möglichst selbst ausführen oder zumindest gedanklich nachvollziehen, und nicht zuletzt auch Erfahrungen der Lernenden aufzugreifen und in Bezug auf ihre gesellschaftlichen Auswirkungen zu reflektieren. Dabei spielen der Aufbau oder die Festigung überfachlicher Kompetenzen und Selbstlerntechniken eine entscheidende Rolle. Zielführend können beispielsweise offene Lernzeiten sein, in denen eigenbestimmt gelernt wird, oder auch Wochenpläne zur Vorgabe einer gewissen Struktur. Die Differenzierung von Lernaufgaben in Bezug auf Komplexität, Hilfen und Abstraktionsgrad unterstützt kognitive Denkprozesse auf individuellem Niveau und ermöglicht selbstwirksame Lernerfolge. Essentiell für das Gelingen individueller Förderung ist auch ein konzertiertes Vorgehen aller Lehrkräfte und die gründliche Vorbereitung sowie konsequente Umsetzung schulischer Lernkonzepte (Brand et al. 2019).

Die KMK legt den Kompetenzrahmen, der bereits für die allgemeinbildenden Schulen beschrieben wurde, auch für Berufsschulen zugrunde. Sie beschreibt darüber hinaus insbesondere die folgenden Zieldimensionen für Berufsschulen (KMK 2017):

- **Anwendung und Einsatz von digitalen Geräten und Arbeitstechniken**
  Hierbei geht es darum, die Kompetenz dafür zu vermitteln, Entscheidungen über einen zielgerichteten Einsatz bezüglich der Automatisierung von Prozessen treffen zu können.
- **Personale berufliche Handlungsfähigkeit**
  Absolvent*innen sollten darauf vorbereitet sein, dass monotone bzw. einfache Tätigkeiten vermehrt durch intelligente Systeme unterstützt bzw. sogar ersetzt werden und stattdes-

sen die Bedeutung kreativer und sozialer Tätigkeiten steigt. Darüber hinaus wird qualifizierte Arbeit zunehmend spezialisiert.

- **Selbstmanagement und Selbstorganisationsfähigkeit**
  Lebenslanges Lernen wird zur Grundvoraussetzung für ein erfolgreiches Arbeitsleben. Absolvent*innen müssen auf die Notwendigkeit vorbereitet sein, ihr Können und ihre Kompetenzen stetig anzupassen und eigenverantwortlich den eigenen Berufsweg in einer zunehmend digitalen Welt zu gestalten.
- **Internationales Denken und Handeln**
  Die Arbeitswelt ist zunehmend globalisiert, weltweit sind Unternehmen, ihre Beschäftigten und auch ihre Prozesse miteinander vernetzt. Dies erfordert einerseits Fachwissen in Bezug auf internationale Rahmenbedingungen, andererseits aber auch interkulturelle Kompetenzen und Fremdsprachenkenntnisse.
- **Projektorientierte Kooperationsformen**
  Auch auf eine Zunahme projektorientierter Kooperationen zur Lösung komplexer Problemstellungen im digitalen Austausch müssen Absolvent*innen vorbereitet sein.
- **Datenschutz und Datensicherheit**
  Eine hohe Bedeutung nimmt auch die Pflege und Sicherung von Daten und Dokumenten ein. Dabei geht es nicht zuletzt darum, alle Bestimmungen zu Datenschutz und Datensicherheit zu kennen und zu beachten.
- **Kritischer Umgang mit digital vernetzten Medien und den Folgen der Digitalisierung für die Lebens- und Arbeitswelt**
  Aufgabe der Berufsschulen ist es nicht zuletzt, ihren Schüler*innen einen verantwortungsbewussten Umgang mit den Chancen und Risiken der digital vernetzten Medien zu vermitteln.

5.4 Weiterbildung außerhalb des Betriebs

Im Sinne des lebenslangen Lernens kommt der Erwachsenenbildung eine immense Bedeutung zu. Auf betriebliche Weiterbildungsangebote wird an anderer Stelle eingegangen, während es hier es um Erwachsenenbildung außerhalb des Betriebes bzw. organisiert unabhängig von der Berufstätigkeit gehen soll. Der Umstand, dass Bildung immer stärker in den gesamten Lebenszyklus integriert werden muss und nicht mehr überwiegend in isolierten vorberuflichen Zeitfenstern stattfindet, bedingt auch die Veränderung der institutionellen Rahmenbedingungen und der Ausweitung der Angebotspalette hin zu einer stärkeren Individualisierung und Selbststeuerung unter Zuhilfenahme der Möglichkeiten der Digitalisierung (Seeber et al. 2013).

Charakteristisch für Weiterbildung im Erwachsenenalter sind folgende Aspekte (KMK 2017):

- hohe Diversität der Lernenden in Bezug auf das Alter, die Vorqualifikation, die Interessen und Lernziele sowie den biografischen und beruflichen Hintergrund,
- geringer Formalisierungsgrad und kaum Vorgaben zu Curricula, Prüfungsanforderungen etc. bei öffentlich verantworteter Weiterbildung,

- geringe staatliche Regulierung im Vergleich zu Schul-, Hochschul- und Berufsausbildung,
- immense Pluralität der Weiterbildungsangebote mit unterschiedlichen Bildungseinrichtungen (staatlich, privat, öffentlich, gemeinnützig, gewinnorientiert, kirchlich, gewerkschaftlich etc.) und meist nebenberuflich tätigen Dozierenden.

Eine große Herausforderung stellt es insofern dar, verbindliche Qualitätsstandards zu etablieren, die dabei helfen, zwischen zahllosen unterschiedlichen Angeboten eine Auswahl zu treffen, die für die individuelle Situation geeignet ist. In diesem Zusammenhang gilt es auch, über Zertifikate nachzudenken, die bei Jobsuche oder -wechsel verlässlich sind und allgemein anerkannt Auskunft über die erworbenen Qualifikationen geben (Vodafone Stiftung u. Fraunhofer ISI 2016).

Nicht selten ist das Leistungsportfolio von Bildungsanbietern noch eher traditionell geprägt. Im Zuge der Notwendigkeit lebenslangen Lernens und der Integration von Lernzeiten in den beruflichen Alltag sollten jedoch intelligente Modelle gefunden werden, um beide Ansprüche miteinander zu verknüpfen. »Ein mögliches neues Geschäftsmodell für freie Bildungsanbieter ist das situationsbezogene, individualisierte Lernen am Arbeitsplatz, sowie ›on demand‹. Gefragt sind innovative und flexible Angebote, die sich in den Arbeitsprozess integrieren lassen und situations- beziehungsweise personenspezifisch Informationen und Lerninhalte bereitstellen.« (Acatech 2016)

Dabei besteht eine große Chance darin, durch digitale Lernangebote Berufstätigen eine flexiblere zeitliche und räumliche Gestaltung von Weiterbildung zu ermöglichen und auch Gruppen stärker als bisher einzubeziehen, denen die regelmäßige Teilnahme an ausschließlich präsenzgebundenen Lernformaten nicht möglich ist (z. B. Menschen in Eltern- oder Pflegezeit). Hinzu kommt, dass die Optionen für individualisierte Lernangebote immens gestiegen sind, sodass es leichter wird, Menschen unabhängig von ihrem Lebensalter oder ihren Bildungsvoraussetzungen ein Lernen gemäß ihren Möglichkeiten, in dem von ihnen gewählten Tempo und Rhythmus zu ermöglichen. In diesem Bereich ebenso wie in vielen anderen gilt jedoch auch, dass es ratsam ist, Online-Lernen mit Präsenzphasen zu kombinieren, um den immer heterogener werdenden Bildungsgruppen breite Nutzungsmöglichkeiten (Ort, Zeit, Vorkenntnisse) zu bieten. Voraussetzung ist auch hier eine entsprechende Infrastruktur für einen verzögerungsfreien Zugriff auf Lerninhalte und die Nutzung zentraler Lernplattformen zum Austausch von Medien und zur Kooperation. Der rechtliche Rahmen und die IT-Sicherheit, d. h. insbesondere Fragen des Datenschutzes, der Datensicherheit sowie des Urheber- und Lizenzschutzes, müssen gewahrt sein. Ebenfalls als bedeutsam wird die Beratung von Lernenden bezüglich des richtigen Angebotes sowie von Bildungsanbietern im Hinblick auf Konzipierung von Lernangeboten und -plattformen, Kooperation und Rechtsfragen angesehen (KMK 2017). Zudem ist auf einen barrierefreien Zugang auch digitaler Lernangebote zu achten. Diese sollten übersichtlich und verständlich gestaltet und leicht zugänglich sein (Bong u. Chen 2016; Iniesto et al. 2016; Birkelbach et al. 2019).

5.5 Lehrende in Bildungsinstitutionen

Neue Möglichkeiten des Lernens erfordern unweigerlich auch neue Tätigkeiten und neue Rollen von Lehrer*innen im Hinblick auf eine stärkere Verantwortungsübernahme, Partizipation und Selbstorganisation. Diese neuen Möglichkeiten beziehen sich insbesondere auf

- räumlich und zeitlich entgrenztes Lernen,
- adaptives und individualisiertes Lernen,
- kooperative und kollaborative Lernsettings,
- interdisziplinäres und ganzheitliches Lernen,
- kognitive Aktivierung und
- problem- und handlungsorientiertes Lernen (van Ackeren et al. 2019; Scheiter 2017; Eickelmann u. Gerick 2017; Birkelbach et al. 2019).

Auf einige der Implikationen in Bezug auf eine stärkere Individualisierung des Lehrangebots und die Berücksichtigung höherer Freiheitsgrade wurde bereits im Abschn. 5.4 eingegangen. Zudem müssen sich Lehrer*innen den Herausforderungen im Kontext der Digitalisierung stellen. So sollten Lehrer*innen in der Lage sein,

- kontinuierlich ihre eigene allgemeine Medienkompetenz weiterzuentwickeln,
- zu erkennen, welche Bedeutung Medien und Digitalisierung in der Lebenswelt der Schüler*innen einnehmen, und entsprechend medienerzieherisch wirksame Konzepte zu entwickeln, um ihnen die o. g. erforderlichen Kompetenzen zu vermitteln,
- den Einsatz digitaler Medien und Werkzeuge für den Unterricht zu planen, durchzuführen und zu reflektieren,
- die Möglichkeiten digitaler Medien im Hinblick auf Lerntheorie und Didaktik für die individuelle Förderung innerhalb und außerhalb des Unterrichts zu nutzen,
- auf Basis entsprechender Qualitätskriterien Materialien und Programme aus der Vielzahl angebotener Bildungsmedien auszuwählen, die für die eigene Arbeit am besten geeignet sind,
- die Schüler*innen dabei zu unterstützen, etwas über die digitalen Medien zu lernen sowie mit ihnen zu lernen und zu gestalten, und sie dazu zu befähigen, kritisch aus dem Angebot die passenden Tools auszuwählen und zu nutzen,
- sich mit anderen Lehrkräften sowie sonstigen schulischen und außerschulischen Fachleuten bezüglich der Planung und Gestaltung von Unterricht auszutauschen und mit ihnen gemeinsam Angebote zu entwickeln und durchzuführen,
- sich mit aktuellen Forschungsergebnissen bezüglich Bildung in der digitalen Welt auseinanderzusetzen und
- durch entsprechende Kenntnisse im Hinblick auf Urheberrecht, Datenschutz, Datensicherheit und Jugendmedienschutz den Unterricht als sicheren Raum zu gestalten und den Schüler*innen die Kompetenz zu vermitteln, selbst bewusst und überlegt mit den digitalen Medien und ihren Daten in digitalen Räumen umzugehen und sich der Folgen des eigenen Handelns bewusst zu sein (KMK 2017).

Hierzu sei angemerkt, dass die Corona-Krise des Jahres 2020 nahezu alle Lehrer*innen vergleichsweise unvorbereitet vor die Herausforderung stellte, ihr Portfolio digital zu gestalten. Während gerade im Hochschulbereich bereits gewisse Vorerfahrungen mit digitalen Lernplattformen existierten, waren diese für die meisten allgemeinbildenden Schulen und Berufsschulen noch Neuland. Hinzu kommt der Umstand, dass Lehrkräfte in der Regel nicht über Endgeräte verfügen, die ihnen von ihren Arbeitgebern zur Verfügung gestellt werden, da der Großteil ihrer Tätigkeit vor Ort in den Klassenräumen erfolgt. 90 % der Lehrkräfte nutzen private Geräte. Basierend auf den Ergebnissen einer repräsentativen Mitgliederbefragung, die noch vor den Schulschließungen im März 2020 durchgeführt wurde, kritisiert die Gewerkschaft Erziehung und Wissenschaft (GEW 2020) die Voraussetzungen für digitalen Unterricht in Deutschland als unzureichend. Dies betrifft sowohl die technische Ausstattung als auch die entsprechende Fortbildung von Lehrkräften.

Für die Aus- und Weiterbildung von Lehrer*innen gilt grundsätzlich: »Ziel einer zukunftsweisenden Lehrerbildung muss es sein, alle in der Schule Tätigen so zu qualifizieren und darüber hinaus bereits in der Lehrerausbildung entsprechend vorzubereiten, dass sie sich mit stetig wandelnden Anforderungen auseinandersetzen und Potenziale für neue Lernwege erschließen, sie reflektieren und Kompetenzen erwerben, diese stetig weiterzuentwickeln.« (van Ackeren et al. 2019, S. 107). Dies gelingt mit entsprechenden Lernsettings sowohl in den ausbildenden Hochschulen als auch in den Institutionen der zweiten Ausbildungsphase. Zu vermitteln ist medienpädagogische, fachdidaktische und informatische Kompetenz (ebd.).

5.6 Zusammenfassende Betrachtung

Bildung und Lernen in Schule, Hochschule und außerschulischen Bildungseinrichtungen sieht sich im Zuge der allgemeinen Trends und Entwicklungen, allen voran der Digitalisierung, erheblichen Veränderungen gegenüber:

- Die Arbeitswelt von morgen erfordert aufgrund ihrer hohen Dynamik und Volatilität die Fähigkeit, sich einem stetigen Wandel der Rahmenbedingungen und Anforderungen anzupassen. Die Vermittlung von Fähigkeiten wie Selbststeuerung, Handlungskompetenz und Eigenverantwortung für das lebenslange Lernen gilt es daher bereits von der ersten Lernstation eines Lebens – der allgemeinbildenden Schule – an voranzutreiben.
- Durch Globalisierung und Digitalisierung wird Wissen immer schneller verfügbar und auch obsolet, die Innovationszyklen verkürzen sich, immer neue Technologien bestimmen das Leben, Lernen und Arbeiten. Die Herausforderung gerade im Hochschulbereich besteht daher darin, stets auf dem neuesten Stand der technologischen und wissenschaftlichen Entwicklungen zu bleiben und diese möglichst zeitnah in die Lehre zu integrieren.
- In zunehmendem Maße wird die Digitalisierung maßgeblich die Anforderungen an Arbeit und Arbeitende bestimmen. Medien- und Digitalisierungskompetenzen sollten daher als Querschnittsthemen bereichs- und fachübergreifend in allen Bildungsstationen umfassend vermittelt werden. Ziel muss es sein, digitale Basiskompetenzen zu einer Selbstverständ-

lichkeit für alle künftigen Arbeitnehmer*innen zu machen. Dazu gehören auch Fähigkeiten wie die zur kritischen Reflektion digitaler Inhalte, zum Umgang mit Informationsüberflutung oder zu interdisziplinärem Denken und Handeln.
- Den »einen Beruf für ein Leben« gibt es nur noch für die wenigsten, und auch innerhalb bestimmter Berufsbilder wandeln sich die Tätigkeitsprofile nicht selten immens. Im Fokus sollte daher weniger die Vermittlung von auswendig gelerntem Fachwissen stehen, sondern vielmehr die Fokussierung des Wissens auf allgemeine Zusammenhänge und Basiskompetenzen, die in unterschiedlichen Berufsfeldern zum Einsatz kommen können und so Beschäftigung und Beschäftigungsfähigkeit ein Leben lang sichern. Dazu bedarf es einer entsprechenden Überarbeitung der Curricula.
- Lebenslanges Lernen gewinnt stetig an Bedeutung. Gerade Hochschulen, aber auch außerschulische Bildungseinrichtungen sind hier gefragt, entsprechende Angebote vorzuhalten, die die Weiterentwicklung von Kompetenzen und die Anerkennung bereits bestehender Abschlüsse bei der Erlangung neuer Qualifikationen berücksichtigen. Dabei sollten nicht primär zusätzliche Studiengänge im Fokus stehen, sondern vielmehr auch einzelne Module – durchaus auch als Online-Angebote –, die es auch Vollzeit-Berufstätigen ermöglichen, individuell auf ihren Bedarf abgestimmt die erforderlichen Bildungsinhalte in Form kleinerer »Pakete« (auch als »Mikrokurse« bezeichnet) zu schultern, anstatt sich über mehrere Jahre einem berufsbegleitenden Studium gegenüberzusehen. Dies dürfte die Bereitschaft zum Weiterlernen immens steigern.
- Die Digitalisierung beeinflusst Lern- und Lehrprozesse auf allen Ebenen der Bildung und in den unterschiedlichsten Institutionen. So baut beispielsweise die berufliche und akademische Bildung unweigerlich auf den im Rahmen der Schulbildung erworbenen Kompetenzen auf. Insofern ist ein abgestimmtes und koordiniertes Vorgehen aller Akteur*innen im Themenfeld Bildung essentiell.
- Über die Möglichkeiten der Digitalisierung lässt sich »Bildung für alle« besser umsetzen als je zuvor. Dies gilt sowohl in Bezug auf die Kosten, die sich im Online-Bereich sehr viel geringer halten lassen als bei Präsenzveranstaltungen und somit auch (Weiter)bildung für benachteiligte Gruppen möglich machen, als auch auf die Individualisierungsoptionen, die jede*n Lernende*n dort abholen, wo er oder sie steht.
- Lerngruppen werden immer heterogener. Dies bezieht sich auf unterschiedliche (Vor)kenntnisse, Leistungspotenziale, Interessen, Motivlagen sowie soziale und kulturelle Hintergründe gleichermaßen. Ein Ansatz für alle kann daher nicht Erfolg versprechend sein, vielmehr bedarf es eines hohen Maßes an Individualisierung.

Die Individualisierung des Lernens trägt einerseits den Trends nach einem passgenauen Ansatz zur Bewältigung der künftigen Herausforderungen Rechnung. Andererseits wird sie der zunehmenden Heterogenität in der Gesellschaft und damit auch in Lerngruppen gerecht. Diese Heterogenität ist zum einen im Kontext von Lernvoraussetzungen wie Fähigkeiten und Fertigkeiten, Intelligenz oder Vorwissen zu beobachten, andererseits aber auch in Bezug auf viele weitere Dimensionen wie den kulturellen Hintergrund, den sozio-ökonomischen Status, das Alter, das Geschlecht oder den Gesundheitszustand (Wenning 2007; Brand et al. 2019). Während

Heterogenität im beruflichen Kontext vielfach als Gewinn für Teams in kreativen Prozessen erachtet wird, gilt sie im schulischen Kontext in der Regel als problematisch (Brand et al. 2019).

Es liegt auf der Hand, dass auch die Aus- und Fortbildung der Lehrer*innen diesen neuen Prinzipien folgen und sie entsprechend auf ihre neue Rolle und die neuen Anforderungen vorbereiten muss. Dies stellt insbesondere für diejenigen Lehrer*innen eine Herausforderung dar, die in einem anderen Lehrsystem sozialisiert wurden, das explizit auf Vermittlung und Abprüfung von Fachwissen ausgerichtet war und in erster Regel auf Frontalunterricht setzte. Zudem müssen sie sich als »Digital Immigrants« mit den Möglichkeiten, die die Digitalisierung bietet, zunächst vertraut machen.

Auch für die Lernenden ist die Herausforderung, sich an neue Formen der Vermittlung des Lernstoffs zu gewöhnen. Gerade Schüler*innen im Grundschulalter sind mit dem hohen Maß an Selbstständigkeit und Eigenverantwortung, das ihnen übertragen wird, nicht selten überfordert. Hier gilt es, ein ausgewogenes Maß an unterschiedlichen pädagogischen Ansätzen zu finden, um alle Kinder gleichermaßen »mitzunehmen«.

Um zu definieren, welche Kompetenzen in Schulen, Hochschulen und außerschulischen Bildungseinrichtungen vermittelt werden sollten, bedarf es weiterer Kenntnisse über die künftig zu erwartenden Tätigkeitsprofile in der Arbeitswelt, insbesondere in Bezug auf die Veränderungen, die hier durch die fortschreitende Digitalisierung entstehen. So werden einige Berufsbilder und Tätigkeiten verschwinden, andere werden sich massiv verändern, wieder andere neu hinzukommen. Aufgabe der Forschenden ist es, ein möglichst umfassendes Bild dieser Anpassungsprozesse zu zeichnen, aus dem sich wiederum Kompetenzanforderungen und zentrale Ziele des Lehrens und Lernens ableiten lassen.

Nicht zuletzt kann die Digitalisierung nur dann in Bildungsinstitutionen ankommen, wenn diese über die entsprechende Ausstattung verfügen. Gerade in den allgemeinbildenden Schulen besteht hier noch erheblicher Nachholbedarf.

Die Expert*innen im vorab genannten Delphi-Prozess machen sehr deutlich, wohin sich Bildungssysteme entwickeln sollten: »Sie müssen sich von der Orientierung an Studien- und Ausbildungsgängen, an Zertifizierung und generell von der Vorbereitung auf vorhersehbare Berufswege verabschieden. Stattdessen müssen sie flexible, bedarfsgerechte Bildung in sogenannten Bildungsportfolios unterstützen, wie sie zunehmend in kleinen, bedarfsgerechten Einheiten, parallel zum Berufsleben und selbstgesteuert stattfindet.« (Daheim u. Wintermann 2016)

6 Zentrale Anforderungen an zukünftiges Lernen im Betrieb: Prinzipien und Gestaltungshinweise für Future Learning

Es ist unbestritten, dass betriebliche Weiterbildung einen entscheidenden Baustein des lebenslangen Lernens darstellt, dessen Bedeutung sowohl Beschäftigte erkennen und zunehmend proaktiv einfordern als auch Arbeitgeber als zentralen Wettbewerbs- und Attraktivitätsfaktor wahrnehmen. So wird beispielsweise in der bereits angesprochenen McKinsey-Studie Skill Shift (s. Abschn. 2.2.3; MGI 2018a; 2018b) die Schaffung einer Kultur des lebenslangen Lernens von den teilnehmenden Unternehmen als der wichtigste Wandel auf dem Weg zu künftigen Belegschaften gesehen.

Nachfolgend geht es zunächst darum, auf Basis der definierten Trends und Implikationen Grundprinzipien für betriebliches Lernen zu identifizieren, die Zielgruppen zu charakterisieren und darauf aufbauend einen Bezugsrahmen mit konkreten Handlungsfeldern für Future Learning auf betrieblicher Ebene zu entwickeln.

6.1 Grundprinzipien für betriebliches Lernen

Die in Teil I dieses Buches beschriebenen Treiber und Entwicklungsstränge, aber auch die bereits für den Bereich des institutionellen Lernens herausgearbeiteten Zielrichtungen bringen zahlreiche Implikationen für die Gestaltung von Lernen im Unternehmen mit sich. Als Grundprinzipien erscheinen dabei

- Lebensphasenorientierung und Life-Balance,
- Diversity-Orientierung und Individualisierung,
- Orientierung am Grundsatz der Nachhaltigkeit.

6.1.1 Lebensphasenorientierung und Life-Balance

Das Leben eines jeden Menschen ist im privaten wie beruflichen Bereich durch Höhen und Tiefen, prägende Ereignisse und unterschiedlichste Lebenssituationen oder -phasen gekennzeichnet. Das Denken und Handeln wird unweigerlich durch diese beeinflusst, sei es im Privatleben, im Beruf, beim Arbeiten oder Lernen. Daraus können sich im kritischen Falle – wenn sie keine Berücksichtigung finden – erhebliche Einschränkungen der Leistungsfähigkeit, Motivation und Qualifikation, auch für das Lernen, ergeben. Bedingt durch demografische und gesellschaftliche Entwicklungen, aber auch durch Beschäftigungs-, Bildungs- und Arbeitsplatzeffekte lässt sich immer weniger in klassischen Mustern denken, was die Bildungs-, Arbeits- und Ruhephasen im Leben betrifft. Die Normalbiografie der Vergangenheit wird von einer Multigrafie abgelöst. Infolgedessen sind die Lebensphasen und -umstände, die Menschen im Verlauf ihres Lebens durchlaufen, weitgehend altersunabhängig. Sie umfassen Elternschaft und Pflege, die Lebens- und Arbeitssituation des Partners oder der Partnerin, das soziale Netzwerk, aber auch Hobbys und Ehrenämter, privat initiierte Weiterbildungsaktivitäten und Nebentätigkeiten. Hinzu kommen Umstände wie eigene Erkrankungen, Verschuldungssituationen oder traumatische bzw. kritische Ereignisse. Auch die Berufsphasen sind größtenteils altersunabhängig und müssen nicht alle durchlaufen werden. Sie reichen vom Einstieg bzw. der Orientierung (z. B. bei Übernahme einer neuen Stelle im gleichen Unternehmen oder Rückkehr nach Abwesenheitszeiten) über die Phase der beruflichen Reife bis hin zum Ausstieg. Gesonderte Berufsphasen stellen Auslandseinsätze und die Übernahme von Führungsverantwortung dar (Abb. 27 gibt einen Überblick über die Lebensphasen, Abb. 28 über die Berufsphasen; Rump et al. 2011).

Ehrenamt

- Ehrenamtliche Verpflichtungen in Projekten, Initiativen oder Hilfsorganisationen bringen in der Regel feste zeitliche Rahmenbedingungen mit sich, zuweilen auch kurzfristige Einsätze, die zu Einschränkungen in Bezug auf die Verfügbarkeit für Bildungsmaßnahmen führen können.

Elternschaft

- Elternpflichten ebenso wie die Übernahme von Verantwortung und Zuwendung für ein Kind ergeben sich sowohl durch Geburt als auch durch Adoption.

Hobby

- Viele Menschen suchen den Ausgleich zwischen Erwerbs-und Privatleben in sportlichen, künstlerischen oder vereinsbezogenen Aktivitäten, die nicht zuletzt auch der Selbstverwirklichung dienen. Auch sie unterliegen nicht selten festen zeitlichen Rahmenbedingungen.

Krankheit

- Beeinträchtigungen in Bezug auf Art und Umfang der Tätigkeit können sich sowohl durch kürzere Krankheitszeiträume als auch durch chronische Erkrankungen ergeben. Dabei stehen zunehmend auch psychische Krankheitsbilder im Fokus.

Lebens-/ Arbeitssituation des Partners / der Partnerin

- Mit dem Lebenspartner / der Lebenspartnerin ergeben sich Abstimmungsbedarfe z.B. im Hinblick auf Arbeitszeiten, Kinderbetreuung, Überstunden und Karriereplanung. Besonders herausfordernd gestalten sich Partnerschaften mit Schichtarbeit und / oder Fernbeziehungen.

Nebentätigkeit

- Motive für die Aufnahme einer Nebentätigkeit sind ökonomische Zwänge ebenso wie die Suche nach beruflicher Erfüllung.

Pflege

- In zunehmendem Maße übernehmen Menschen parallel zum Beruf die Verantwortung für Pflege und Unterstützung pflegebedürftiger Menschen, was nicht selten zu physischen und psychischen Überlastungssituationen führt und die Zeit für Bildungsmaßnahmen deutlich einschränkt.

Privat initiierte Weiterbildung

- Diese Form der Weiterbildung, die der Entfaltung der Persönlichkeit ebenso dient wie dem beruflichen Fortkommen, findet in der Regel außerhalb der Arbeitszeit statt und wird freiwillig wahrgenommen.

Soziales Netzwerk

- Zu einem sozialen Netzwerk gehören in der Regel Familie, Freunde und Bekannte, zu denen Beziehungen gepflegt, aber auch Unterstützungsleistungen (z.B. Einkäufe, Behördengänge, Verwaltung der Rechtsgeschäfte etc.) erbracht werden.

Traumatisches bzw. kritisches Ereignis

- Zu kritischen Ereignissen zählen solche, die nicht zwangsläufig einen traumatischen Charakter annehmen, jedoch den Betroffenen zeitlich und emotional einen hohen Einsatz abverlangen, wie z.B. Trennungen. Als traumatisch hingegen werden solche Ereignisse charakterisiert, die keinen Raum für vorhersehbare Erfahrungsspielräume bieten und teils ohnmächtig wahrgenommen werden, beispielsweise bei gewalttätigen Angriffen auf die eigene Person oder dem Tod eines nahestehenden Menschen.

Verschuldung

- Nicht selten sehen sich Menschen derart hohen finanziellen Verbindlichkeiten gegenüber, dass sie diese mit dem vorhandenen Einkommen nicht mehr tilgen können. In der Folge können zusätzliche Probleme im privaten Bereich und / oder am Arbeitsplatz entstehen.

Abb. 27: Lebensphasen (eigene Darstellung)

Einstieg / Orientierung

- Während sich der berufliche Einstieg auf die erste Tätigkeitsaufnahme im Unternehmen, z.B. als Auszubildende/r oder nach Abschluss eines Studiums, bezieht, ist die berufliche Orientierung differenzierter zu betrachten. Dabei wird unterschieden zwischen Personen, die von außen neu in ein Unternehmen eintreten und solchen, die sich innerhalb ihrer Organisation neu orientieren oder nach längerer Abwesenheitszeit (z.B. Elternzeit) zurückkehren.

Berufliche Reife

- Über berufliche Reife verfügen Menschen, die eine gute Leistung erbringen und ein großes Know-how besitzen, das sie im Rahmen von Fach- und Projektaufgaben sammeln konnten. Sie sehen sich jedoch nicht selten einem »Karriereplateau« gegenüber, wenn im Rahmen ihrer Funktion kein wesentliches Entwicklungspotential mehr vorhanden ist und ggf. auch keine Karriereentwicklung »nach oben« mehr realisiert werden kann.

Führung

- Eine erste Führungsverantwortung zu übernehmen, bedeutet nicht zu unterschätzende Herausforderungen in Bezug auf die Identifikation mit der neuen Rollen und die Abgrenzung gegenüber den Mitarbeitenden. Zu Konflikten mit ihrer Verantwortung kann es für Führungskräfte auch durch bestimmte Lebensereignisse, z.B. den Eintritt eines Pflegefalls in der Familie, kommen.

Ausland

- Mit einem Wechsel ins Ausland ist in der Regel ein einschneidender Wechsel des Lebensumfeldes und ggf. auch eine erhebliche kulturelle Veränderung verbunden, die nicht nur die Beschäftigte oder den Beschäftigten selbst, sondern auch deren Partner bzw. Partnerin und / oder Familien betrifft. Zu Vereinbarkeitsproblemen kann es insbesondere dann kommen, wenn der Auslandsaufenthalt einer bestimmten Lebensphase entgegensteht.

Ausstieg

- Ein Ausscheiden von Mitarbeitenden kann durch den Abschluss der Ausbildung oder durch das endgültige Verlassen des Arbeitgebers zur beruflichen Neuorientierung oder am Ende des Erwerbslebens erfolgen. Als temporärer Ausstieg ist allerdings auch die Inanspruchnahme der Eltern- oder Pflegezeit oder eines Sabbaticals zu sehen, für die entsprechende Maßnahmen für einen reibungslosen Wiedereinstieg zu ergreifen sind.

Abb. 28: Berufsphasen (eigene Darstellung)

Lebensphasenorientierung hat also die gesamte Lebensarbeitszeit eines Menschen im Blick. Das bislang weit verbreitete Verständnis von Lernen hat sich vor allem auf den Zeitraum der schulischen und Erstausbildung (betrieblich oder akademisch) sowie der ersten 25 Jahre eines Berufslebens (20. bis 45. Lebensjahr) beschränkt. Ein solcher Ansatz führt gerade im mittleren Lebensalter nicht selten zum sogenannten Lebensstau (Bittman u. Rice 2000). Man muss fast alle beruflichen und privaten Entscheidungen in diesem Zeitraum treffen. Stattdessen erweitert eine lebensphasenorientierte Herangehensweise den Blickwinkel auf die gesamte Lebensarbeitszeit mit dem Ziel eines individuellen bzw. zielgruppenspezifischen Ansatzes, der nicht zuletzt auch der Förderung der lebenslangen Beschäftigungsfähigkeit dient. Dafür gilt es, die Lernziele und -methoden mit den Zielen, Bedürfnissen und Interessen der unterschiedlichen Beschäftigten zu verknüpfen und Lösungen zu finden, die Lebens- und Berufsphasen gleichermaßen gerecht werden. Man spricht hier auch von einem »Matching«.

Ein besonderes Augenmerk gilt im Kontext lebensphasenorientierter Bildungs- und Lernansätze der Karriereentwicklung bzw. der Gestaltung von Laufbahnen in Unternehmen. Die Auffassungen darüber, was »Karriere« bedeutet, gehen häufig weit auseinander. Während der vertikale Aufstieg in Form einer Führungslaufbahn lange Zeit den einzigen Weg darstellte, um sich beruflich weiter zu entwickeln, gilt es heute immer mehr, alternative Werdegänge aufzuzeigen und im Unternehmen zu etablieren. Hintergrund für diese Entwicklung ist die Herausforderung, angesichts längerer Lebensarbeitszeit, höherer Veränderungsgeschwindigkeit und flacherer Hierarchien den immer vielfältigeren Beschäftigtengruppen individuelle Perspektiven aufzuzeigen und sie an das Unternehmen zu binden. Grundsätzlich spielt die Durchlässigkeit zwischen unterschiedlichen Werdegängen eine entscheidende Rolle, da sich Neigungen, Bedürfnisse und Kompetenzen über ein langes Erwerbsleben hinweg verändern und Prioritäten verschieben. Noch immer finden aber vielfach »Karrieren« in einem engen Zeitfenster statt, sodass Weichen häufig in der Lebensphase zu stellen sind, in der auch privat entscheidende Umbrüche stattfinden. Wenn allerdings die »Karrierezeit« keine Laufzeit von 15–20 Jahren hat, sondern von 40–45 Jahren, liegt es auf der Hand, dass sich unterschiedliche Karrieremodelle abwechseln und Verzögerungen bzw. Unterbrechungen wegen bestimmter Lebensphasen und -situationen weniger ins Gewicht fallen sollten. Hier beginnt sich allmählich ein Umdenken einzustellen (Rump u. Eilers 2014b; Rump u. Eilers 2019). Alternative Karrierewege lassen vertikale und horizontale Entwicklungen gleichermaßen zu und ermöglichen es Arbeitgebern zudem, den Anforderungen an Flexibilität und hohe Innovationsgeschwindigkeit gerecht zu werden. Arbeitnehmer*innen können zunehmend flexibel und beweglich ihren Karriereweg durch unterschiedliche Lebensphasen hindurch gestalten – gerade für jüngere Beschäftigte ein hoher Attraktivitätsfaktor (Rump u. Eilers 2017b; Rump u. Eilers 2019).

6.1.2 Diversity-Orientierung und Individualisierung

Wie bereits dargestellt, wird die Gesellschaft in Deutschland immer vielfältiger – eine Entwicklung, die sich unweigerlich auch auf die Adressat*innen von Bildung und Lernen erstreckt. In engem Zusammenhang hierzu stehen auch die gesellschaftlichen Entwicklungen hin zu mehr Individualisierung, einer zunehmenden Varianz in den Lebensentwürfen und einem zunehmenden Streben nach einer ausgewogenen Balance zwischen Beruf und Privatleben. Die zunehmende Heterogenität der Bildungsadressat*innen verlangt nach neuen Wegen zu mehr Integration und Koordination und auch zur Berücksichtigung individueller Bedürfnisse – sei es von unterschiedlichen Altersgruppen oder Generationen, von Menschen mit unterschiedlichen kulturellen Hintergründen oder von Männern und Frauen. Ziel muss es sein, durch immer stärker zielgruppenspezifische bzw. individualisierte Angebote für Weiterbildung und Laufbahngestaltung zu einer Kultur der Potenzialentfaltung zu gelangen (IfB! 2012) und die zunehmende Diversität zu managen. Nicht zuletzt ist Chancengleichheit am Arbeitsplatz insbesondere für die Vertreter*innen der jüngeren Generation, aber auch für Angehörige der Generation X nach einer Befragung der internationalen Personalberatung Egon Zehnder die wichtigste Eigenschaft ihres Unternehmens (Zehnder 2019). Grundsätzlich sind verschiedene Dimensionen für den Umgang mit Vielfalt zu berücksichtigen, die im Folgenden näher ausgeführt werden.

6.1.2.1 Umgang mit alternden Bildungsadressat*innen

Mit der zunehmenden Alterung der Gesellschaft umzugehen impliziert sowohl Weiterbildungsmaßnahmen, die sich gezielt an ältere Personen wenden, als auch eine alternsgerechte Ausgestaltung der Entwicklungswege und Tätigkeitsbereiche in Unternehmen. Die Verwendung des Begriffes »alter(n)sgerecht« impliziert die Notwendigkeit, bereits in frühen Phasen des Lebens Arbeit und Lernen so zu gestalten, dass Menschen motiviert, qualifiziert und gesund altern können (Rump u. Eilers 2009). Für das BMAS (2010) ist eine Arbeitsorganisation alternsgerecht, der ein umfassendes und auf den Alterungsprozess aller Mitarbeiter*innen bezogenes Konzept zugrunde liegt. Zu berücksichtigen ist insbesondere die zunehmende Heterogenität unter den älteren Mitarbeiter*innen, sodass es immer vielfältigerer Modelle bedarf, um ihre Lernmotivation, -bereitschaft und -fähigkeit aufrechtzuerhalten. Ein besonderes Augenmerk sollte dabei einer alternsgerechten Ausgestaltung der Kompetenzentwicklung gelten, die altersbedingte Veränderungen der Lernmuster und Kompetenzfelder berücksichtigt. Die Möglichkeiten, die Kompetenzentwicklung alternsgerecht zu gestalten, sind vielfältig. Die Verzahnung von Arbeiten und Lernen, altersgemischte Team- und Projektarbeit sowie Mentoren- und Patenschaftsprogramme gehören ebenso dazu, wie altershomogene Schulungskonzepte beim Erwerb von technisch-fachlichem Wissen, die auf die unterschiedlichen Lernmuster abzielen (Rump u. Eilers 2017b). Ebenso bedeutsam sind Angebote aus dem Bereich Gesundheitsmanagement, um die körperliche und psychische Gesundheit möglichst lange aufrechtzuerhalten.

6.1.2.2 Berücksichtigung der Generationenvielfalt

Der schlichte Blick auf die Entwicklung der Generationenverhältnisse in Deutschland seit den 1970er Jahren lässt keinen Zweifel daran, dass sich die Bedingungen zugunsten junger qualifizierter Kräfte verschoben haben. Waren sie bei Eintritt in den Arbeitsmarkt in den 1970er und 1980er Jahren schlichtweg aufgrund ihrer »Masse« in einer vergleichsweise schlechten »Verhandlungsposition« – man könnte auch von einem Arbeitgebermarkt sprechen –, so sehen sich Arbeitgeber seit den 2010er Jahren zunehmend einem Arbeitnehmermarkt gegenüber, auf dem sie sich teils bei den qualifizierten Nachwuchskräften »bewerben« und eine große Offenheit für deren Bedürfnisse und Wünsche zeigen (müssen). Dies wirkt sich unweigerlich auch auf die Karriereoptionen und -verläufe aus. Der jüngeren Generation ist durch die Entwicklungen am Arbeitsmarkt in den vergangenen Jahrzehnten sehr bewusst, dass eine einmal erworbene schulische beziehungsweise berufliche Ausbildung nicht ein Leben lang trägt und sie sich beständig weiterentwickeln muss. In der Konsequenz empfinden die Jüngeren Entwicklungsmöglichkeiten als ein besonders wichtiges Kriterium bei der Auswahl eines Arbeitgebers, da diese für sie sehr viel mit Arbeitsplatzsicherheit im Sinne der eigenen Beschäftigungsfähigkeit (Employability) zu tun haben (Ernst & Young 2018; Schuldt u. Ehret 2015). Sie sind jedoch auch bereit, sich außerberuflich weiterzubilden. Ein Trugschluss ist es allerdings zu glauben, dass die mittlere und ältere Generation sich keine weiteren Entwicklungsperspektiven mehr wünschen, wenngleich sich entsprechende Stereotype hartnäckig halten. Gerade im Alter zwischen 40 und 50 Jahren ist jedoch die Gefahr einer generellen Lebens- und Sinnkrise besonders hoch, wenn nicht mit entsprechenden Perspektiven entgegengesteuert wird (Regnet 2004; Bruch et al. 2010; Rump u. Eilers 2015). Die Herausforderung besteht nun insbesondere darin, dem Streben der jüngeren Beschäftigten nach stetiger Weiterentwicklung gerecht zu werden, ohne dabei die älteren Kohorten aus den Augen zu verlieren und diese mit Blick auf die Verlängerung des Erwerbslebens ebenfalls zur Weiterbildung zu motivieren. Hier scheint insbesondere ein Methodenmix, der individuelle Präferenzen berücksichtigt, Erfolg versprechend.

6.1.2.3 Integration von Menschen mit unterschiedlichen kulturellen Hintergründen

Wie gesehen gibt es noch immer enormes Aufholpotenzial bezüglich der beruflichen Integration und Weiterbildung von Menschen mit Migrationshintergrund. Während der ersten großen Zuwanderungswellen der sogenannten »Gastarbeiter*innen« wurde eher wenig Wert auf deren Weiterbildung gelegt, da über viele Jahre hinweg von einer Übergangslösung mit dem Ziel der Heimkehr in die Ursprungsländer ausgegangen wurde. Dabei wurde in Kauf genommen, dass durch die überwiegende Beschäftigung im Segment der angelernten Arbeit eine gewisse strukturelle Unterschichtung[14] und Marginalität entstand, die sich auch über die immer länger werdende Verweildauer im deutschen Arbeitssystem nicht gänzlich verlor, da nicht aktiv gegen sie angegangen wurde (Butterwegge 2005; Schmidt 2018). Leider liegt bislang nur wenig empirische Evidenz zu betrieblichen Qualifizierungsmaßnahmen speziell für Menschen mit Migrationshintergrund vor, wenngleich immer wieder betont wird, eine adäquate Integration in die Arbeitswelt sei das »Herzstück« der gesellschaftlichen Integration (Schmidt 2018). Das IAB-Betriebspanel versuchte 2016, diese Lücke zu schließen, und befragte Betriebe nach Maßnahmen, die darauf ausgerichtet sind, ausländische Arbeitskräfte zu integrieren, darunter auch Aus- und Weiterbildungsmaßnahmen. Danach stellen 23 % der befragten Betriebe Praktikums- und Traineeplätze für ausländische Arbeitskräfte zur Verfügung, 19 % bieten entsprechende Ausbildungsplätze an. In 13 % Betrieben finden sich Maßnahmen der Nach- und Teilqualifizierung (Bellmann et al. 2017). Dezidierte Maßnahmen gibt es insbesondere im Hinblick auf die berufliche Orientierung, den Spracherwerb und die Berufsvorbereitung (Einstiegsqualifizierung). Vielfach werden diese von den Tarifparteien der jeweiligen Branche gefördert oder auch von der Bundesagentur für Arbeit unterstützt. Nicht selten handelt es sich bei den Berufsvorbereitungsmaßnahmen um solche, die in ähnlicher Form bislang für Jugendliche eingesetzt und nun um Elemente des Spracherwerbs ergänzt wurden. Ebenfalls zum Einsatz kommen

14 Unterschichtung beschreibt in diesem Zusammenhang das Phänomen, dass geringer qualifizierte Arbeitskräfte einfachere Arbeitsplätze übernehmen und dadurch die Arbeitskräfte, die bisher diese Position ausübten, relativ nach oben verdrängen (Schmidt 2018).

Teilzeittätigkeiten in Kopplung mit Teilzeitausbildungen. Insbesondere in kleinen und mittelständischen Betrieben ist ein schon bestehender Arbeits- und Fachkräftemangel in der Regel Treiber von Maßnahmen zur Integration von Menschen mit Migrationshintergrund, vor allem auch von Geflüchteten. Hier gibt es zahlreiche Unterstützungsangebote von Bund und Ländern (Schmidt 2018).

6.1.2.4 Integration von Menschen mit Behinderungen

Die Inklusion von Menschen mit Behinderungen nimmt eine wichtige Rolle in Wirtschaft und Gesellschaft ein. Dabei ist anzunehmen, dass die Fallzahlen infolge der demografischen Entwicklung in den kommenden Jahren nicht unerheblich ansteigen – eine Entwicklung, die sich bereits heute abzeichnet (REHADAT 2017; Statistisches Bundesamt 2018e). Auf gesetzlicher Ebene wird die Integration von Menschen mit Behinderung in Ausbildung und Beschäftigung seit Jahren gefördert, und auch das Bundesteilhabegesetz sieht zahlreiche Verbesserungen vor, nicht zuletzt die Unterstützung schulischer oder hochschulischer beruflicher Weiterbildungen (BMAS 2018).

Auf betrieblicher Ebene finden sich in größeren Unternehmen nicht selten »DisAbility Manager*innen« bzw. »Behindertenbeauftragte«, die nicht zuletzt die Aufgabe haben, für einen »Match« zwischen den Anforderungen bestimmter Arbeitsplätze und den Fähigkeiten der Beschäftigten mit Behinderung zu sorgen. Anstatt auf die Defizite zu fokussieren, gilt es dabei insbesondere, die Fähigkeiten und Potenziale der behinderten Menschen in den Vordergrund zu stellen und gegebenenfalls den Arbeitsplatz bzw. die Arbeitsbedingungen entsprechend anzupassen, um diese vollständig ausschöpfen oder einem oder einer potenziellen Beschäftigten die Übernahme einer bestimmten Tätigkeit ermöglichen zu können. Ebenso ist für die Beschäftigten, die im Verlauf ihres Erwerbslebens einen bestimmten Leistungswandel erfahren, durch Um- oder Neuschulung eine an diesen Wandel angepasste Arbeitsumgebung oder eine Tätigkeitsveränderung zu ermöglichen, um Beschäftigung zu erhalten (Charta der Vielfalt 2019).

6.1.2.5 Berücksichtigung neuer Geschlechterrollen

Auf die zunehmende Teilhabe von Frauen an Bildung und Erwerbsarbeit wurde bereits eingegangen. Ein Kernpunkt von betrieblicher Seite ist allerdings auch die stärkere Unterstützung von Frauen und deren Karrierebestrebungen.

Wie bereits ausgeführt, stellt die Familiengründung noch heute für viele Frauen einen entscheidenden »Knotenpunkt« dar, der die weitere berufliche Entwicklung massiv beeinflusst. In zunehmendem Maße entspricht es jedoch sowohl den Wünschen von Frauen als auch den betrieblichen Bedürfnissen nach Sicherung der Fachkräftebasis, hier eine Veränderung herbeizuführen. Zahlreiche Arbeitgeber bemühen sich insbesondere seit den 2000er Jahren nicht zuletzt im Bereich der Weiterbildung darum, diese gleichermaßen für Teilzeitbeschäftigte anzubieten und auf eine Kontinuität der Entwicklung, beispielsweise im Rahmen von Elternzeiten, zu achten. Flankiert werden diese Bemühungen durch die Ermutigung von Vätern, sich an der Erziehungsarbeit zu beteiligen, um dadurch mehr Freiräume für die berufliche (Weiter)entwicklung von Müttern zu schaffen. Allerdings ist festzustellen, dass zwischen Wunsch und Realität in Bezug auf die tatsächliche Umsetzung moderner Rollenmuster noch immer eine beträchtliche Lücke klafft, eine durchschlagende Veränderung der Rollenmuster hat sich in diesem Punkt noch nicht ergeben, nicht zuletzt, weil sich Männer noch mit deutlich höheren Hürden und Einbußen in ihren Karriereperspektiven konfrontiert sehen, wenn sie sich verstärkt der Familienarbeit widmen (Institut für Demoskopie Allensbach 2015; Rump u. Eilers 2014a).

Zudem gilt es, nach intelligenten Modellen zu suchen, wie gerade Elternschaft und Pflege besser mit beruflicher und persönlicher Weiterentwicklung in Einklang gebracht werden können und nicht länger ein Karrierehemmnis darstellen. Die Lösung kann nicht ausschließlich darin bestehen, Fremdbetreuung stärker auszubauen, auch wenn dies einen entscheidenden Pfeiler darstellt. Er muss ergänzt werden durch flexible Kombinationen von Arbeitszeit und Arbeitsort, die es beiden Elternteilen ermöglichen, in angemessener Weise ihren familiären Verpflichtungen nachzukommen und gleichzeitig ein Arbeitsvolumen zu erbringen, das beruflich anspruchsvolle Tätigkeiten und Entwicklungspfade eröffnet, beispielsweise in vollzeitnaher Teilzeit und mit tageweisem Homeoffice sowie Teilzeit- und Online-Bildungsangeboten, die eine freie Zeiteinteilung ermöglichen.

6.1.3 Orientierung am Grundsatz der Nachhaltigkeit

Die bislang aufgezeigten Entwicklungen, insbesondere in Bezug auf die qualitativen und quantitativen Beschäftigungseffekte zeigen, dass Menschen zunehmend lebenslang lernen wollen und sollen und dabei eine große Anpassungsfähigkeit besitzen müssen. In der Konsequenz kommt es darauf an, ihre Beschäftigungsfähigkeit über ein verlängertes Erwerbsleben nachhaltig zu sichern und zu fördern und im Unternehmenskontext Personal strategisch so zu planen, dass die richtigen Personen mit den benötigten Qualifikationen zur richtigen Zeit am richtigen Ort sind.

Nachhaltigkeit bezieht sich in diesem Kontext zum einen auf Verlässlichkeit bis hin zur Beschäftigungssicherung und zum anderen auf Beschäftigungsfähigkeit (Employability), welche die Dimensionen Qualifikation/Kompetenzen, Motivation/Identifikation und Gesundheit/Wohlbefinden beinhaltet. Daraus ergibt sich Resilienz. Die genannten Dimensionen folgen einem langfristigen Anspruch, sind also über das gesamte Erwerbsleben hinweg sozusagen »lebenslang« aufrechtzuerhalten. Nicht zuletzt bedeutet Nachhaltigkeit auch, sich mit dem Wunsch vieler Beschäftigten nach Entschleunigung sowie nach »Balance« auseinanderzusetzen. Die »Renaissance« der Nachhaltigkeitsdebatte liegt nicht zuletzt darin begründet, in einer Welt ständiger Veränderung und steigender Unsicherheit auf politischer, gesellschaftlicher und wirtschaftlicher Ebene nach einem Gegengewicht zu suchen.

In Bezug auf Lernen und Entwicklung bedingt die Orientierung an der Nachhaltigkeit nicht zuletzt, Überlastungsmomente zu vermeiden. Eine Führungskraft mit Pflegeverantwortung, von der gleichzeitig erwartet wird, dass sie sich kontinuierlich weiterbildet, wird sehr schnell an ihre physischen und psychischen Grenzen stoßen, wenn hier nicht mit großem Bedacht gehandelt wird. Insofern gilt es auch, gesundheitliche Aspekte zu berücksichtigen. Gesundheit und Wohlbefinden sind – wie gesehen – entscheidende Pfeiler zur Sicherung der Beschäftigungsfähigkeit. Dabei sollte beachtet werden, dass sowohl persönliche Eigenschaften als auch bestimmte arbeitsplatzbezogene Kriterien das Stressempfinden in diesem Zusammenhang stark beeinflussen (Hammermann u. Stettes 2015b). Zu letzteren gehören die Eröffnung von Handlungsspielräumen, die Förderung des sozialen Zusammenhalts und eine angemessene Anerkennung der Arbeitsleistung (Pangert u. Schüpbach 2013). Hier bedarf es also einer individualisierten Herangehensweise.

Ziele eines nachhaltigen Bildungs- und Lernkonzeptes sind vor allem:

- Förderung und Erhalt der lebenslangen Beschäftigungsfähigkeit (Employability), verbunden mit
  - langfristiger Kompetenzentwicklung,
  - langfristiger Motivation und Identifikation,
  - langfristiger Gesundheit,
- schonender Umgang mit (persönlichen) Ressourcen,
- Gestaltung von Lernmodellen, die auch zu lebenslanger Beschäftigung beitragen,
- Umgang mit der Polarisierung innerhalb der Gesellschaft und der Belegschaften,
- strategische Planung von Personal.

Auf einen Blick

Anforderungen im Kontext der Grundprinzipien

- Lebensphasenorientierung und Life-Balance werden insbesondere der zunehmenden Pluralität von Lebensentwürfen und den wechselnden Lebens- und Berufsphasen im Laufe eines immer länger werdenden Erwerbslebens gerecht. Lernen und Bildung müssen sich mit diesen unterschiedlichen Phasen vereinbaren lassen, um Potenziale bestmöglich auszuschöpfen.
- Die Vielfalt steigt in vielerlei Hinsicht: Alternde Bildungsadressat*innen, mehrere Generationen am Arbeitsplatz, Menschen mit unterschiedlichen kulturellen Hintergründen und/oder mit Behinderungen und sich wandelnde Geschlechterrollen sollten bei der Entwicklung zukunftsorientierter Konzepte für Lernen und Bildung Berücksichtigung finden.
- In Bezug auf Lernen und Bildung in Bewegung zu bleiben, ohne dabei die Balance zu verlieren, entspricht dem Grundsatz eines nachhaltigen Bildungs- und Lernkonzeptes, das insbesondere die langfristige Sicherung der Beschäftigungsfähigkeit fokussiert.

6.2 Zielgruppen betrieblicher Bildung

Zunächst einmal gilt es festzuhalten, dass sich im Vergleich zu der Ausbildung in Schule, Hochschule und Berufsschule die Zielgruppen betrieblicher Weiterbildung und die entsprechenden Voraussetzungen deutlich unterscheiden (Vladova et al. 2019; Illeris 2002):

- Die Lernenden werden beim Lernen stärker von ihren eigenen Vorstellungen darüber geleitet, was sie selbst für notwendig und bedeutsam halten, und übernehmen dadurch auch eher Verantwortung für ihr Lernen.
- Dadurch ist es besonders erfolgsentscheidend, ihnen die Bedeutsamkeit von Weiterbildungsmaßnahmen nahe zu bringen und ihr Interesse zu wecken.
- Vielfach ist in diesem Zusammenhang eine enge Verknüpfung der Weiterbildungsinhalte mit dem beruflichen Alltag zielführend.
- Insgesamt sind die Adressat*innen betrieblicher Weiterbildung eine sehr viel heterogenere Zielgruppe als beispielsweise gleichaltrige Schüler*innen einer bestimmten Klassenstufe oder Student*innen eines bestimmten Semesters.
- Berufliche Weiterbildung muss sicherstellen, individuelle Bedürfnisse der Lernenden zu berücksichtigen, ohne dabei die organisationalen Ziele zu vernachlässigen.

Es lassen sich drei Hauptgruppen von erwachsenen Lernenden unterscheiden, bei denen die Weiterbildung auf einer vorhandenen Basis aufsetzt und an eine bestimmte Erstausbildung anknüpft (Tabelle 12, Vladova et al. 2019; Illeris 2002).

• Erwachsene, die bereits eine mehr oder weniger sichere Position im Arbeitsleben erreicht haben und nun ihre Kompetenzen weiterentwickeln müssen, um eine zusätzliche Qualifikation im Kontext ihrer beruflichen Entwicklung zu erwerben.	• Erwachsene, die von Arbeitsplatzverlust bedroht oder bereits betroffen sind, weil ihr ursprünglicher Arbeitsbereich veraltet war, ihre Tätigkeit automatisiert wurde oder die Rahmenbedingungen sich weiterentwickelt haben.	• Junge Menschen/junge Erwachsene, die zum Start ihres Berufslebens eine bestimmte allgemeine berufliche und persönliche Grundqualifikation benötigen.

Tab. 12: Hauptgruppen von erwachsenen Lernenden

6.3 Bezugsrahmen für Future Learning auf betrieblicher Ebene: Ausrichtung am Konzept des Employability Managements

Eine entscheidende Rolle, gerade beim betrieblichen Lernen, spielen die Rahmenbedingungen, unter denen dieses stattfindet. Ziel muss es sein, die lebenslange Beschäftigungsfähigkeit (Employability) aufrechtzuerhalten und zu fördern. In diesem Zusammenhang lässt sich das Konzept des Employability Managements als Bezugsrahmen heranziehen.

Employability Management wurde als Begriff in den frühen 2000er Jahren geprägt. Das Konzept, das auf den Erhalt und die Entwicklung der lebenslangen Employability abzielt, stellt insbesondere zwei Paradigmen in den Fokus: Fordern und Fördern sowie Bewegung und Balance. Im Kontext des Forderns und Förderns wird die Eigenverantwortung des Individuums für die persönliche Entwicklung gleichermaßen betont wie die Verantwortung des Arbeitgebers zur Schaffung entsprechender Rahmenbedingungen für diese Entwicklung. In Bewegung zu bleiben impliziert, ein Berufsleben lang die Kompetenzen und Qualifikationen aktuell zu halten und den Arbeitsmarktentwicklungen anzupassen, dabei jedoch gleichzeitig nicht die Balance zu verlieren, also ein gesundes Maß zwischen Be- und Entlastung zu suchen. Dies entspricht in hohem Maße den Implikationen der in Teil I dieses Buches beschriebenen Treiber.

Eine individuelle Kompetenzentwicklung in diesem Sinne sollte dabei einen vorausschauenden Ansatz verfolgen, in dem die Qualifikation der oder des Einzelnen einer kontinuierlichen Evaluation und Anpassung unterliegt, die sich nicht nur an konkreten Unternehmensbedürfnissen oder der Beschäftigungssituation ausrichtet, sondern auch an den aktuell und zukünftig auf dem Arbeitsmarkt nachgefragten Kompetenzen und Fähigkeiten. Die Initiative geht dabei sowohl vom Arbeitgeber als auch von der Arbeitnehmerin oder dem Arbeitnehmer aus, die bzw. der nicht die Rolle der passiven Konsumentin bzw. des passiven Konsumenten der Aus- und Weiterbildungsangebote annimmt, sondern aktiv mitgestaltet. Die Bemühungen beider Seiten sollten hier die Aktivitäten der jeweils anderen Seite stärken und vorantreiben. Zu einem ganzheitlichen Employability Management gehört allerdings neben der Kompetenzentwicklung als Personalentwicklung im engeren Sinne auch eine entsprechende Ausrichtung von Unternehmenskultur, Führung und Arbeitsorganisation (Rump u. Eilers 2017b). Abbildung 29 verdeutlicht die zentralen Handlungsfelder des Employability Managements, die nachfolgend näher ausgeführt werden.

Abb. 29: Zentrale Handlungsfelder des Employability Managements (eigene Darstellung)

6.3.1 Unternehmenskultur

Nicht in allen Unternehmen stellt Lernen einen selbstverständlichen Teil der Unternehmenskultur und des Selbstverständnisses dar. Eine Studie der Detecon International GmbH in Zusammenarbeit mit dem Institut für Beschäftigung und Employability IBE, der Humovo Germany GmbH sowie INNOFACT AG Research & Consulting aus dem Jahr 2018 (Rump et al. 2020a) zeigt, dass in einigen der teilnehmenden Unternehmen eine Lernkultur Teil der Strategie und Kultur ist, während dies in anderen nicht der Fall ist. Einzelne Interviewpartner*innen differenzieren hier in die individuelle Ebene, auf der ihrer Ansicht nach Lernen sehr wohl verankert ist, und die organisationale Ebene, auf der es noch strukturellen Nachholbedarf gibt. Andere Befragte sehen durchaus auch noch auf individueller Ebene Verbesserungspotenziale. Dabei wird jedoch gleichermaßen betont, wie wichtig es ist, auf Vorstands- bzw. Geschäftsführungsebene das Thema Lernen zu fördern und als Teil der Strategie zu verankern. Es scheint, dass Lernen in stark innovationsgetriebenen Unternehmen, die sich in einem sehr dynamischen Wettbewerbsumfeld bewegen, eine höhere Selbstverständlichkeit aufweist und insofern auch eher in der Kultur verankert ist. Vielfach ist zwar Qualifizierung und/oder Weiterbildung als Wert verankert, aber einige Interviewpartner*innen erkennen in ihren Unternehmen keine ganzheitliche Lernkultur. Dabei wird angemerkt, dass eine solche Lernkultur vor allem vorgelebt werden sollte. Es wird ein zum Teil unterschiedlicher Umgang mit dem Lernen von Führungskräften und Mitarbeiter*innen im gleichen Unternehmen beziehungsweise auch unterschiedliche Zugänge zum Lernen und Lernangebote in unterschiedlichen Unternehmensbereichen wahrgenommen. Dadurch fehlt es gegebenenfalls auch an Anreizen und Möglichkeiten für Mitarbeiter*innen zu lernen. Zudem mangelt es nach Aussagen der Interviewten teils noch am Bewusstsein oder an der Akzeptanz, dass Lernen mehr ist als der Besuch eines Seminars, sondern vielmehr auch im Alltag stattfinden kann und muss. Erwartungen – sowohl an jede*n Einzelne*n als auch an die Führungskräfte – sollten hierbei deutlicher gemacht werden.

Als weitere förderliche Kulturfaktoren werden eine Fehlerkultur, die Anpassung von Lernangeboten an den jeweiligen Kulturraum sowie die Etablierung von Lernen als Wettbewerbsfaktor erkannt. Denn Lernen wird von den Befragten als erforderlicher und entscheidender Wertschöpfungsfaktor betrachtet, insbesondere zum Zwecke der Mitarbeiterqualifizierung, wobei auch angemerkt wird, dass sich eine Begriffsabgrenzung zwischen Bildung und Qualifizierung schwierig gestaltet. Aus einigen Äußerungen wird deutlich, dass es in einem innovativen und schnelllebigen Wettbewerbsumfeld durch kontinuierliches Lernen überhaupt erst ermöglicht wird, sich langfristig im Konkurrenzkampf zu bewähren. Daher ist konsequente Mitarbeiterentwicklung beziehungsweise Lernen ein wichtiges Kernelement für viele Befragte, um zum Beispiel neue Dinge ausprobieren oder beste Kundenlösungen durch entsprechend qualifizierte und motivierte Beschäftigte anbieten zu können. Dabei gilt auch, Mitarbeiter*innen in den Mittelpunkt zu rücken sowie das richtige Wissen zur Verfügung zu stellen.

Des Weiteren wird es als förderlich erachtet, eine bestimmte Haltung zum Lernen, ein sogenanntes Learning Mindset, zu etablieren, welches Lernen als selbstverständlichen Teil in die Unternehmenskultur einbindet und sowohl von den Mitarbeiter*innen als auch vom Management vertreten wird. Denn da hierbei mehr Wert auf das »Wie« des Lernens gelegt wird, sind Mitarbeiter*innen eher in der Lage, sich bei Veränderungen rechtzeitig und schnell anzupassen. Dies wird insbesondere dann erforderlich, wenn neue Kompetenzmodelle entstehen und entsprechende Fähigkeiten angepasst werden müssen, und kann es Unternehmen nicht zuletzt ermöglichen, die Herausforderungen der Digitalisierung zu meistern.

Eine weitere Notwendigkeit ist eine offene und durchgängige Informationspolitik. So früh wie möglich und wo immer es vertretbar ist, sollte Wissen mit Arbeitnehmervertreter*innen und Mitarbeiter*innen geteilt werden. Nur so kann es gelingen, Menschen aus der Passivität zu holen, denn der Einzelne wird nur dann bereit sein, Verantwortung für sich und seine bzw. ihre Entwicklung zu übernehmen, wenn er oder sie über die entsprechende Informationsbasis verfügt, um die Sinnhaftigkeit des eigenen Handels erfassen zu können. Es sollte zudem für jede*n Mitarbeiter*in jederzeit klar sein, welche Weiterbildungsangebote unternehmensrelevant sind und in welchen Formen eine persönliche Weiterentwicklung möglich ist. Insgesamt ermöglicht Lernen für die Unternehmen einerseits eine beständige Weiterqualifizierung sowie eine zukunftsorientierte Sicherung der vor allem alternden Belegschaft und für die Mitarbeiter*innen andererseits, am Puls der Zeit zu bleiben und ihre Beschäftigungsfähigkeit (Employability) zu sichern (Rump et al. 2020a; Deloitte 2017; Rump u. Eilers 2017b).

6.3.2 Führung

Insbesondere die unmittelbaren Vorgesetzten sind gefordert, auf die Beschäftigungsfähigkeit ihrer Mitarbeiter*innen zu achten und diese zu fördern, da sie aufgrund des täglichen und praxisnahen Kontaktes zu ihren Mitarbeiter*innen in der Regel einen sehr viel besseren Überblick über deren Kenntnisse und Fähigkeiten sowie über Bedarfe an Wissens- und Kompetenzentwicklung haben als beispielsweise die Personalabteilung.

In einem immer flexibler werdenden Arbeitsumfeld lässt sich Erfolg oder Misserfolg der Mitarbeiter*innen nicht länger über die Präsenz am Arbeitsplatz, ständige Kontrollierbarkeit oder die Teilnahme an Seminaren bemessen. Vielmehr ist es die zielgerichtete Leistung, verbunden mit der Bereitschaft zur ständigen Weiterentwicklung, die honoriert oder im negativen Fall auch sanktioniert werden sollte. Für die Rolle der Führungskräfte bedeutet dies eine sehr viel höhere Komplexität und auch einen gewissen Machtverlust. Zu einem lernförderlichen Umfeld gehört es, dass Führungskräfte ihren Mitarbeiter*innen bezüglich der Aufgabenbewältigung und -verteilung innerhalb eines idealerweise gemeinsam definierten Rahmens Freiheitsgrade und Handlungsspielräume gewähren. Dies impliziert auch, die Individualität jedes einzelnen Mitarbeiters und jeder einzelnen Mitarbeiterin zu akzeptieren und in die Gestaltung dieses Rahmens einzubeziehen. Auf der anderen Seite birgt die Gewährung von Freiräumen die Gefahr, Mitarbeiter*innen zu sehr »sich selbst zu überlassen« und ihnen damit das Gefühl von Stabilität und Sicherheit zu nehmen. Hier ist die Führungskraft gefordert, die richtige Balance zu finden, sodass der oder die Mitarbeiter*in in dem Bewusstsein agiert, bei Problemen und Hindernissen im Notfall auf die Führungskraft zugehen und sie um Unterstützung bitten zu können. Ein Weg, die Beschäftigungsfähigkeit der Mitarbeiter*innen zu fördern, kann darin bestehen, ihnen neue Herausforderungen zu bieten, an denen sie sich messen und weiter entwickeln können. Dabei gilt es, den für den oder die jeweilige*n Mitarbeiter*in geeigneten Weg zu erkennen und zu verfolgen. So kann es bei einigen Mitarbeiter*innen angebracht sein, sie gezielt an ihre Grenzen zu bringen und ihnen dadurch Potenziale aufzuzeigen, derer sie sich selbst noch nicht bewusst sind. Die Stärkung von Eigenverantwortung und -initiative durch die Übertragung anspruchsvollerer Aufgaben kann jedoch auch zu einer Überforderung des oder der Einzelnen, verbunden mit der Gefahr des Ausbrennens und der Selbstausbeutung, führen. Dessen sollten sich Führungskräfte bewusst sein und ein Gespür dafür entwickeln, welchen Grad von Verantwortung und eigenständigem Handeln der oder die Einzelne zu leisten imstande ist. In diesem Kontext besteht die Herausforderung auch darin, Mitarbeiter*innen »um ihrer selbst willen« zu fördern. Eine Führungskraft, die Employability fordert und fördert, blockiert die berufliche Entwicklung ihrer Mitarbeiter*innen nicht, indem sie sie »versteckt« – auch wenn dies bedeutet, dass der weitere Weg einzelner Mitarbeiter*innen außerhalb der eigenen Abteilung oder des eigenen Unternehmens verlaufen wird. Sie vermittelt ihnen vielmehr das Gefühl, dass ihr Engagement bezüglich des eigenen Fortkommens erwünscht ist und auf Förderung und Unterstützung stößt. Nur diejenigen Vorgesetzten, die Talente »um ihrer selbst willen« fördern und auch ziehen lassen, werden im Unternehmen zur »Führungskraft of choice« für High Potentials und steigern damit auch in der Außenwirkung die Attraktivität des Unternehmens als Arbeitgeber. »Loslassen« darf allerdings nicht bedeuten, den Mitarbeiter*innen das Gefühl zu vermitteln, dass ihre Person und Leistung als gleichgültig betrachtet werden – vielmehr sollte sich das Verhältnis zwischen Führungskraft und Mitarbeiter*innen als gleichberechtigte Partnerschaftsbeziehung gestalten (Rump u. Eilers 2017b)).

Eine weitere wesentliche Anforderung, die Führungskräften im Employability-Ansatz zukommt, besteht darin, die Motivation ihrer Mitarbeiter*innen zu fördern. Dies gilt für konkrete Arbeitsaufträge oder Projekte ebenso wie für den Fokus der weiteren beruflichen Orientierung der Mitarbeiter*innen. Das Motivationsmoment wird dabei insbesondere dann zum entscheidenden Faktor, wenn die Mitarbeiter*innen selbst nicht an die eigenen Fähigkeiten oder Entwicklungsmöglichkeiten glaubt oder wenn im Zuge von Veränderungen Widerstände auftreten. In diesem Zusammenhang kann auch das Führen über Zielvereinbarung mit einer konsequenten Einbindung des Mitarbeiters oder der Mitarbeiterin in die Zielformulierung ein sinnvolles Instrument sein. Gerade im Bereich Employability ist die Führungskraft als Vorbild der beste Motivator. Die Vorbildfunktion umfasst dabei das Vorleben von Eigenverantwortung und Initiative ebenso wie ein konsequentes »Sich-in-Frage-stellen«. Zeigt die Führungskraft sich stets interessiert an Erhalt und Steigerung ihrer eigenen Beschäftigungsfähigkeit und spiegelt dies auch ihren Mitarbeiter*innen, werden diese der Thematik ebenfalls offener und vertrauensvoller begegnen. Nur in einer offenen und toleranten Führungskultur, in der Wünsche und Beiträge der Mitarbeiter*innen beachtet werden und auch der Vorgesetzte sich der Kritik stellt und Konfliktfähigkeit beweist, kann Employability gedeihen. Dazu gehört eine hohe Verbalisierungs-, Visualisierungs- und Vernetzungskompetenz ebenso wie ein partnerschaftliches, kooperatives Miteinander, aber auch, dass die Führungskraft damit umgehen kann, wenn ihre Mitarbeiter*innen gegebenenfalls in bestimmten Fachthemen über ein größeres Know-how verfügen als sie selbst. Ein weiterer bedeutsamer Aspekt in diesem Zusammenhang ist die Bereitschaft, zu gegebenen Versprechen zu stehen. Werden beispielsweise zugesagte Entwicklungsmaßnahmen »auf die lange Bank geschoben«, so ist mit einer kontinuierlich nachlassenden Motivation der Mitarbeiter*innen zu rechnen. Eine hohe Bedeutung kommt auch der Fähigkeit von Vorgesetzen zu, Wissen vermitteln und teilen zu können und auch eine Atmosphäre zu schaffen, in der das Teilen von Wissen erleichtert wird und neue Ideen akzeptiert werden. In der Praxis scheitert ein solches Führungsverständnis nicht selten an machtpolitischen Zwängen und der Eigendefinition vieler Vorgesetzten. Daher ist es unerlässlich, insbesondere die Führungskräfte mit dem Gedankengut der Employability vertraut zu machen und sie entsprechend zu qualifizieren, um den Umgang mit der Beschäftigungsfähigkeit ihrer Mitarbeiter*innen, aber nicht zuletzt auch mit ihrer eigenen Employability, zu verbessern und schrittweise zu verinnerlichen (Rump u. Eilers 2017b).

6.3.3 Arbeitsorganisation

In Bezug auf die Arbeitsorganisation steht für Future Learning insbesondere eine entsprechende Ausgestaltung von Lernorten und Lernzeiten im Fokus. Gerade sie bieten zahlreiche Möglichkeiten, »in Bewegung zu bleiben« und so die kontinuierliche Weiterqualifizierung von Mitarbeiter*innen zu realisieren und voranzutreiben. Dies geschieht vor dem Hintergrund, dass sich die Arbeitsorganisation insgesamt im Wandel befindet und agiler sowie flexibler wird. In der Konsequenz muss sich auch Lernen an diese veränderten Rahmenbedingungen anpassen.

6.3.3.1 Lernen in zunehmend agilen Arbeits- und Organisationsstrukturen

In einer Arbeitswelt, die einem ständigen Wandel unterworfen ist, hinter dem die unterschiedlichsten Treiber stehen, setzen viele Unternehmen auf Agilität, um das erforderliche Maß an Anpassungsfähigkeit zu erreichen. Es gibt verschiedene Möglichkeiten, ein Unternehmen »agiler« zu machen – vom radikalen Bruch mit bestehenden Strukturen bis hin zu vereinzelten sukzessiven Maßnahmen. Agile Organisations- und Arbeitsformen bieten eine Vielzahl von Vorteilen, auch im Kontext der Zusammenarbeit, in der es schnellere Entscheidungsprozesse, ein höheres Maß an Offenheit und Transparenz in Strukturen und Prozessen ebenso wie in Zielen und Entscheidungen gibt. An die Stelle von »Silodenken« einzelner Abteilungen und Unternehmensbereiche tritt ein interdisziplinäres, kooperatives und ganzheitliches Projektdenken unter klar formulierten Zielen. Nicht zuletzt verändern sich in einem agilen Umfeld Führung und Zusammenarbeit. Vor allem von der stärkeren Verantwortungsübernahme durch Mitarbeiter*innen wird eine Erhöhung von Qualitätsbewusstsein, Motivation und Commitment erwartet (Fischer et al. 2017; Rump u. Eilers 2021).

Der Weg zu mehr Agilität im Unternehmen kann allerdings auch sehr hart sein und schnell überfordern. Agile Organisations- und Arbeitsformen sind mit dem Zweck der Innovationsgenerierung und der Verbesserung bei hoher Geschwindigkeit und hoher Aktionsdichte verbunden. Damit stehen Menschen in agilen Organisations- und Arbeitsformen permanent unter Druck. Nicht jede*r kann dieser kontinuierlichen Drucksituation standhalten. Mehr Verantwortung, neue Freiräume und eine Fehlerkultur, in der offen Kritik geübt wird, stellen zudem viele Menschen, die in einem anderen System sozialisiert wurden, zumindest zu Beginn vor erhebliche Herausforderungen. Kompetenzen zur Selbstorganisation und dem Umgang mit agilen Methoden müssen in der Regel zunächst erlernt und eingeübt werden. Ein weiterer, nicht zu unterschätzender Aspekt ist der Statusverlust in Organisationen, die zuvor stark hierarchisch strukturiert waren und in denen sich nun die bisherigen Führungskräfte in einer mehr oder weniger hierarchiefreien Umgebung wiederfinden. Eine explorative Studie des Instituts für Beschäftigung und Employability (IBE) identifiziert eine Reihe von Chancen und Risiken agiler Arbeits- und Organisationsformen. Bezogen auf die Kompetenzen und Qualifikationen, die in diesem Zusammenhang erforderlich sind, zeigt sich Folgendes (Rump et al. 2020d):

- Die Liste der Kompetenzen und Qualifikationen, die für agile Organisations- und Arbeitsformen notwendig zu sein scheinen, ist lang. Ein wenig entsteht der Eindruck einer »Eier legenden Wollmilchsau«.
- Nicht selten wird von Überforderung der Mitarbeiter*innen gesprochen. Während einige gut damit zurechtkommen, haben andere Problem mit der Arbeitsweise, der Hierarchiefreiheit, der Selbstorganisation und dem Mindset.
- Überforderung zeigt sich in unterschiedlicher Form. Zum einen kann das Konfliktpotenzial im Team zunehmen, was sich in negativer zwischenmenschlicher Emotionalität äußert. Zum anderen ziehen sich die betroffenen Mitarbeiter*innen zurück und beteiligen sich nicht an den Diskussionen. Die Zielerreichung und die Aufgabenerfüllung entsprechen dann nicht den Erwartungen, was wiederum das gesamte Team belastet und zu Konflikten unter den Teammitgliedern und mit anderen Bereichen des Unternehmens führt. Damit steigt der Druck auf die Personen, die sich überfordert fühlen. Ein Teufelskreis wird in Gang gesetzt.
- Dieser Teufelskreis lässt sich durchbrechen. Qualifizierungen und Coaching helfen ebenso wie ein stärkenorientierter Personaleinsatz. Dies ist jedoch nicht ressourcenneutral.
- Das für Agilität notwendige Persönlichkeitsprofil umfasst einen Leistungsgedanken, Eigeninitiative, Eigenverantwortung, eine Einstellung, sich auf den Weg zu machen, ohne das genaue Ziel zu kennen, Offenheit, Mut, Ehrlichkeit zu sich selbst und gegenüber anderen, Frustrationstoleranz sowie Disziplin. Der Eindruck der »Eier legenden Wollmilchsau« wird verstärkt.

Unerlässlich bei der Einführung einer agilen Organisation bzw. entsprechender Einheiten und Teams ist es daher, die Voraussetzungen der Beschäftigten frühzeitig zu hinterfragen, bestehende Ängste ernst zu nehmen und gegebenenfalls vorbereitende Maßnahmen wie Schulungen oder Gesprächsrunden zu implementieren.

6.3.3.2 Lernen in zunehmend flexiblen Arbeits- und Organisationsstrukturen

Im Gegensatz zur Agilität bezieht sich Flexibilisierung insbesondere auf Arbeitszeiten und Arbeitsorte. Resultierend daraus entwickeln sich vielfältige Szenarien von mobilen und vernetzten Arbeitssystemen, denen in der Konsequenz auch Lernorte und Lernzeiten Rechnung tragen müssen. Für die einzelnen Personen kann Flexibilisierung erhebliche Erleichterungen in Bezug auf die Vereinbarkeit von Beruf und Privatleben und einen deutlich höheren Freiheitsgrad bedeuten. Dies führt nicht zuletzt zu gesundheitlichen Entlastungen. Gleichzeitig kann Flexibilisierung Menschen aber auch überfordern, ihnen Orientierung und Grenzen rauben, sodass sich hieraus negative gesundheitliche Folgen ergeben.

Arbeits- und Lernorte

Wenngleich die Verbreitung von Homeoffice-Lösungen noch bis Anfang 2020 eher schleppend vorangegangen ist, so sind sich Forschende doch sicher, dass hierin einer der Schlüssel zu einem individuelleren Umgang mit den Lebensphasen der Mitarbeiter*innen und deren Bedürfnissen liegt. Nicht zuletzt lassen sich durch Homeoffice auch Arbeitszeitpotenziale heben. Wenn nur einmal die Woche zwei Stunden der Zeit, die üblicherweise zum Pendeln ›verpufft‹, in Arbeitszeit zu Hause investiert wird, dann kann dies durchaus schon eine Bereicherung darstellen – und zudem zur Reduzierung des Stresspegels bei die Mitarbeiter*innen beitragen. Dies ist insbesondere für Mitarbeiter*innen mit Betreuungspflichten ein Gewinn, denen nur ein festes Zeitfenster zum Arbeiten während der Betreuungszeiten zur Verfügung steht. Bislang ließen sich vielfach Wünsche von Beschäftigten nach zumindest tageweisen Tätigkeiten im Homeoffice aufgrund betrieblicher Umstände oder Vorbehalte seitens der Führungskräfte und/oder Geschäftsleitungen nicht realisieren. Und auch viele Arbeitnehmer*innen fürchteten eine Vereinsamung oder einen zu hohen Aufwand für die Arbeit von zu Hause. Die Corona-Krise führte im Frühjahr 2020 jedoch zu einem immensen Anstieg der Zahl an Beschäftigten im Homeoffice über nahezu alle Branchen und Tätigkeitsfelder hinweg. Es bleibt abzuwarten, inwieweit sich hieraus dauerhafte positive Effekte für einen Bewusstseinswandel – sowohl bei Arbeitnehmer*innen als auch bei Arbeitgebern und Führungskräften und ein Anstieg der Homeoffice-Tage in Deutschland ergeben.

Wie sehen nun die Tendenzen in Bezug auf Lernorte aus? Ist auch hier bereits ein Umdenken zu erkennen? Wiederum lässt sich hier der HR-Report 2020 als Referenz heranziehen, in dem auch nach den häufigsten Lernorten gefragt wurde. Das klassische »Learning off the job«, also der

Besuch von Seminaren oder Tagungen, ist mit 53 % nach wie vor die häufigste Nennung. »Learning on the job« folgt allerdings bereits dicht darauf (47 %). Ebenso kommt das Online-Lernen am Arbeitsplatz auf beachtliche 35 % der Nennungen. Gleichauf liegen das Lernen im privaten Kontext, das mobile Online-Lernen (z. B. im Zug oder im Homeoffice) sowie das »Learning near the job«. Sehr traditionell in Bezug auf den Lernort ist im Branchenvergleich insbesondere der öffentliche Sektor aufgestellt. Hier findet noch für zwei Drittel das Lernen off the job statt (verglichen mit je 49 % in Industrie und Dienstleistungsbereich), entsprechend geringer ist die Ausprägung in Bezug auf Learning on the job (Rump et al. 2020c).

Die Detecon-/IBE-Studie lässt darauf schließen, dass es bereits heute in vielen der teilnehmenden Unternehmen sehr differenzierte Lernorte gibt, die durchaus auch komplementär, im Sinne des Blended oder Hybrid Learning (vgl. Abschn. 4.1.1) genutzt werden. Dabei wird eine Abhängigkeit des Lernorts vom Lernziel erkannt und vermehrt auf die Selbstbestimmtheit der Beschäftigten bei der Auswahl aus einem breit gefächerten Angebot gesetzt. Einige Interviewpartner*innen geben allerdings auch an, Online-Angebote, beispielsweise im Intranet, würden noch nicht in dem eigentlich von Unternehmensseite gewünschten Maße genutzt. Um Lernerfolg vor dem Hintergrund eines kurzen Zeithorizonts zu befördern, werden Minimaleinheiten häufig in Arbeitsplatznähe durchgeführt, um kleine Lerneinheiten in den Arbeitsalltag zu integrieren. Gerade größere Unternehmen legen vielfach schon heute Wert auf eine lernförderliche Gestaltung von Meeting- und Seminarräumen, wie z. B. größere Räume oder eine Ausstattung mit kreativitätsfördernden Elementen. Andere planen Einzel- und Großraumbüros sowie Rückzugsinseln mit kleinen Oasen oder Bibliotheken. Innovative Lernorte sind in jedem Fall bereits in vielen Unternehmen in Planung, flexible Lernorte wie Homeoffice heute schon in den meisten befragten Unternehmen beruflicher Alltag. Ein weiterer Trend ist die Vernetzung und der Austausch am Arbeitsplatz als Lernort, sodass beispielsweise kooperatives Lernen ermöglicht wird, zum Beispiel durch Social Intranet. Präsenzveranstaltungen vor Ort hingegen nehmen in vielen Organisationen tendenziell an Bedeutung ab (Rump et al. 2020a).

Arbeits- und Lernzeiten

Flexible Arbeitszeitlösungen finden sich in den unterschiedlichsten Formen und sind weit verbreitet in deutschen Unternehmen anzutreffen. Vielfach wurden sie implementiert, um den betrieblichen Bedürfnissen nach dem Ausgleich von Kapazitätsschwankungen oder Krisenzeiten zu begegnen, jedoch auch zur Verbesserung der Vereinbarkeit des Berufs mit dem Privatleben. Gerade die Digitalisierung bietet immense Möglichkeiten, Arbeitszeiten flexibler zu gestalten. Allerdings gilt es hierbei auch zu bedenken, dass Zeit vielen Menschen als Orientierungs- und Selbststeuerungsgröße dient. Insofern geht mit Lösungen wie Vertrauensarbeitszeit oder reiner Ergebnisorientierung die Notwendigkeit einher, diese Orientierung oder Selbststeuerung auf eine neue Basis zu stellen. Noch immer ist das Einhalten einer bestimmten Arbeitszeitdauer in vielen Unternehmen ein Symbol und Maßstab für die Menge an geleisteter Arbeit und auch ein Richtstab für Führungskräfte, wenn es darum geht, Aufgaben gerecht unter den Mitarbeiter*innen zu verteilen. Ein ersatzloses Streichen kommt daher vielfach nicht in Frage, es gilt vielmehr, nach alternativen Maßstäben zu suchen (Hofmann et al. 2019). Dies gilt auch in Bezug auf Lernzeiten, die in Unternehmen teils sehr unterschiedlich definiert werden. In etwas mehr als einem Drittel der teilnehmenden Unternehmen im Rahmen des HR-Report 2020 gibt es diesbezüglich keinerlei Vorgaben oder Richtlinien. Ein knappes Drittel definiert Lernzeit nach wie vor ausschließlich über die Teilnahme an Seminaren. Rund ein Viertel der Unternehmen erfasst Lernzeit allerdings auch anhand der Lernaktivitäten, die im Unternehmen stattfinden (am Arbeitsplatz, in Austauschformaten, in internen Seminaren etc.). Darüber hinaus wird von den Befragten angeführt, dass die Führungskräfte mit ihren Mitarbeiter*innen individuelle Lernzeitbudgets vereinbaren bzw. dass jedem oder jeder Mitarbeiter*in ein bestimmtes Zeitbudget für das Lernen zur Verfügung steht, welches eigenverantwortlich für unterschiedliche Lernformate genutzt werden kann (jeweils rund 25 %) (Rump et al. 2020c).

Die Befragten der Detecon-/IBE-Studie geben an, es sei sehr schwierig, Lernzeiten zu definieren, da Lernen in vielfältiger Form vorzufinden sei, zum Beispiel on-the-job, in Projekten oder auf Konferenzen. Es besteht außerdem eine starke Abhängigkeit der erforderlichen Lernzeit vom Lerninhalt und Lernziel. Des Weiteren stellt sich die zentrale Frage über den generellen Umgang mit Lernzeiten. Dies wird in den befragten Unternehmen unterschiedlich gehandhabt. Es gibt diesbezüglich unterschiedliche Ziele je nach Bedarfen (zum Beispiel zu Karrierebeginn, zu Vernetzungszwecken oder für Weiterbildungen). Für Online-Lernen liegt teilweise noch keine Regelung vor. Einige Unternehmen planen ein bestimmtes verpflichtendes Lernkontingent bereitzustellen, sodass jedem das Lernen zugänglich wird. Ebenso besteht ein Ansatz darin, Lernzeit zielbasiert je nach Abteilung und Optimierungspotenzial in bestimmten Kompetenzen, Fachgebieten etc. zu betrachten. Derzeit ist die Unterscheidung zwischen Arbeit und Freizeit in Bezug auf das Lernen teilweise zwar aufgehoben, allerdings wird in manchen Unternehmen immer noch die Erfassung von Lernzeiten abgelehnt. Als Grund wird angemerkt, dass eine Unterscheidung von Lern- und Arbeitszeiten schwierig vorzunehmen ist. Hierzu liegen gemischte Meinungen vor. Es gibt einerseits die Ansicht, dass Lernen in der Eigenverantwortung der Mitarbeiter*innen liegt, das heißt sie sollten sich vor allem selbst, ohne Unterstützung der Führungskraft, Zeit zum Lernen nehmen. Andere Interviewpartner*innen sehen hingegen genau dies auch als Aufgabe der Führungskraft an, Freiräume zum Lernen zu gewähren bzw. Lernzeiten wertzuschätzen (Rump et al. 2020a). Grundsätzlich lässt sich festhalten, dass der Umgang mit Lernzeiten auch einen nicht zu unterschätzenden Einfluss auf die Motivation zum Lernen nehmen kann. Von einer Arbeitnehmerin oder einem Arbeitnehmer im mittleren Lebensalter in verantwortungsvoller Position, der oder die zusätzliche familiäre Pflichten hat, ist beispielsweise kaum zu erwarten, dass er oder sie am Arbeitsplatz über die Regelarbeitszeit hinaus präsent ist und sich zusätzlich noch privat weiterbildet. Hier erfordert es Zugeständnisse, um zunächst überhaupt die Bereitschaft zum Lernen zu wecken. Dies können beispielsweise Homeoffice-Tage sein, die dem/der Einzelnen Zeitersparnisse für das Pendeln einbringen oder auch Zeitfenster im Rahmen der Arbeitszeit, die für das Lernen reserviert werden. Denkbar wären auch Jobsharing-Modelle, in denen sich zwei Arbeitnehmer*innen einen Arbeitsplatz teilen, um sich in der dadurch ergebenden freien Zeit ihrer Fortbildung zu widmen, aber auch Jahresarbeitszeitkonten, die mehrmonatige Qualifizierungszeiträume ermöglichen (Rump u. Eilers 2017b).

6.3.4 Personalentwicklung

In Bezug auf die Personalentwicklung geht es um Lernbedarfe, Lernangebote, Lernformate und nicht zuletzt auch um ein neues Rollenverständnis aller Beteiligten.

6.3.4.1 Lernbedarfe

Zunächst gilt es, Lernbedarfe zu ermitteln. Der HR-Report 2020 macht deutlich, dass es hierfür nicht »den einen Weg« gibt, sondern sich die Ermittlung sehr individuell gestaltet. Sie erfolgt nach Angaben der Befragten gleichermaßen auf Initiative der Mitarbeiter*innen wie auch im Rahmen von Mitarbeitergesprächen oder auch auf Initiative der Führungskräfte. Erwartungsgemäß finden in kleineren Betrieben (unter 1000 Mitarbeiter*innen) seltener spezielle Entwicklungs-/Kompetenzgespräche und strategische Personalplanungsprozesse als in größeren Unternehmen statt. Hier wird stärker auf Mitarbeitergespräche und die Initiative des Mitarbeiters oder der Mitarbeiterin gesetzt (Rump et al. 2020c). Auch die Interviewpartner*innen der Detecon-/IBE-Studie berichten aus ihren (Groß-)Unternehmen vielfach von regelmäßigen Entwicklungs- bzw. Kompetenzgesprächen, die einen individuellen Entwicklungsplan mit Zielen beziehungsweise Zielkontrollen nach sich ziehen. Teilweise liegt ein strategischer Personalplanungsprozess vor, der Kompetenzprofile sowie unterjährige Vereinbarungen zwischen Führungskraft und Mitarbeiter*innen beinhaltet. Dabei werden Lernentscheidungen getroffen, sodass Trainings- und Lernmaßnahmen ergriffen werden können. Dies wird den Einschätzungen zufolge in Zukunft allerdings immer weniger praktiziert werden, denn klassische Kompetenzmanagementsysteme werden von den Befragten teilweise als veraltet und nicht mehr zeitgemäß in Hinblick beispielsweise auf die Entwicklungen der VUCA-Welt oder den Pflegeaufwand empfunden. Ein alternativer Ansatz kann in einem strategischen Personalplanungsprozess bestehen, der zum einen derzeitige und künftige Skillelemente für Jobfamilien bzw. Jobcluster beinhaltet sowie zum anderen weiterentwickelt werden kann, zum Beispiel bei relevanten technischen und verhaltensbezogenen Fähigkeiten. Diese können zur Bewertung durch das Top-Management mit Skalen versehen, grob beschrieben und konkretisiert werden. Häufig werden sie auch in andere Prozesse integriert, wie etwa im Rahmen eines Mitarbeitergesprächszyklus. Die Führungskräfte erhalten dabei meist die wichtige Rolle, Zielbilder ganzer Abteilungen beziehungsweise ihrer Mitarbeiter*innen zu entwickeln, die Bedeutsamkeit von Lernen verständlich zu machen sowie gemeinsam umzusetzen und ggf. anzupassen. Dies ist oftmals eine Herausforderung sowohl für Führungskräfte als auch Mitarbeiter*innen. Daher sollte ein »lebender« und verpflichtender Prozess entwickelt werden. Hierzu wird auch die

Möglichkeit genannt, einen hybriden Modus im Sinne eines klassischen Gesprächsprozesses zum Jahresende und zu Jahresbeginn zu implementieren, um zu beurteilen, ob und wie erfolgreich Entwicklungsziele erreicht wurden beziehungsweise welche noch zu erreichen sind. Durch integrierte kontinuierliche Feedbackgespräche werden zudem frühzeitige Zielanpassungen im Prozess ermöglicht.

Andere Interviewpartner*innen verstehen Lernen zudem als etwas, das nicht zwangsläufig mit einer Entwicklung nach oben einhergeht, sondern lebenslang unabhängig von Positionen stattfindet. Der Personalbereich wird dabei eher als beratende Funktion gesehen. In mehreren Unternehmen wird überdies angestrebt, Mitarbeiter*innen in die Verantwortung einzubinden, sich selbstständig auf ein Zielbild hin weiterzuentwickeln. Vielen Ansichten nach wird dies auch in Zukunft verstärkt in Form von Selbstlernen und eigenständigen Entscheidungen von Bedeutung sein, sodass für Mitarbeiter*innen Freiräume und Lernzeiten erforderlich werden (Rump et al. 2020a).

6.3.4.2 Lernangebote

Grundsätzlich sollte bei der Gestaltung von Lernangeboten ein vorausschauender Ansatz verfolgt werden, in dem die Qualifikation des/der Einzelnen einer kontinuierlichen Überprüfung und Anpassung unterliegt, die sich nicht nur an konkreten Unternehmensbedürfnissen oder der Beschäftigungssituation ausrichtet, sondern auch an den aktuell und zukünftig auf dem Arbeitsmarkt nachgefragten Kompetenzen und Fähigkeiten. Dabei sind auch niedrig qualifizierte Arbeitskräfte in entsprechende Konzepte einzubinden, da ihnen am vehementesten der Ausschluss aus der Erwerbsgesellschaft droht, wenn ihre Kenntnisse und Fähigkeiten nicht mehr länger marktfähig sind (Rump u. Eilers 2017b). Die Lernangebote, die sich aus der Ermittlung der Lernbedarfe ergeben, sind in den teilnehmenden Unternehmen der Detecon-/IBE-Studie sehr vielfältig und dabei teils verpflichtend, teils freiwillig. Zu den Erstgenannten zählen vor allem Lernangebote zu strategisch relevanten Inhalten sowie zu technischen Kompetenzen. Teilweise werden über E-Lernplattformen bestimmte Inhalte der oder dem Einzelnen individuell abgestimmt und standardisiert angeboten, teilweise ist dies künftig gewünscht. Dabei richtet sich die Art des Angebots teils nach persönlichen Bedarfen und dem aktuellen Tätigkeits- und Qualifikationsprofil, teils auch nach dem Hierarchielevel und/oder der Abteilung des Mitarbeiters oder der Mitarbeiterin. Es ist zudem vielfach vom Hierarchielevel und/oder der Art des Trainings abhängig, inwieweit die Zustimmung der Führungskraft bzw. die Einschaltung einer zentralen Stelle (HR bzw. Personalentwicklung beziehungsweise fachliche Bereichszuständigkeit für Weiterbildung) erforderlich ist. Oftmals sind E-Learning-Angebote frei zugänglich, während klassische Seminare der Zustimmung bedürfen. Das Lernziel ist in einigen Fällen von den entsprechenden Geschäfts- oder Kundenanforderungen abhängig oder aber in einer gesonderten Betriebsvereinbarung geregelt, die die Weiterentwicklung nach bestimmten

Maßgaben, zum Beispiel zum Erreichen einer bestimmten Managementposition festlegt. Bei den meisten Unternehmen gilt, dass Mitarbeiter*innen eigenständig nach Angeboten suchen, sie auswählen und falls erforderlich, sich mit ihrer Führungskraft und gegebenenfalls auch mit der Personalentwicklung abstimmen. Damit wird lediglich ein Rahmen für das Lernen festgelegt (zum Beispiel das Lernangebot) und die Umsetzung erfolgt eigenverantwortlich (Rump et al. 2020a). Es ist nicht verwunderlich, dass bei einer immer kürzeren Halbwertszeit von Fachwissen und der Entwicklung von neuen Tätigkeits- und Jobprofilen fachbezogene Themen im Kontext des lebenslangen Lernens ganz oben auf der Agenda stehen. 60 % der Unternehmen im Rahmen des HR-Report 2020 geben an, dass die meisten Aktivitäten darauf entfallen. Eher interessant ist, dass die Förderung sozialer Kompetenzen (z. B. Zeitmanagement, Persönlichkeitsentwicklung, Selbstmanagement, Resilienz, Frustrationstoleranz, Veränderungsbereitschaft) gleich danach an zweiter Stelle von knapp der Hälfte der Befragten genannt wird. Weitere Aktivitäten umfassen: IT-Themen (36 %), die Entwicklung von Methoden- oder Führungskompetenzen (jeweils 28 %) und Sprachen (19 %). Am ehesten werden die sozialen Kompetenzen im öffentlichen Sektor gefördert (53 % verglichen mit 47 % im Dienstleistungsbereich und 39 % in der Industrie), und auch etwas häufiger in den großen Unternehmen ab 5000 Beschäftigten. Für die Befragten ab 50 Jahren spielen Fachthemen die größte Rolle (70 %), während dies für die 40- bis 49-Jährigen (61 %) und die unter 40-Jährigen (49 %) in deutlich geringerem Maße der Fall ist (Rump et al. 2020c).

6.3.4.3 Lernformate

In Bezug auf die Lernformate wird aktuell überwiegend noch auf traditionelle Art und Weise gelernt. Dabei werden von den Unternehmen, die am HR-Report 2020 teilnahmen, eine ganze Bandbreite unterschiedlicher Instrumente und Methoden eingesetzt. Bewährte und etablierte Formen wie Learning on the job, externe und interne Präsenzseminare sind die Formate mit der höchsten Nutzung. Zusätzlich sind Webinare, Lernvideos und Multiplikatorenformate bereits vergleichsweise verbreitet. Neuere Formate wie Gamification, Augmented oder Virtual Reality kommen bisher eher selten zum Einsatz. Deutlich unterschiedlich stellt sich allerdings die Nutzung der Instrumente und Maßnahmen nach Alter dar. So nutzen die ab 50-Jährigen deutlich häufiger Learning on the job oder externe und interne Präsenzseminare, während die unter 40-Jährigen (schon) etwas stärker mit virtuellen Austauschformaten oder Augmented und Virtual Reality vertraut sind als die beiden anderen Altersgruppen (Abb. 30, Rump et al. 2020c).

Die bereits angesprochene Untersuchung von Acatech zeigt zudem deutliche Unterschiede in der Nutzung einiger Weiterbildungstools nach Unternehmensgröße. So nutzen 38 % der Unternehmen mit mehr als 250 Beschäftigten, jedoch nur 18 % der Betriebe mit bis zu 250 Beschäftigten digitale Aus- und Weiterbildungsangebote (Acatech 2016).

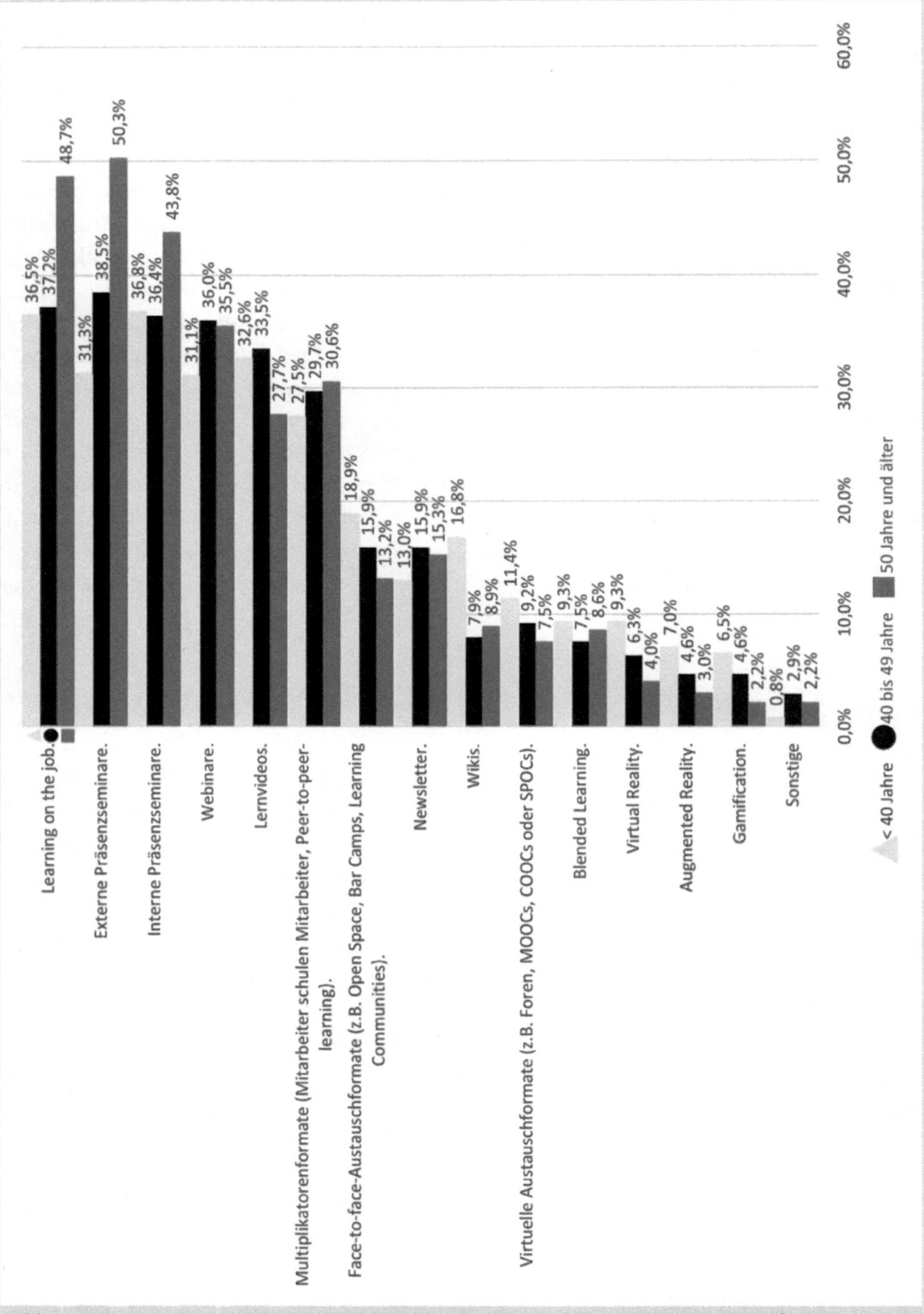

Abb. 30: Verwendete Instrumente und Methoden betrieblicher Weiterbildung nach Alter der Befragten (Sonderauswertung im Rahmen von Rump et al. 2020c)

Eine Studie des Bundesverbands der Personalmanager (BPM) und des Instituts der deutschen Wirtschaft (IW) Consult konstatiert, dass das Potenzial der neuen Lernformate, die gerade zur Förderung von Soft Skills als ideal gelten, derzeit noch nicht ausreichend ausgeschöpft wird – nur ein Viertel der befragten Personalfachleute setzen entsprechende Methoden bereits ein, um soziale und persönliche Kompetenzen von Mitarbeiter*innen zu fördern (Gekeler 2018). Die Nutzung der Lerninstrumente und Methoden wird sich nach Einschätzung der Teilnehmer*innen des HR-Reports 2020 in naher Zukunft auch deutlich ändern. Webinare und Lernvideos werden Präsenzseminare von den vorderen Plätzen ablösen. Außerdem wird angenommen, dass die virtuellen Formate sprunghaft zunehmen (Rump et al. 2020c, Abb. 31).

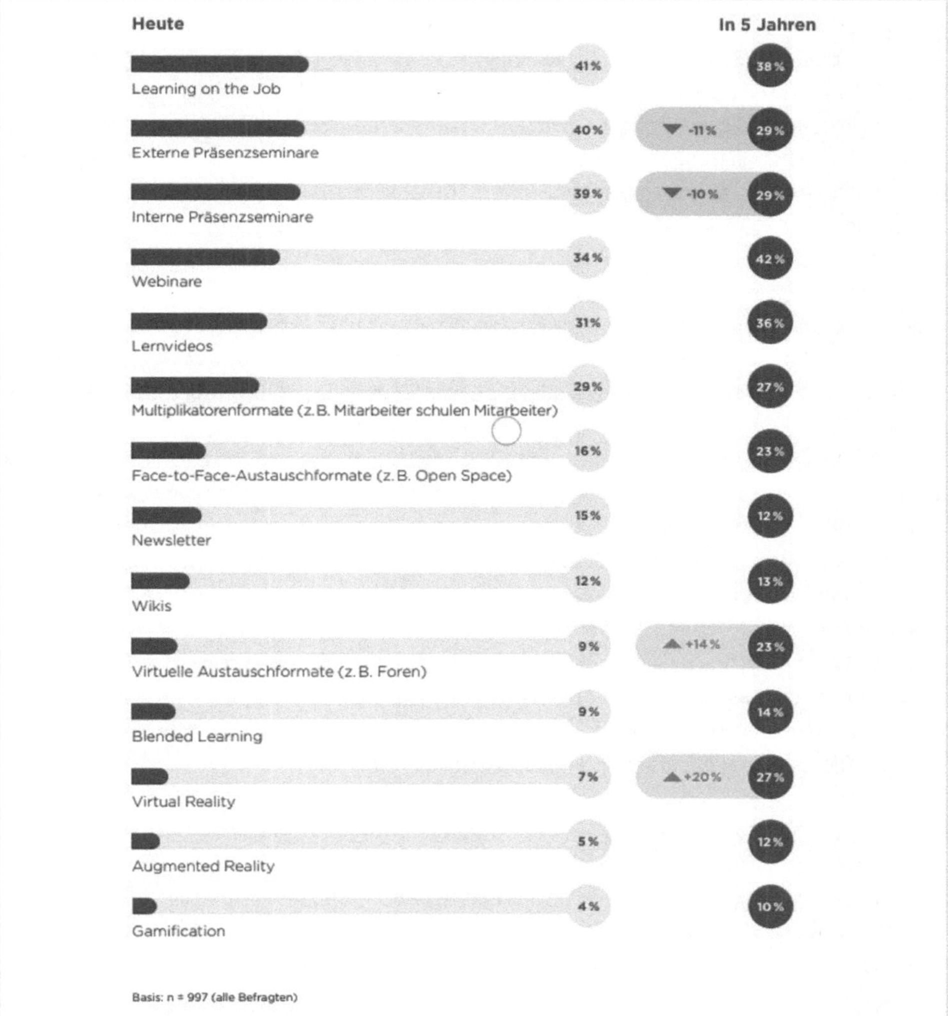

Abb. 31: Verbreitung unterschiedlicher Lernformate heute und in Zukunft (Rump et al. 2020c, S. 20)

Die IW-Weiterbildungserhebung und auch das Statistische Bundesamt zeigen schon seit 2010 eine deutliche Zunahme »anderer Formate« im Vergleich zum klassischen Off-the-job-Lernen zugunsten des informellen Lernens wie Informationsveranstaltungen, Lernen im Prozess der Arbeit oder selbstgesteuertes Lernen mit Medien (Seyda u. Placke 2017), und auch die Teilnehmer*innen der Detecon-/IBE-Befragung berichten bereits von einer vergleichsweise großen Bandbreite an didaktischen Formaten, welche sowohl unternehmensinterne als auch -externe Angebote umfassen. Hierzu zählen neben klassischen Seminaren auch vielfältige virtuelle Optionen sowie Mischformate wie Blended oder Hybrid Learning. Teilweise werden unterschiedliche Lernmethoden auf einer Plattform zusammengeführt, auf welche Mitarbeiter*innen eigenständig zugreifen können und die auch partizipative Formate möglich machen. Hierzu ist allerdings anzumerken, dass es hier durchaus auch unterschiedliche Zugriffsrechte aus verschiedenen Abteilungen oder Hierarchiestufen geben kann (Acatech 2016; Rump et al. 2020a). Generell gilt, dass digitale Formate die bestehende Bandbreite an Weiterbildungsangeboten erheblich erweitern und eine individualisierte Nutzung ermöglichen können. Bedingungen für eine funktionierende (digitale) Weiterbildung sind allerdings die Herstellung eines praktischen Bezugs zum Arbeitsalltag, die Nutzung des Arbeitsplatzes als Lernort, wann immer möglich, und die Auswahl der Angebote ausgehend von den Bedürfnissen des oder der Beschäftigten (Janson 2016).

Das iBBF kommt in seiner Einschätzung zur künftigen Bedeutung bestimmter Formate betrieblicher Weiterbildung zu der Einschätzung, dass das »Lernen im Arbeitsprozess« die wichtigste Lernform der Zukunft ist (iBBF 2015). Dazu gehören auch soziale Lernformate wie kollegiale Beratung, Qualitätszirkel und Mentoring, die das Lernen voneinander fördern (Vodafone Stiftung u. FHAM 2016). Wenn der Prozess des Lernens in den Prozess der Arbeit integriert wird, dann hat dies gleich mehrere Vorteile. Zum einen werden Mitarbeiter*innen zum Lernen nicht vollständig aus dem Arbeitsprozess herausgenommen. Zum anderen findet Weiterbildung in diesem Sinne nicht punktuell (also beispielsweise innerhalb einer bestimmten Anzahl an Seminartagen) statt, sondern in einer kontinuierlichen Form berufsbegleitend und im Idealfall lebenslang. Hinzu kommt, dass diese Art des Lernens – vorausgesetzt, dass Lernzeiten im Arbeitsprozess entsprechend berücksichtigt werden – einen deutlich geringeren Zeit- und Transferaufwand für die betreffenden Mitarbeiter*innen bedeutet. Und schließlich kann durch eine konstruktive und zielführende Verknüpfung von Arbeiten und Lernen bei den Mitarbeiter*innen ein stärkeres Bewusstsein dafür entstehen, wofür sie lernen und welchen Sinn die Lerninhalte im Kontext ihrer beruflichen Tätigkeit haben (Dombrowski et al. 2019).

Schermuly et al. (2012) ermitteln in ihrem Expertendelphi eine steigende Bedeutung der Personalentwicklungsinstrumente: Begleitung von Change-Prozessen, Coaching/Supervision sowie Action Learning/Training im Projekteinsatz. Ebenso wird mobilem Lernen, virtuellen Seminaren, Blended Learning und computer-/webbasierten Selbstlernmodulen ein enormer Bedeutungszuwachs bescheinigt, während klassische Präsenzseminare rückläufig sind. Nach wie vor stellt es eine große Herausforderung dar, insbesondere informelle Lernprozesse zu dokumentieren und für eine entsprechende Wertschätzung zu sorgen. Dies zeigen aktuelle Studien, in denen unter anderem konstatiert wird, dass es vielfach noch immer am Verständnis von Vorgesetzten und Kolleg*innen mangelt, wenn es darum geht, beispielsweise das Lesen einer Fachzeitschrift am Arbeitsplatz oder die Teilnahme an einem Kongress als Lernzeit anzuerkennen (iBBF 2015; Rump et al. 2020a).

6.3.4.4 Neues Rollenverständnis der Beteiligten

Expert*innen gehen davon aus, dass in Zukunft noch stärker als heute eine Verzahnung der Personalentwicklung mit anderen Bereichen des Unternehmens zu erwarten ist. Dies ist nicht zuletzt darin begründet, dass die strategische Ausrichtung der Personalentwicklung stets mit den aktuellen strategischen Zielsetzungen des Unternehmens Hand in Hand gehen muss (Schermuly et al. 2012). Grundsätzlich betont die Studie der Vodafone Stiftung und FHAM (2016), dass eine Entwicklung hin von einer angebots- zu einer nachfrageorientierten Personalentwicklung sinnvoll erscheint, um sich idealerweise am konkreten Bedarf der Mitarbeiter*innen auszurichten. Dies impliziert auch ein neues Rollenverständnis aller Beteiligten mit der bzw. dem lernenden Mitarbeiter*in im Zentrum, da IT-gestützte und soziale Lernformate die Eigenverantwortung für das Lernen immer mehr an das Individuum übergeben. Die Mitarbeiter*innen müssen hierzu allerdings in die Lage versetzt werden, den eigenen Lernbedarf zu erkennen und ihren Lernprozess selbst zu managen. Dazu gehört nicht zuletzt ein hohes Maß an Lernbereitschaft und Durchhaltevermögen – all diese Kompetenzen werden bislang – wie in Kapitel 6 gesehen – in Schule, Ausbildung und Hochschule noch nicht ausreichend als Schlüsselkompetenz gefördert und müssen insofern nicht selten von betrieblicher Seite aufgefangen werden. Entsprechend gehen Führungskräfte und Personalentwickler*innen in unterstützende Rollen beim Ausbau von Lernkompetenzen und der Begleitung von Lernprozessen. Viele Personalentwickler*innen sind derzeit noch stark Input-getrieben und orientieren sich an Kennzahlen (z. B. Weiterbildungstage pro Mitarbeiter*in oder Anzahl durchgeführter Seminare). Künftig steht allerdings die Output-Orientierung im Fokus, da die Lernformate vielfältiger werden und eine einfache Messung anhand von Kennzahlen vielfach nicht mehr möglich ist, zum anderen weil immer deutlicher zutage tritt, dass die reine Teilnahme an einer Weiterbildungsveranstaltung nicht per se einen entsprechenden Entwicklungsfortschritt mit sich bringt (Rump u. Eilers 2017b; Vodafone Stiftung u. FHAM 2016). Personalentwickler*innen werden damit zu...

- ... Strateg*innen: Sie übersetzen die Unternehmensstrategie in eine strategische Personalentwicklung und entsprechende Entwicklungskonzepte. Daraus ergeben sich organisationale Lernziele, die sich auf einzelne Abteilungen und Mitarbeiter*innen herunterbrechen lassen.
- ... Förderer*innen: Sie begleiten Führungskräfte auf dem Weg zur Ausübung ihrer neuen Rolle.
- ... Lerncoaches: Sie unterstützen Mitarbeiter*innen bei der Entwicklung ihrer Lernkompetenzen.
- ... Broker*innen: Sie vermitteln Lernformate und Interaktionspartner*innen und helfen so den Mitarbeiter*innen, bei einem immer breiter gefächerten Weiterbildungsangebot den Überblick zu behalten. Außerdem können sie die passenden Personen für die sozialen Lernformate (kollegiale Beratung, Lerntandems, Mentoring, Hospitation, Coaching) zusammenbringen (Vodafone Stiftung u. FHAM 2016).

6.3.5 Schaffung von Motivation und Aufmerksamkeit für Lernprozesse

Trotz der immensen Bedeutung des lebenslangen Lernens finden Lernangebote im Unternehmen oftmals nicht die gewünschte Akzeptanz. Es stellt sich die Frage, welche Stellschrauben diesbezüglich Erfolg versprechend sind.

In der bereits angesprochenen Detecon-/IBE-Befragung beurteilen die Expert*innen monetäre Anreize in Bezug auf die Motivation zum Lernen nur als begrenzt anwendbar oder sogar hinderlich für die Eigenmotivation. Vielmehr sehen sie Lernanreize als intrinsisches Element. Insgesamt wird deutlich, dass eine Förderung der Eigenverantwortung und die Mitbestimmung bei den eigenen Lerninhalten nach Ansicht der Befragten zur Erhöhung der Relevanz und des Praxisbezugs beitragen. Dies gilt insbesondere dann, wenn das erlernte Wissen am Arbeitsplatz erlebt werden kann. Nach Aussagen der Interviewten stellt auch die Vorbildfunktion – sowohl von Führungskräften als auch von Kolleg*innen – einen wesentlichen Impuls zum Lernen dar. Eine förderliche Wirkung entfalten dabei die Angebote von Multiplikatorenformaten, bei denen Gelerntes den Kolleg*innen beigebracht und auch belohnt wird. Darüber hinaus verstärken entsprechende Signale, dass die Umsetzung des Gelernten durch die Mitarbeiter*innen auch erwünscht ist und eine Fehlerkultur existiert, den Lernprozess positiv. Einen Ansatz kann auch eine hohe Transparenz bezüglich der Relevanz des Lernens darstellen. Dabei wird nicht das Lernen an sich, sondern das »Warum« in den Vordergrund gestellt. Es herrscht eine klare Kommunikation, welche Veränderungen im Unternehmen stattfinden und was jeder beziehungsweise jede Einzelne erlernen muss um – für die eigene Zukunft im Unternehmen – die Anforderungen an die neuen Kompetenzen zu erfüllen. Insgesamt wird deutlich, dass die Interviewten das Selbstverständnis des Lernens als fortwährenden Prozess für einen wesentlichen Anreiz zum Lernen erachten. Angemerkt wird allerdings auch, dass es für das Wecken der Motivation von Menschen, die sich weigern, neue Inhalte zu lernen, keine mustergültige Antwort gibt (Rump et al. 2020a).

Um zu erkennen, welche Faktoren Neugier für Lerninhalte fördern, ist es zunächst essentiell zu wissen, welche Lerninhalte sich die entsprechende Zielgruppe an Mitarbeiter*innen wünscht. Innerhalb dieser kann es dennoch unterschiedliche Präferenzen zum Thema Lernen geben, weshalb manche Unternehmensvertreter*innen nicht nur zielgruppenspezifische, sondern auch personalisierte Lernangebote für wichtig erachten. Bei Präsenzveranstaltungen kann dies durch einen ausgewogenen Mix an eingesetzten Medien bzw. Angeboten an Lernmöglichkeiten erreicht werden. Effektives Lernen kann des Weiteren nach Ansicht mehrerer Interviewpartner*innen nur dann gelingen, wenn Mitarbeiter*innen einen Anreiz dazu haben, sich mit Lernen zu beschäftigen. Dies bedeutet, dass sie in einer angemessenen Form auf neue Lerninhalte aufmerksam gemacht werden sollten und im Idealfall die Neugier entwickeln, diese kennenzulernen. Dabei kann Aufmerksamkeit beispielsweise durch interne Gespräche mit Kolleg*innen über innovative Formate oder durch interessensorientierte Nutzeransprache angeregt werden. In manchen Fällen werden auch neue Lerninhalte im Intranet gezielt beworben oder Emails geschrieben, um die Aufmerksamkeit der Beschäftigten zu gewinnen. Wenn es um Online-Lernmöglichkeiten geht, halten einige Befragte es für sinnvoll, Programme zu nutzen, die basierend auf vorher genutzten Lerninhalten und Interessen der jeweiligen Mitarbeiter*innen personalisierte Vorschläge für Lerninhalte geben. So lässt sich auch der »Informations-Overflow« vermeiden, dem Beschäftigte häufig ausgesetzt sind. Um diese Plattformen den Mitarbeiter*innen näher zu bringen, kann es hilfreich sein, wenn die Führungskraft die Lernplattform ebenfalls nutzt und eine Vorreiterrolle einnimmt. Zusätzlich ist dafür Sorge zu tragen, dass Mitarbeiter*innen die Funktionen der Lernplattform kennen. Denn erst mit vollem Verständnis der Möglichkeiten kann effektives Lernen gewährleistet werden. Doch wie steht es mit der Neugier, damit bekannte oder vorgeschlagene Lerninhalte letzten Endes auch genutzt und nicht ignoriert werden? Die Interviewpartner*innen nennen vielfältige Möglichkeiten, Lerninhalte dementsprechend zu gestalten. So kann es beispielsweise wichtig sein, einen »Musterbruch« herbeizuführen. Das Gehirn weist die Funktion auf, Informationen zu filtern, die nicht verarbeitet werden. Dies liegt vor allem dann vor, wenn repetitive Muster erkannt werden. Musterbrüche können insofern die Neugierde der Mitarbeiter*innen wecken. In eine ähnliche Richtung gehen Aussagen dahingehend, dass Lerninhalte »neu« sein sollten. Auch Blended Learning kann durch die Abwechslung von On- und Offline-Lernangeboten zu mehr Interesse am Lernen führen. Es ist auch hilfreich, die bekannte Umgebung zu verändern, um Kreativität freizusetzen und zu fördern. Gleichzeitig wird jedoch angemahnt, sich der »Angst vor Neuem« seitens der Mitarbeiter*innen und deren Überwindung bewusst zu sein. Letzteres kann beispielsweise bei Präsenzveranstaltungen durch ein vertrauensvolles Klima befördert werden (Rump et al. 2020a).

Es gibt durchaus auch Faktoren, die Neugierde und Aufmerksamkeit für das Lernen hemmen können. So kann die Angst, »während ich lerne, sind andere am Arbeiten«, die positive Einstellung zum Lernen hemmen. Denn diesbezüglich weisen viele Beschäftigte das Gefühl auf, misstrauisch beäugt zu werden, sofern sie während der Arbeitszeit beispielsweise einen Zeitungsartikel lesen oder ein Lernvideo ansehen. Es ist daher erforderlich, die Haltung der Mitarbeiter*innen, ein sogenanntes Mindset, zu entwickeln bzw. zu verinnerlichen, sodass Lernen im Alltag wertgeschätzt und anerkannt wird.

Des Weiteren kann Angst vor zu großen Lernherausforderungen entstehen und gepaart mit einer klassischen Vorstellung vom Lernen diese insgesamt hemmen. Auch hier gilt es, auf die Ausrichtung von zugänglichen Lernmethoden, ausgewogenen Lerninhalten, abgestimmten Lernzielen und Zielgruppen zu achten. Einen weiteren Grund für Demotivation zum Thema Lernen können strategische Veränderungen innerhalb der Firma darstellen, so kann Unsicherheit über die eigene Position im Unternehmen dies verstärken. Förderlich hingegen ist es, wenn Vorgesetzte den Mitarbeiter*innen mit gutem Beispiel vorangehen und Lernformate selbst nutzen. Gleichzeitig wird allerdings auch die Meinung vertreten, dass die Motivation von den Mitarbeiter*innen selbst ausgehen muss und nicht durch Zwang von oben geschaffen werden kann (Rump et al. 2020a).

Im HR-Report 2020 werden einige Ansätze zur Auswahl gestellt, die Aufmerksamkeit und Anreize für das Lernen schaffen sollen. Nach Einschätzung der Entscheider ist es insbesondere die praxisnahe Gestaltung der Angebote, die den Unterschied macht. Diese Ansicht vertreten in besonderem Maße die über 50-Jährigen – ein Ergebnis, das sich mit einschlägigen Studien zum Lernverhalten Älterer deckt, für die vor allem der Praxisbezug des Gelernten gegeben sein muss (Abb. 32).

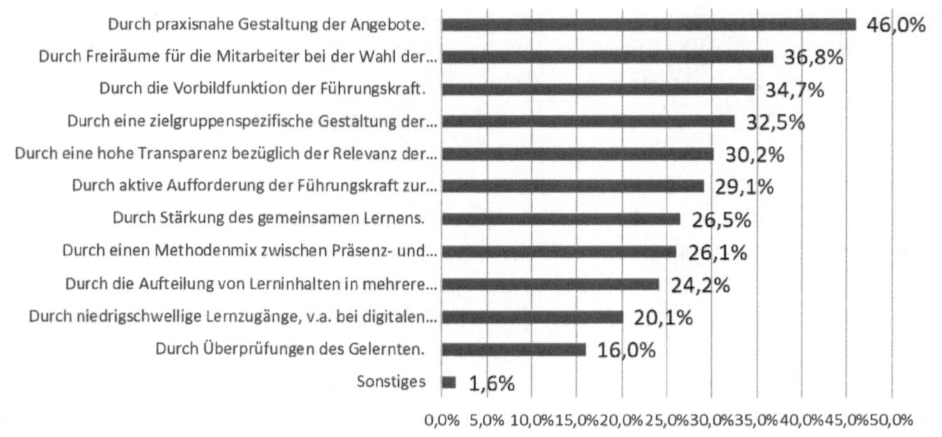

Abb. 32: Ansätze zur Förderung von Aufmerksamkeit für Lernprozesse (Sonderauswertung im Rahmen von Rump et al. 2020c)

6.3.6 Transfer des erworbenen Wissens in gelebte Kompetenz und nachhaltige Sicherung des Lernerfolgs

Ebenso herausfordernd kann es sein, die in unterschiedlichen Lernformaten vermittelten Inhalte in die praktische Arbeit zu überführen bzw. die Nachhaltigkeit des Lernens zu gewährleisten. Die Verfasser der Studie »Der digitale Wandel der Arbeitswelt und Herausforderungen für die Bildung« formulieren es wie folgt: »Das aus der Zeit der Seminare stammende ›Lernen auf Vorrat‹ ist heutzutage nicht mehr effizient und zeitgemäß: Zum einen ist ungewiss, wie lange das Erlernte bestand hat, zum anderen besteht beim ›Vorratslernen‹ die Gefahr, dass das Gelernte durch die fehlende Erprobung im Arbeitskontext in Vergessenheit gerät und nicht mehr umgesetzt werden kann. Die so entstehende Transferlücke zwischen Lernsituation und Anwenden im Arbeitskontext soll durch individuelles ›Learning on Demand‹ und Arbeitsplatznähe minimiert werden.« (Vodafone Stiftung u.FHAM 2016)

In eine ähnliche Richtung gehen die Antworten der Interviewpartner*innen im Rahmen der Detecon-/IBE-Studie. Als förderliche Faktoren zum Transfer von erworbenem Wissen in gelebte Kompetenz geben sie neben der Dokumentation der Lerninhalte auch die Verteilung des Lernstoffes über einen längeren Zeitraum bzw. die ständige Wiederholung an. Als maßgeblich wird ebenfalls die Bereitschaft der Führungskraft und des Teams gesehen, das Gelernte anwenden zu lassen. Hierzu zählen unter anderem Feedback und Gespräche mit der Führungskraft sowie gegebenenfalls notwendige Korrekturen. Auch Blended-Learning-Formate, die vielmehr einen Prozess darstellen als punktuelle Schulungen, können nach Ansicht der Befragten die erfolgreiche Reproduktion des erlernten Wissens fördern. Dies kann beispielsweise durch Präsenzveranstaltungen und Plattformen mit Selbst-Assessments geschehen. Diesbezüglich wird auch angemerkt, dass die Teilnehmer*innen sich in erster Linie selbst engagieren müssen. Damit Beschäftigte das Wissen aus den Schulungen erfolgreich in den Berufsalltag transportieren können, kann auch das Festlegen von Zielen einen wichtigen Faktor darstellen. An diese Ziele kann man auf verschiedene Arten erinnert werden: durch sich selbst, die Führungskraft sowie den Trainer oder die Trainerin. Auch elektronische Erinnerungen in Form von verschiedenen Apps sind denkbar. Allerdings wird auch einschränkend angemerkt, dass dies interessant, aber sehr aufwändig ist. Als einen weiteren förderlichen Aspekt sehen die Unternehmensvertreter*innen die Möglichkeit, das Gelernte zeitnah umzusetzen und zu aktivieren, bevor es sich mit anderem Wissen überlagern kann. Kritisch ist dabei allerdings, dass der Transfer des Wissens häufig bei der Implementierung »hängen bleibt«. Dies kann einerseits durch individualisierte Angebote – beispielsweise Coaching – und andererseits durch den direkten Bezug zur eigenen Tätigkeit verhindert werden. Grundsätzlich findet sich Skepsis dahingehend, inwieweit man den Transfer messen kann. Danach ist eine Bewertung nicht qualitativ, sondern eher quantitativ möglich. Hierzu wird auch die Äußerung getroffen, dass Lernen nicht linear ist und anstelle der Messung auf einen Transfer auf kulturelle Variablen, wie zum Beispiel die Mitarbeiterzufriedenheit mit den Lernangeboten, geachtet werden kann (Rump et al. 2020a).

Die Befragten im Rahmen der Detecon-/IBE-Studie nennen auch unterschiedliche Wege, auf denen sich ihrer Ansicht nach Lernerfolg nachhaltig sichern lässt. Einige Interviewpartner*innen sind der Meinung, dass der Lernzeitpunkt so gewählt werden sollte, dass eine direkte Anwendung ermöglicht wird. Andere setzen auf Learning Journeys, welche bestimmte Lerninhalte über einen längeren Zeitraum hinweg immer wieder in verschiedenen Lernformaten thematisieren und anwenden. Insgesamt kann die Nachhaltigkeit des Gelernten auch durch eine stärkere Unterstützung der Fachbereiche befördert werden. Abgesehen vom Zeitpunkt und Inhalt des Lernens spielt nach Ansicht der Befragten auch die Verarbeitung des Gelernten eine Rolle. Eine Möglichkeit bieten »Follow-Up-Formate«, bei denen Mitarbeiter*innen einige Zeit nach einer Lerneinheit befragt werden, ob das Gelernte im Alltag angewendet wird. Eine andere Möglichkeit ist es, immer wieder Mails oder kleine Quizze nach einer Lerneinheit zu verschicken, um so das Gelernte präsent zu halten. Andere Unternehmensvertreter*innen halten es für sinnvoll, den Austausch über Gelerntes zwischen den Teilnehmer*innen zu fördern. Hierfür werden zuweilen sogenannte Multiplikatorenformate genutzt. Dabei leiten Kolleg*innen für andere Kolleg*innen Lerneinheiten über Themen, die ihnen am Herzen liegen. Auch eine Einbeziehung von Alumni kann den Austausch unter den Beschäftigten befördern. Manche Befragte greifen zur Konzipierung von Lernformaten auf externe Dienstleister zurück. Grundsätzlich sind einige Interviewpartner*innen der Meinung, dass Lernen nicht nur in der Personalabteilung, sondern im gesamten Unternehmen als Anstoß zur Verhaltensänderung und nicht nur als reine Wissensvermittlung verankert werden sollte (Rump et al. 2020a).

Auch zu dieser Fragestellung werden den Entscheider*innen im HR-Report 2020 bestimmte Handlungsansätze zur Auswahl gestellt. Die zeitliche Nähe zwischen Wissensvermittlung und praktischer Anwendung und Learning on the job dominieren klar das Antwortverhalten (Abb. 33).

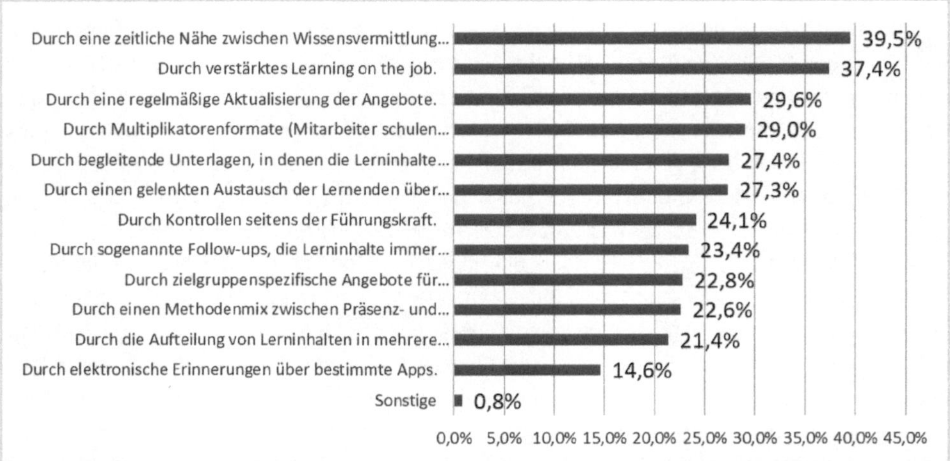

Abb. 33: Ansätze zum Transfer von erworbenem Wissen in gelebte Kompetenz und nachhaltige Sicherung des Lernerfolgs (Sonderauswertung im Rahmen von Rump et al. 2020c)

Auf einen Blick

Anforderungen an einen Bezugsrahmen auf betrieblicher Ebene

Unternehmenskultur

- Förderung der Übernahme von Verantwortung,
- Offenheit und Vertrauen,
- Fehlertoleranz,
- Leistungsorientierung,
- Unterstützung von werteorientiertem und reflektiertem Handeln,
- Wertschätzung der Mitarbeiter*innen und ihrer Beiträge,
- Unterstützung von Mobilität und Unabhängigkeit,
- positive Haltung zum Lernen.

Führung

- Individualisierte Führung (jede*n Mitarbeiter*in dort abholen, wo er/sie steht),
- Schaffung lernförderlicher Rahmenbedingungen,
- Gewährung von Freiräumen und Handlungsspielräumen,
- Übernahme von Verantwortung,,
- Feedbackkultur,
- Wahrnehmung der Vorbildfunktion,
- Inspirieren, Überzeugen, Motivieren und Herausfordern,
- Sensibilität für Beschäftigtenbelange,
- Schaffen einer Atmosphäre von Offenheit und Vertrauen,

- Ansprechbarkeit in kritischen Phasen des Lernprozesses,
- Schaffung von Lernzeiten im Arbeitskontext und Übungsmöglichkeiten zur Anwendung des Gelernten.

Arbeitsorganisation

- Ausrichtung der Lernorte und Lernzeiten an den Lernzielen,
- Betonung des Praxisbezugs durch arbeitsplatznahe Lernangebote,
- breitgefächertes Angebot an Lernorten, um unterschiedlichen Präferenzen/Bedürfnissen der Mitarbeiter*innen gerecht zu werden,
- Berücksichtigung lernpädagogischer Erkenntnisse bei der Ausgestaltung von Lernorten,
- Anerkennung unterschiedlicher Lernformate als Lernzeiten,
- Individualisierung und Flexibilisierung von Lernzeiten,
- Schaffung von Transparenz über Richtlinien in Bezug auf Lernzeiten,
- Berücksichtigung unterschiedlicher Lebensphasen bei der Gestaltung von Lernangeboten.

Personalentwicklung

- Erhebung von Lernbedarfen in enger Abstimmung zwischen Mitarbeiter*innen und Vorgesetzten,
- Zielgruppendifferenzierung in Bezug auf Lernangebote und -formate,
- stetige Anpassung von Lernformaten an die gegebenen Herausforderungen und Rahmenbedingungen,
- breitgefächertes Angebot an Lernformaten für unterschiedliche Lernziele, Mitarbeiterbedürfnisse, Lebensphasen und betriebliche Belange,
- Fokussierung auf überfachliche Kompetenzen,
- Integration unternehmens- und arbeitsbereichsbezogener Lernfelder,
- Delegation der Personalentwicklungsverantwortung auf die Mitarbeiter*innen und direkten Vorgesetzten,
- Rolle der Personalentwickler*innen als Strateg*innen, Förderer*innen, Lerncoaches und Broker*innen,
- Herstellen einer zeitlichen und kontextualen Nähe zwischen Lerninhalten und Arbeitsalltag,
- Nutzung motivationsförderlicher Ansätze zur Erhöhung der Weiterbildungsteilnahme.

6.4 Zusammenfassende Betrachtung

Es ist nicht von der Hand zu weisen, dass Future Learning eine zentrale Herausforderung sowohl für institutionelle Bildungseinrichtungen als auch für die betriebliche Bildung darstellt. Für alle Bereiche gleichermaßen gelten eine zunehmende Heterogenität der Lernenden und ein neues Rollenverständnis für alle Beteiligten. So werden Lehrkräfte in Schulen, Hochschulen, Berufsschulen und Weiterbildungsinstitutionen ebenso zu Lernbegleiter*innen wie Personalentwickler*innen und Führungskräfte. Der Fokus muss auf individualisierten Angeboten liegen, die eine hohe Anwendbarkeit und Praxisnähe aufweisen und flexibel bzw. modular an unterschiedliche Lernvoraussetzungen, Lebensphasen und Lernziele angepasst werden können.

Dabei spielen digitale Angebote eine zunehmende Rolle. Für ein erfolgreiches digitales Lernen – ganz gleich, ob in Schule, Hochschule, Berufsschule, Betrieb oder überbetrieblicher Bildungseinrichtung – gilt es allerdings, bestimmte Voraussetzungen zu schaffen (KMK 2017; Rump et al. 2020c; Wache 2003; Janssen et al. 2018; Oenning 2016; WEF 2015):

- Bisher praktizierte Lehr- und Lernformen müssen überdacht und neu gestaltet werden, um die Potenziale digitaler Lernumgebungen wirksam werden zu lassen.
- Bisherige Bildungsziele müssen ebenso kritisch überprüft und angepasst werden wie die Möglichkeiten zur Erfassung des Lernerfolgs.
- Lehrer*innen und Lernende gleichermaßen müssen auf die neuen Gegebenheiten adäquat vorbereitet werden.
- Entsprechende infrastrukturelle, rechtliche und personelle Voraussetzungen müssen geschaffen werden (z. B. Hard- und Software, virtuelle Plattformen, Einhaltung der Datenschutzrichtlinien ...).
- Verhaltensregeln und Kommunikationsmodi müssen vereinbart und eingehalten werden (z. B. bezüglich der Erreichbarkeit, der Vergabe von Arbeitsaufträgen, der Vereinbarung von Lernzielen, des Umgangs miteinander ...).
- Es braucht eine Qualitätskontrolle für online verfügbare Lehr- und Lerninhalte, da es sonst bei der stetig steigenden Fülle an Angeboten sowohl für Lehrer*innen als auch für Lernende immer schwerer wird, qualitativ hochwertige und für den jeweiligen Zweck passende Lernformate zu finden und zu nutzen.

Bereits in der schulischen Bildung werden die Grundlagen für die Sicherung der lebenslangen Beschäftigungsfähigkeit (Employability) gelegt, die in einem ausgewogenen Verhältnis von Eigen- und Fremdverantwortung jede Person befähigt, ein Leben lang beschäftigungsfähig zu bleiben. Im betrieblichen Kontext greift ein Employability-Management-Ansatz diese Philosophie auf und sorgt in den Bereichen Unternehmenskultur, Führung, Organisation und Personalentwicklung für die entsprechenden Rahmenbedingungen. Dabei erfolgt eine Ausrichtung an den Prinzipien der Lebensphasenorientierung und Life-Balance, Diversity und Individualisierung sowie Nachhaltigkeit, die den in Teil I dieses Buches beschriebenen Treibern Rechnung tragen. Nicht zuletzt gilt es, gerade bei den erwachsenen Lernenden im betrieblichen Kontext die Motivation und Aufmerksamkeit für Lernprozesse zu schärfen, das erworbene Wissen als gelebte Kompetenz in den betrieblichen Alltag einzubringen und nachhaltig den Lernerfolg zu sichern.

Die Corona-Pandemie hat unbestreitbar »Rückenwind« für eine raschere Ausbreitung digitaler Formate auch im Kontext von Bildung und Lernen mit sich gebracht. Zudem hat sie den meisten Unternehmen vor Augen geführt, dass Anpassungsfähigkeit an sich wandelnde Rahmenbedingungen und flexible Einsatzmöglichkeiten von Belegschaften essenzielle Wettbewerbsfaktoren sind. Ob es darum ging, die Produktion von Autozubehörteilen auf Beatmungsgeräte umzustellen, aus Alkohol Desinfektionsmittel herzustellen oder aus einer gewöhnlichen Eisdiele einen Drive-In zu machen – zahlreiche Beispiele zeigen, dass es gelingen kann, auch sehr kurzfristig und kreativ zu agieren, wenn die Voraussetzungen dafür bei den Beschäftigten gegeben sind. Diese Anpassungsfähigkeit, Flexibilität und Kreativität werden die meisten Unternehmen benötigen, um während und nach der Pandemie vor dem Hintergrund teils massiv veränderter Rahmenbedingungen und Herausforderungen die »neue Normalität« erfolgreich zu meistern. Hinzu kommt die Notwendigkeit, schnell neue Kompetenzen zu vermitteln, wenn Aufgaben sich verändern. Camp et al. (2020) identifizieren in diesem Kontext fünf Grundprinzipien, die weit über die Pandemie hinaus Gültigkeit besitzen:

FÜNF GRUNDPRINZIPIEN

»Überfordere mich nicht«

Sich neue Kompetenzen und Prozesse anzueignen, ist mit Stress verbunden, und jeder Mensch hat nur eine begrenzte Aufnahmefähigkeit. Daher sind Führungskräfte gefordert, eine Priorisierung der wichtigsten Aufgaben vorzunehmen. Dabei können sie die 80/20-Regel zu Hilfe nehmen, wonach 20 % der Kompetenzen vermittelt werden, die Beschäftigte in die Lage versetzen mit 80 % der anstehenden Herausforderungen umgehen zu können. Die Ausnahmen und ungewöhnlichen Fälle werden zunächst außen vor gelassen, sodass die Beschäftigten eine begrenzte Auswahl an erfolgskritischen Kompetenzen sicher beherrschen.

»Lass es mich ausprobieren«

Berufliches Lernen basiert vielfach auf einem »Erzähl«-Prinzip. Eine Lehrkraft (oder ein digitaler Kurs) verbindet einen Vortrag mit einem Satz Folien. Aus der Kognitionsforschung ist bekannt, dass diese Methode zwar für Lehrkräfte sehr effizient und angenehm ist, sich jedoch nur als wenig effektiv erweist. Die meisten Menschen sind nicht dafür gemacht, sich an Vorlesungen zu erinnern, sondern lernen vielmehr am besten nach dem guten alten Prinzip des »Trial and Error«. Um neue Kompetenzen aus einem Training auf den Arbeitsplatz zu übertragen, müssen Menschen sie ausprobieren, Fehler machen, deren Konsequenzen erkennen, sie reflektieren und es erneut versuchen.

»Hilf‹ mir dann, wenn ich es am meisten brauche«

Unternehmen, die sehr kurzfristig wieder eröffnen bzw. den Geschäftsbetrieb aufnehmen möchten, haben in der Regel wenig Zeit für formale Lernerfahrungen. Sie müssen vielfach von ihren Beschäftigten verlangen, »ins kalte Wasser zu springen«, bevor sie sich optimal vorbereitet fühlen. Diese Vorgehensweise kann gelingen, wenn Führungskräfte den Beschäftigten die Unterstützung bieten, die sie brauchen. Das können einfache Instrumente wie Anleitungen, Checklisten oder FAQ-Zusammenstellungen sein, auf die sie im Zusammenhang mit ihrer Tätigkeit zurückgreifen können. Mobile Apps und Alarmfunktionen können dabei helfen, effizient eine technisch versierte Zuhörerschaft zu erreichen. Technologie sollte dann und in der Form Verwendung finden, wie sie sinnvoll erscheint, wobei die einfache Nutzbarkeit im Vordergrund stehen sollte.

»Gib mir ein Sicherheitsnetz«

Menschen müssen wissen, dass sie nicht auf sich alleine gestellt sind, insbesondere dann, wenn sie sich bei einer neuen Aufgabe unsicher sind. Angestrebt werden sollte, jedem Beschäftigten eine Ansprechperson zuzuweisen, die in Ausnahmesituationen und bei ungewöhnlichen Fällen kontaktiert werden kann. Dadurch wird mehr als nur Sicherheit vermittelt; vielmehr werden so auch Mitarbeiter*innen mit direktem Kundenkontakt in die Lage versetzt, einen Großteil der Arbeit selbstständig zu erledigen und gleichzeitig das Fehlerrisiko reduziert.

»Erinnere mich daran, weshalb ich wichtig bin«

Motivationsstudien zeigen, dass es unter anderem der Purpose, der Sinn und Zweck der eigenen Tätigkeit ist, der zur Jobzufriedenheit und Produktivität beiträgt. Dies gilt insbesondere in Bereichen, in denen es auf »low level«-Arbeiter*innen ankommt. Die Pandemie hat Tätigkeiten auf allen Ebenen von Organisationen neu kalibriert und vielen Menschen die Bedeutung vermeintlich einfacher Tätigkeiten vor Augen geführt. Kluge Führungskräfte werden auch im Kontext des Lernens den Beschäftigten immer wieder sagen, wieso sie wichtig für ihr Unternehmen sind.

Teil III
Stimmen aus der Praxis

7 Kompetenzen für die Arbeitswelt von morgen – Schlussfolgerungen für die quantitative und qualitative Ressourcenplanung

Ein Kommentar von Walter Jochmann, Managing Director und Partner, Kienbaum Consultants International GmbH

Digitale Technologien und Geschäftsmodellinnovation sind Treiber des Wandels der Belegschaft von Unternehmen. Darüber hinaus werden gesamtwirtschaftliche Trends und strategische Fokusthemen wie Nachhaltigkeit und Agilität dem Personalkörper einen Kraftakt abverlangen – sei es durch den Aufbau neuer Arbeitsplätze für Personal mit agilen und technologischen Kompetenzen, die offensive Qualifizierung bestehender Jobgruppen oder den Abbau von Stellen mit Potenzial für Automatisierung und Outsourcing.

Aktuelle Prognosen zur Zukunft der Arbeit umfassen ein denkbar breites Spektrum – von vergrößerten Belegschaften in stark digitalisierten Unternehmen (Kölner Wirtschaftsforschungsinstitut IW) über die konservative Schätzung, dass überhaupt nur ein Bruchteil aller Jobs vollständig automatisierbar sei (OECD), bis hin zu massivem Stellenabbau vor allem in westlichen Industrieländern (Bitkom und Universität Oxford). Unstrittig ist, dass sich ein Großteil aller Jobs fundamental verändern wird, wobei Transformationsbedarfe und Wachstumsprognosen stark mit Branchen und Tätigkeiten variieren. Gemäß dieser Logik verändern digitale Technologien wie Künstliche Intelligenz und Robotik den Personalbedarf in quantitativer und qualitativer Hinsicht.

7.1 Schlussfolgerungen für die quantitative Ressourcenplanung

Meiner persönlichen Prognose zufolge verläuft die Funktion aus Jobkomplexität (x-Achse) und Automatisierungspotenzial (y-Achse) eher in U-Form denn als Normalverteilung. Generell gehe ich von einer Substitution aller skalierbaren Arbeitsinhalte aus. In der Konsequenz können sowohl simple administrative Aufgaben (unteres Ende der Abszisse) als auch komplexe rechen- und steuerbare Tätigkeiten (oberes Ende der Abszisse) automatisiert werden. Auf der einen Seite können Tätigkeiten (Routinen) mit einem stark standardisierten und transaktionalen Charakter (zum Beispiel Payroll) über eine vollumfängliche Prozessautomatisierung effizienter dargestellt werden; auf der anderen Seite können digitale Assistenzsysteme die Wirksamkeit von Top-Spezialisten (zum Beispiel Risikomanager) spürbar erhöhen.

Meiner langjährigen Erfahrung im Umbau von mittelständischen und Großunternehmen folgend machen im Querschnitt circa 50 % der Belegschaft entweder Administration oder zwar anspruchsvolle, aber repetitive Transaktionsrollen aus. Die Personalarbeit sollte diesem Anteil Rechnung tragen, indem sie im Rahmen digitaler Transformation veränderte Stellen- und Kompetenzanforderungen aufnimmt und über systematische Technologie-Einführungen die Belegschaftsstrukturen gezielt flexibilisiert. Tatsächlich berichten Unternehmen in einer gemeinsamen Studie von Kienbaum und SAP (2020), dass sie keine generellen Abbauszenarien für ihre Belegschaft vorsehen, sondern stattdessen mit einem Wachstum sowie zukunftsorientierten Veränderungen ihres Personalkörpers planen. Neben dem gezielten Ab- und Aufbau von Stellen steht die Personalarbeit also vor der Herausforderung, notwendige personelle Ressourcen auch in qualitativer Hinsicht sicherzustellen.

7.2 Schlussfolgerungen für die qualitative Ressourcenplanung

Grundlage für die Modellierung von qualitativen Personalbedarfen bildet eine Architektur mit funktionalen, cross-funktionalen, Verhaltens- und Führungs- sowie Persönlichkeitskompetenzen; diese mehr oder weniger trainier- und veränderbaren Kompetenzen fußen auf stabilen Potenzialfaktoren, die eine Randbedingung des individuellen Wachstums- und Entwicklungspotenzials darstellen. Diese Architektur kann als Folie auf verschiedene Kompetenztypologien, Funktionsgruppen und Hierarchieebenen im Unternehmen angewendet werden.

Kompetenzmodelle haben eine historische Entwicklung von klassisch verhaltensorientierten Kompetenzmodellen über strategische Kompetenzmodelle mit General-Management-Fokus bis hin zu digitalen Kompetenzmodellen mit einem stärkeren Fokus auf Haltung und Prinzipien vollzogen. Diese Evolution geht nicht mit einer avantgardistischen Bewertung einher – in dem Sinne, dass etwa digitale Kompetenzmodelle das Instrument der Wahl für moderne Unternehmen darstellen; vielmehr erweisen sich für unterschiedliche Beschäftigtengruppen und Hierarchieebenen unterschiedliche Kompetenzmodelle als opportun.

Die neue Arbeitswelt resultiert in veränderten Anforderungen an die Jobgruppen und Kompetenzcluster im Unternehmen. Praktisch jedes Unternehmen verfolgt heute eine Dualität aus Kern- und Innovationsgeschäft, woraus sich wiederum Organisationseinheiten mit einem stärkeren Effizienz- oder Kreativitätsfokus ableiten. Die Rollen, Verantwortlichkeiten und Kompetenzanforderungen von Beschäftigten hängen maßgeblich von ihrem jeweiligen Geschäfts- und Organisationsbereich ab. Konkret weisen Jobs in disruptiven Geschäftsmodellen eine größere Nähe zu transformativen Technologien auf und sollten dementsprechend über stärker ausgeprägte IT- und Digitalkompetenzen verfügen.

Auch lassen sich Rollen- und Kompetenzanforderungen in Abhängigkeit von Steuerungs- und Führungskräfteebenen differenzieren. Während Frontline-Manager typischerweise auf Basis von klassischen Verhaltenskompetenzen (zum Beispiel Zusammenarbeit, Mitarbeiterführung und Kommunikation) ausgewählt und entwickelt werden, zahlen strategische und General-Management-Kompetenzen stärker auf die Geschäftsverantwortung von Vertretern des mittleren Managements ein. Mitglieder des Top-Managements und Vorstands rekurrieren schließlich vor allem auf übergreifende Kompetenzen wie persönliches und unternehmerisches Wachstum – also Kompetenzen, welche die digitale Agenda des Unternehmens insgesamt bestimmen.

Aus der Kombination von Kompetenzmodellen, Funktionsgruppen und Hierarchieebenen ergibt sich ein konzeptioneller Rahmen für die Verteilung von klassischen und Zukunftskompetenzen in der Organisation.

7.3 Verlinkung mit HR-Kernaktivitäten

Die Sicherstellung der notwendigen personellen Ressourcen aus quantitativer und qualitativer Hinsicht korreliert mit wesentlichen HR-Kernprozessen:

- Ausbildungsgänge und Bildungsprogramme sollten nicht nur stärker ihre Lerninhalte auf die Anforderungen der Arbeitswelt von morgen ausrichten, sondern – aus übergeordneter Perspektive – auf Prinzipien der Personalisierung und Selbstorganisation basieren und digitale Plattformen zur Vermittlung der Lerninhalte einsetzen.
- Einstellungs- und Besetzungsentscheidungen, insbesondere in Bezug auf erfolgskritische Positionen, sollten Potenzialfaktoren wie Lernagilität als Voraussetzung für zukünftige Lern- und Veränderungsfähigkeit berücksichtigen.

In der Bilanz stehen Unternehmen und ihre Personalentscheider einer Gleichzeitigkeit von zurückgehenden und wachsenden Kompetenzbedarfen gegenüber. Der konkrete Lernbedarf ergibt sich aus der Funktion und Hierarchieebene einer ausgewählten Jobgruppe im Unternehmen, wobei die grundsätzliche Fähigkeit zu lernen, zu verlernen und neu zu lernen ein zentraler Erfolgsfaktor der Entwicklungsbemühungen von Beschäftigten ist. Zudem steht die individuelle Entscheidung für eine Vertiefung der Kenntnisse über das Kern- oder Innovationsgeschäft und Erfahrungen damit am Anfang einer jeden persönlichen Lernreise.

8 »Future of Learning & Development« in Zeiten der (digitalen) Transformation am Beispiel TRUMPF

Ein Kommentar von Oliver Maassen, Arbeitsdirektor, Kerstin Kägler und Birgit Labling, Leiterinnen Corporate HR Learning & Development, TRUMPF

Wir setzen bei TRUMPF auf einen ganzheitlichen Ansatz von Talent-Management (TM) und innovativen Lernansätzen, wenn es um die Entwicklung und Zukunft unserer Mitarbeitenden geht. Insbesondere die digitale Transformation stellt uns als Organisation und Individuen tagtäglich vor neue Herausforderungen.

Die häufig gestellte Frage, ob TM und Lernen in der digitalen Transformation anders aussieht als in der bisherigen analogen Welt, lässt sich mit einem entschiedenen NEIN und JA beantworten. Nein, weil das Entdecken und Entwickeln von Talent im digitalen Zeitalter so wichtig ist wie eh und je. Ja, weil sich die Rahmenbedingungen, unter denen Talent Management und Lernen im Unternehmen umgesetzt wird, aktuell stark verändern. Die viel beschriebene VUCA-Welt zeigt hier ihren Einfluss. Sowohl Mitarbeiter*innen als auch Organisation haben veränderte Anforderungen und somit verändert sich auch das Managen von Talenten und daraus resultierende Lernaktivitäten. Wir haben in den letzten Jahren eine rasante Veränderung der Lernbedarfe festgestellt. Die Schnelligkeit und die Vielfältigkeit, Neues zu lernen, nehmen stetig zu. Talente zu entwickeln, bis sie die angedachten Aufgaben erfüllen können, passt nicht mehr in die heutige Zeit. Der Wunsch nach schnellerer – und in vielen Fällen auch höherer – Verantwortungsübernahme wächst und das Arbeiten in agilen und kollaborierenden Arbeitsformen nimmt zu. Was können wir tun, um diesen Veränderungen zu begegnen?

Zuerst fokussieren wir das TM. Einfach ausgedrückt ist das Ziel von TM, die Mitarbeiter*innen dazu zu befähigen, ihr volles Potenzial zu entfalten und produktiv einzusetzen. Das weltweit digital gestützte TM bei TRUMPF liefert hierfür Leitplanken und nutzt dabei die Vorteile digitaler Prozesse. Es steigert die Transparenz, beschleunigt, ist mit weiteren HR-Prozessen vernetzt und legt den Grundstein für den Ausbau zu einer AI-gestützten Talententwicklung.

Doch ist Talent-Management in erster Linie kein reiner HR-Prozess, sondern vordringlichste Aufgabe der Führungskraft. Die Fähigkeiten und Stärken in einem Menschen zu sehen und zu fördern, gehört zu den wesentlichen Anforderungen an Führung. Talent-Management bei TRUMPF unterstützt die Führungskräfte dabei, ihre Rolle als Entwicklungspartner*innen einzunehmen.

Es sind somit nicht die digitalen Instrumente oder strukturierten Prozesse wie Potential Assessment, Nachfolgeplanung und Goal-Management, welche wir als zentrales entwicklungsförderndes Element unseres Talent-Managements sehen. Es ist zuvorderst der kontinuierliche Dialog zwischen Führungskraft und Mitarbeiter*innen. Basis dafür bleibt im digitalen Zeitalter eine offene, vertrauensvolle Beziehung und ein Arbeitsumfeld, welches motivierend und leistungssteigernd wirkt.

Daher werden die klassischen Leistungsbeurteilungsgespräche mit hohem beurteilendem Charakter durch kurzzyklische Feedback-Gespräche, sogenannte Check-Ins, ersetzt. In diesen kürzeren, aber häufigeren Check-Ins wird über Erwartungen gesprochen, es wird gegenseitig Feedback gegeben und genommen und so ein entwicklungsgerichteter Dialog gefördert. Dabei können die Check-ins auch eigenverantwortlich durch den Mitarbeitenden initiiert und der Gesprächsinhalt flexibel gestaltet werden. Die Verantwortung und die Möglichkeiten für die Entwicklung des Mitarbeitenden liegen stärker in eigener Hand. Die Führungskraft bleibt Förderer und Unterstützer und ist dazu aufgefordert, Entwicklungsschritte mit dem Mitarbeitenden auch über eigene Bereichsgrenzen hinweg zu erarbeiten. Über ein digitales Profil können alle Interessen, Fähigkeiten, Entwicklungspläne und Kompetenzen gepflegt werden. Durch die flexiblere Gestaltung über Check-Ins wird unser Talent-Management der zunehmend agileren Arbeitsumgebung gerecht, es gibt Orientierung und lässt Spielräume für eine aufgaben- und anlassbezogene Ausgestaltung (Abb. 34).

Abb. 34: Talent-Management über Check-Ins (eigene Darstellung TRUMPF)

Das Kompetenz-Management als weiteres Element unseres Talent-Managements basiert auf einem strategischen Kompetenzmodell. Strategisch, da es eng mit den TRUMPF-Werten und dem Kundenversprechen verknüpft ist. Die Kompetenzen wurden im Rahmen unserer digitalen Transformation entwickelt und sind bedeutend zum Erreichen unserer digitalen Ambition. Zudem handelt es sich beim Kompetenz-Management von TRUMPF um ein stärkenorientiertes Entwicklungskonzept (Abb. 35). Es erlaubt folglich, in eigenverantwortlicher Form am weiteren Ausbau der eigenen Stärken zu arbeiten.

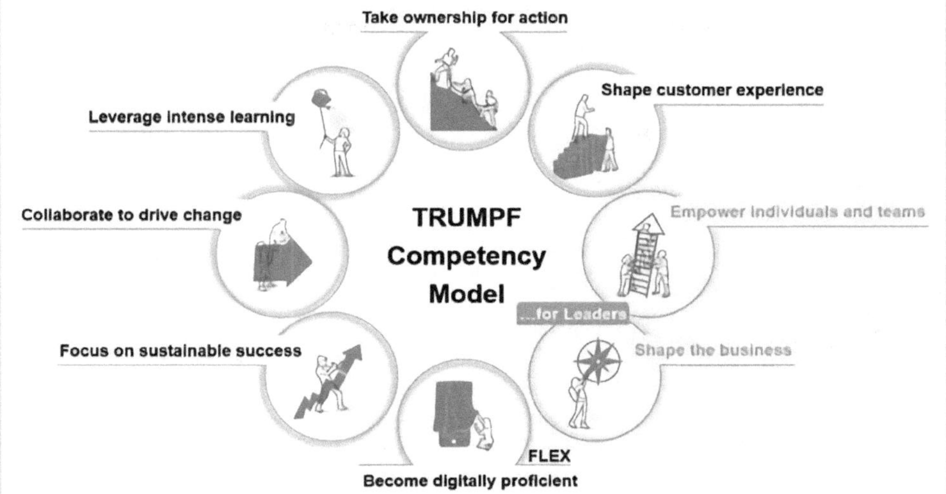

Abb. 35: Kompetenzmanagement von TRUMPF (eigene Darstellung TRUMPF)

Diese acht strategischen Kompetenzen aus Abbildung 35 geben unseren Mitarbeiter*innen Orientierung hinsichtlich der zukünftigen Anforderungen bei TRUMPF in Zeiten der digitalen Transformation. Diese Kompetenzen werden im jeweiligen Kontext und Aufgabengebiet konkretisiert, um die eigenen Entwicklungs- und Lernbedarfe zu ermitteln. Hierfür leiten wir von den acht strategischen Kompetenzen Skills ab, welche konkreter die Fähigkeiten und Fertigkeiten definieren. Dies ist die Basis, um individuell die richtigen Lernbedarfe zu identifizieren. Unser Ziel ist hierbei, basierend auf den Skills, den Mitarbeiter*innen individuelle Lernpfade durch AI-gestützte Prozesse aufzuzeigen.

Das strategische Kompetenzmodell in Verbindung mit dem operativen Skill-Management bildet die Brücke zum Lernen. Das oberste Ziel aller Lernaktivitäten ist, den Mitarbeiter oder die Mitarbeiterin in seinem bzw. ihrem individuellen Lernprozess zu unterstützen und die richtigen Impulse, Angebote und Informationen in der heutigen Zeit zur Verfügung zu stellen.

Unsere Antwort hierauf ist unser neues Lernverständnis 70:20:10 (Abb. 36). Mit 70:20:10 beschreiben wir das Verhältnis zwischen individuellem und organisationalem Lernen, konkret zwischen eigenem Lernen am Arbeitsplatz (70 %), dem Lernen mit Führungskraft oder Kolleg*innen (20 %) und dem Lernen in der Organisation in Trainings etc. (10 %). Die Orchestrierung dieses neuen Lernverständnisses ist eine Kernaufgabe der Organisationseinheit »Learning und Development«. Individualisiert, eigenverantwortlich, integriert und flexibel beschreiben die Kernelemente unserer Lernphilosophie.

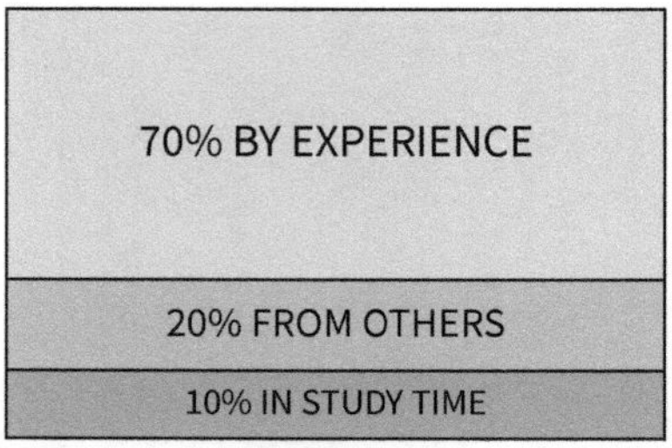

Abb. 36: Lernverständnis 70:20:10 (eigene Darstellung TRUMPF)

Wie bringen wir nun dieses Lernverständnis zum Leben (Abb. 37)? Eine kompetenzbasierte Führungskräfteentwicklung und innovative Lernformate, die in Co-Kreation mit den Mitarbeiter*innen entstehen, sind unsere Antworten hierauf. Diese Angebote sind zudem ein wichtiger Beitrag, um die ganzheitliche Entwicklung der Talente bei TRUMPF zu gewährleisten.

Abb. 37: Integrate Learning Into Your Daily Life (eigene Darstellung TRUMPF)

Mit unseren innovativen Lernformaten setzen wir Impulse in der Organisation, um unsere Lernkultur weiterzuentwickeln. Die innovativen Lernformate bewegen sich daher weg von den »one size fits all«-Präsenzveranstaltungen hin zu flexiblem, bedarfsgerechtem Lernen. Fokus ist, die Mitarbeiter*innen zu selbstregulierten Lernenden zu befähigen und somit die Grundprinzipien unseres neuen Lernverständnisses in die Organisation zu tragen. Das Paket an innovativen Lernformaten fokussiert aktuelle Themen, innovative Ansätze und entwickelt die Lernkultur bei TRUMPF weiter: die Fähigkeit zu selbstgesteuertem Lernen, Möglichkeiten zur Beteiligung, Nutzen von innovativen Methoden und Integration von Lernen in den Arbeitsalltag. Die Mitarbeiter*innen werden aus der Konsumentenhaltung gelöst und zu eigenverantwortlichen Lernenden befähigt.

Diese Ansätze spiegeln sich wider in der Art der Implementierung der innovativen Lernangebote: Nach Erarbeitung eines Zielbildes für die innovativen Lernformate wurden 25 Maßnahmen ausgewählt. Beispielhaft wurden Angebote im Sinne von neuen Denkansätzen wie Learning by Thinking oder Fail Pichtes vorgestellt. Es gab verschiedene Formate zum Austausch wie Fireside Chats und Reverse Mentoring. Oder auch neue Ansätze zum Lernen am Arbeitsplatz wie das sog. Internehmertum wurden den Mitarbeiter*innen angeboten. Diese wurden im Rahmen einer Guerilla-Aktion an alle Mitarbeiter*innen kommuniziert. Alle Mitarbeiter*innen konnten an der Auswahl der Formate mitwirken, indem auf einer digitalen Plattform aktiv zur Abstimmung aufgefordert wurde. Basierend auf diesen Ergebnissen wurden erste Maßnahmen co-kreativ und im Sinne der Verprobung von Minimum Viable Products anhand frühzeitiger Prototypisierungen und unmittelbarem Einbezug von Feedback entwickelt. So wurden einzelne Formate schrittweise eingeführt, wobei das permanente Einholen von Feedback und Nachjustieren in der Konzeption von Bedeutung war. Danach wurden die Angebote in der Organisation skaliert.

Auch unsere Führungskräfteentwicklung wird maßgeblich an dem Lernverständnis 70:20:10 und innovativen Ansätzen zum Lernen ausgerichtet (Abb. 38): Die Basis für unsere Führungskräfteentwicklung sind die acht strategischen Kompetenzen aus Abbildung 35. Damit stellen wir einen durchgängigen Prozess von Talent-Management und Lernen sicher und richten die Lernangebote konsequent an den zukünftigen Anforderungen von TRUMPF aus. Das Ziel der Führungskräfteentwicklung ist, eine globale »Learning Community« zu etablieren. Die Potentials und Führungskräfte werden wiederum co-kreativ eingebunden, Lernen soll spontan und bedarfsorientiert erfolgen und die Angebote zeichnen sich durch Methodenvielfalt und selbstgesteuerte Ansätze aus. Wichtig ist uns hierbei, unsere Lernstrategie und 70:20:10 zu konkretisieren und im Alltag aller Mitarbeiter*innen zu verankern.

Abb. 38: Innovative Lernformate bei TRUMPF (eigene Darstellung TRUMPF)

Zusammenfassend heißt Talent-Management und Lernen in Zeiten digitaler Transformation, auf die neuen Organisations- und Arbeitsformen einzugehen, indem sie flexibler aufgebaut sind und die Führungskräfte bei der Wahrnehmung ihrer Führungsverantwortung unterstützen. Inhaltlich forciert Talent-Management den Erwerb neuer Kompetenzen, welche den Mitarbeitenden dabei helfen, mit der zunehmend digitalen Welt umzugehen und sich und die Welt immer weiter zu entwickeln.

Informationen zu TRUMPF: Innovationsgarant für die Fertigungstechnik
Das Hochtechnologieunternehmen TRUMPF bietet Fertigungslösungen in den Bereichen Werkzeugmaschinen und Lasertechnik. Die digitale Vernetzung der fertigenden Industrie treibt TRUMPF durch Beratung, Plattform- und Softwareangebote voran. Das Unternehmen ist Technologie- und Marktführer bei Werkzeugmaschinen für die flexible Blechbearbeitung und bei industriellen Lasern. Mit rund 14.400 Mitarbeiter*innen erwirtschaftete die TRUMPF Gruppe im Geschäftsjahr 2019/20 einen Umsatz von rund 3,5 Milliarden Euro. Die langfristige Orientierung eines unabhängigen Familienunternehmens machen TRUMPF zum Garanten für kontinuierliche Innovationskraft. Werkzeugmaschinen für die flexible Blech- und Rohrbearbeitung bilden das Kerngeschäft. Das Angebot umfasst Maschinen zum Biegen, zum Stanzen, für kombinierte Stanz-Laserprozesse sowie für Laserschneid- und Laserschweißanwendungen. Vielfältige Automatisierungslösungen und ein breites Softwareangebot runden das Portfolio ab. Im Geschäftsbereich Lasertechnik bietet TRUMPF Hochleistungs-CO_2-Laser, Scheiben- und Faserlaser, Diodendirektlaser, Ultrakurzpulslaser sowie Beschriftungslaser und -systeme. Auch Lasersysteme für das Schneiden, Schweißen und die Oberflächenbearbeitung dreidimensionaler Teile gehören ebenso zum Produktprogramm wie Hochleistungslasersysteme im Bereich extrem ultravioletten Lichts für die Herstellung von Microchips. Für metallischen 3D-Druck ist TRUMPF mit Kompetenz im Maschinenbau und Wissen über Laser und Digitalisierung bestens aufgestellt. Das Produktfeld Elektronik bietet Gleichstrom-, Hoch- und Mittelfrequenzgeneratoren für die induktive Materialerwärmung, für die Oberflächenbeschichtung und -bearbeitung mittels Plasmatechnologie sowie für die Laseranregung. Stammsitz des Familienunternehmens ist Ditzingen nahe Stuttgart. Die TRUMPF Gruppe ist mit über 70 Tochtergesellschaften weltweit in allen wichtigen Märkten vertreten. Produktionsstandorte befinden sich in Deutschland, Frankreich, Großbritannien, Italien, Österreich, der Schweiz, Polen und Tschechien, in den USA, Mexiko, China und Japan.

9 Lerne lieber vernetzt: Innovation beginnt bei den eigenen Mitarbeitenden

Ein Kommentar von Anna Kaiser, Geschäftsführerin von Tandemploy

Die digitale Transformation stellt nicht nur unsere Arbeitswelt auf den Kopf, sie ist auch ein einziger großer Lernprozess – für jede einzelne Person wie für Unternehmen. Die Schnelligkeit, mit der neue Ideen, Geräte, Tools, Erkenntnisse und Menschen unseren Weg kreuzen, verlangt uns viel ab, wenn wir sie nicht nur oberflächlich zur Kenntnis nehmen, sondern sinnvoll in unser Leben und unsere Arbeit einbeziehen möchten. Das setzt voraus, dass wir Wissen nicht nur konsumieren, sondern die vielfältigen Informationen, Erfahrungen und Perspektiven einordnen, miteinander verknüpfen und mit anderen teilen. Und – im Falle von Unternehmen – sie um die entscheidende Innovation erweitern, die das eigene Angebot von anderen abhebt.

Die gute Nachricht: Die inneren Festplatten von Unternehmen sind voll mit wertvollen Informationen und Wissenssträngen, den perfekten Treibern von Veränderung. Allerdings liegen sie noch versteckt in einem Wust an Silos und abgebrochenen Kommunikationsketten, sodass kaum jemand weiß, wo die Schätze zu finden sind. Organisationen, die ihre digitale Transformation jetzt aktiv in die Hand nehmen wollen, statt anderen staunend und verunsichert dabei zuzusehen, brauchen mindestens ein Update ihrer Strukturen, besser noch ein gänzlich neues Betriebssystem (gern in Kombination mit dem einen oder anderen smarten Add-On in Form von Methoden und digitalen Tools), gefolgt von einem Neustart mit allen Beteiligten. Denn was für die »neue Arbeit« gilt, gilt auch für neue Formen des Wissenstransfers und Lernens: Sie passen nicht in alte Muster.

Wie funktioniert nun organisationales Lernen mit neuem Betriebssystem?

9.1 Gut lernen, heißt vernetzt lernen

Der Weg zu beweglichen und innovativen Netzwerkorganisationen beginnt mit der Vernetzung der internen Lernprozesse und derer, die sie vorantreiben: der eigenen Mitarbeiter*innen. Silos abzubauen ist nicht nur für bereichsübergreifendes Arbeiten sinnvoll, sondern auch für die fachliche und persönliche Weiterentwicklung jeder und jedes Einzelnen. Stichwort: Social Learning. Mitarbeiter*innen können hervorragend voneinander lernen – und sie haben sogar Lust darauf! Das belegen die Zahlen unserer 2019er Studie zum Wissenstransfer. Darin zeigte sich, dass Mitarbeiter*innen gerne viel öfter das Wissen von Kolleg*innen nutzen würden und zudem bereit sind, andere mit ihrem Know-how zu unterstützen. Auch sind viele Formate wie Peer Learning, Reverse Mentoring und Jobrotation bekannt, nur fehlt vielerorts das passende Umfeld und die Offenheit auf Unternehmensseite, diese Formate auch nutzen zu können. Das muss sich ändern! Organisationen schöpfen ihr volles Potenzial am besten aus, wenn sie neue

Lernräume erschließen und die vorhandenen Skills ins organisationale Lernen einbinden. Der erste Schritt dorthin führt über das Kennenlernen dessen, was an Talenten und Interessen im Unternehmen vorhanden ist. Smarte digitale Tools sind in der Lage, »Skill Maps« zu generieren, und stellen Führungskräften im Talent-Management die so wichtigen Informationen zu Wissensstand und Lernbedarf in der Organisation bereit. Bei Tandemploy nennen wir es den »Advanced Skill Analyzer«. Das Gute: Die dabei ausgewerteten Daten sind ehrlich und damit hoch relevant, denn sie werden von den Mitarbeiter*innen nach eigenem Ermessen und Bedürfnis bereitgestellt. Gutes Lernen heißt eben auch, offen mit den eigenen Fähigkeiten und Lernbedarfen umzugehen. Das gelingt nur in einer Unternehmenskultur, die diese Offenheit wertschätzt und fördert.

9.2 Erstmal'n Workshop? – Ok. Aber dann auch kontinuierlich lernen

Lernexpert*innen sind sich einig, dass Teilnehmer*innen nach einem einmaligen Trainingsworkshop nicht mal zehn Prozent des Gelernten umsetzen. Mit Lerngruppen und einer Selbstvereinbarung ist es dreimal so viel. Wissen und Skills punktuell zu vermitteln, kann hier und da sinnvoll sein. Um das Gelernte dauerhaft in der Organisation zu verankern und in selbstbestimmtes und zielorientiertes Handeln zu übersetzen, müssen Unternehmen aber einen Schritt weiter gehen und ein Umfeld schaffen, das Anreize setzt, niedrigschwellig und kontinuierlich zu lernen. Denn viele der Tätigkeiten, die Menschen in Zukunft machen werden, und die Informationen, die sie dafür brauchen werden, gibt es heute noch gar nicht. Sie entstehen mit dem technologischen Fortschritt. Das heißt, Wissen und Können sind in Bewegung und verändern sich im Laufe eines Arbeitslebens immer wieder. Unter diesen Bedingungen wird das Lernen von- und miteinander im Unternehmen zukünftig noch wichtiger werden. Dafür sind offene Strukturen und Kommunikationsräume nötig, zu denen alle Mitarbeiter*innen Zugang haben, ob am Schreibtisch oder in der Produktionshalle und unabhängig von Abteilung und Position. Jede Person kann ein*e Mentor*in sein, fast jeder Job lässt sich im Jobsharing-Tandem erledigen, jede*r kann von anderen etwas lernen, seinen oder ihren Horizont erweitern und diese Erkenntnisse in unternehmensrelevante Handlungen umsetzen. Dafür braucht es neue Begegnungsräume – analoge und digitale. Mit Hilfe smarter Software kann die interne Vernetzung ohne viel Vorlauf angestoßen und gefördert werden. Bei Tandemploy setzen wir zum Beispiel auf automatisiertes Matching und bringen Mitarbeiter*innen zusammen, die sich in bestimmten Aufgaben und Projekten unterstützen können. Auch fortlaufende Formate wie Mentoring, Jobsharing und Generation Exchange werden initiiert. Einmal angestoßen, ist es nur noch eine Frage der Zeit und vieler positiver Erfahrungen, bis der alte Unternehmenscode (»Konkurrenz führt nach oben.«) durch neuen Code (»Kollaboration bringt uns alle weiter.«) überschrieben wird.

9.3 Offenheit und Lernbereitschaft schlagen Erfahrung und Lebenslauf

Wie flexibel bist du? Wie gut kannst du dich selbst organisieren? Wie gut kannst du im Team arbeiten? Möchtest du Verantwortung übernehmen? Hast du Lust, etwas Neues zu lernen? Sich mit diesen Fragen zu beschäftigen, wird für Mitarbeiter*innen immer wichtiger, und das nicht nur im Bereich Talent-Management selbst oder auf der Führungsebene. Die Antworten darauf sind von weit größerer Relevanz als Arbeitsjahre oder Stationen im Lebenslauf. Denn wo komplett neue Arbeitsfelder entstehen, verliert Erfahrungswissen an Bedeutung.

Heißt das, die »Alten« spielen zukünftig keine Rolle mehr im Unternehmen? – Im Gegenteil! Offenheit und Vernetzungskompetenz sind keine Frage des Alters. Gerade altersgemischte Belegschaften bieten eine große Chance für intraorganisationales Lernen, vorausgesetzt, es herrscht ein Klima, in dem Vorurteile keinen Platz haben und alle sich auf Augenhöhe begegnen. Dann summieren sich die verschiedenen Perspektiven und Erfahrungen zu geballter Innovationskraft und münden in Produkten und Services, in denen sich viele Menschen wiederfinden. Generationenübergreifendes Lernen wird so zum Wettbewerbsvorteil.

9.4 Fazit

Unternehmen stehen vor der großen Herausforderung, aber auch vor der wunderbaren Chance, ihre Betriebssysteme umzubauen, hin zu neuen, beweglichen Arbeits- und Lernmodellen. Die stärksten Treiber für diese Veränderung sind nicht nur potenzielle Kund*innen, sondern auch und vor allem die eigenen Mitarbeiter*innen, und das unabhängig von Position, Alter oder Abteilung. Ihr Wissen und ihre Skills kennenzulernen und zu verknüpfen, wird zur wichtigsten Aufgabe von Unternehmen im Zuge ihrer digitalen Transformation. Diese mutig und proaktiv zu gestalten, ist dank vieler vorhandener Best Practices zum Siloabbau, cleverer Software und smarter Menschen keine Raketenwissenschaft, sondern – wie so oft – nur eine Frage des Wollens.

10 Führung neu lernen

Ein Kommentar von Dr. Bernd Blessin, Leiter Personal und Organisation sowie Recht und Compliance, Nadine-Aimée Bauer, Leiterin Personalentwicklung, und Heidi Hahn, Expertin Personalentwicklung, VPV Lebensversicherungs-AG

10.1 Führung entwickelt sich weiter!

Wir erleben durch Digitalisierung, Globalisierung und Wertewandel eine zunehmende Veränderung unserer gesellschaftlichen und wirtschaftlichen Strukturen. Sie werden komplexer, unsicherer und unübersichtlicher. Das trifft in besonderer Weise auch auf Unternehmen der Finanzdienstleistungsbranche zu. Überdies müssen sie mit zunehmender Regulierung, volatilem Verhalten der Kund*innen und der langanhaltenden Niedrigzinsphase umgehen. Das hat umfassende Auswirkungen auf unsere Arbeitswelt und folglich auch auf die Führung.

Die Herausforderung ist, Führung neu zu denken bzw. weiterzuentwickeln. Im Folgenden wird Führung bzw. Leadership in einer volatilen Welt oder Leadership im Wandel am Beispiel der VPV Versicherungen (VPV) beleuchtet und aufgezeigt, welche Veränderungen abzusehen und welche Kompetenzen notwendig sind, um Mitarbeiter*innen und Teams in einer volatilen Welt erfolgreich zu leiten. Zugleich wird auch die sich verändernde Rolle von Führungskräften betrachtet.

10.2 Wie muss sich Führung weiterentwickeln und wohin?

Führungstheorien und Führungsstilmodelle gibt es zahlreiche (vgl. dazu ausführlich Blessin u. Wick 2021 oder Weibler 2016 sowie für die Weiterentwicklung der Führung auch Blessin 2019).

In der Diskussion um Führung und ihre Weiterentwicklung tauchen immer wieder folgende Begriffe auf:

- Hierarchie und Partizipation,
- Vernetzung und Offenheit,
- Vertrauen und Kooperation.

Hierarchische Führung wird in der aktuellen Diskussion zunehmend hinterfragt. Mitarbeiter*innen wollen in die Diskussion und Entscheidungsfindung einbezogen werden bzw. selbst entscheiden dürfen. Sie erwarten Partizipation beziehungsweise Zusammenarbeit auf Augenhöhe. Der Mehrwert für Führungskräfte und Mitarbeiter*innen liegt in der besseren Verbindung mit den Zielen und Aufgaben, wenn diese transparent und gemeinsam vereinbart werden. Zudem gewinnen Entscheidungen an Qualität, wenn im Vorfeld mehrere Mitarbeiter*innen – ganz im Sinne gelebter Diversität – dazu gehört werden.

Ein weiteres zentrales Kennzeichen der Globalisierung und Digitalisierung ist die Vernetzung. Netzwerken war noch nie so einfach und zugleich so wichtig, wie im globalisierten und digitalen Zeitalter. Facebook, Twitter, YouTube, Instagram, Snapchat etc. machen es leicht. Vernetzung sowie ein offener und transparenter Austausch sind weltweit, im Unternehmen, im Team, quasi »barrierefrei« möglich, das heißt unabhängig von Hierarchie, Unternehmensbereich und eben auch Rasse, Bildung, Geschlecht, Alter, Religion etc.

Offenheit bezieht sich dabei nicht nur auf den vorgenannten Aspekt der Vernetzung, sondern ist deutlich weiter gefasst und von grundsätzlicher Natur. Gemeint sind damit zum Beispiel auch,

- neue Formen der Zusammenarbeit zuzulassen und zu entwickeln,
- iteratives, inkrementelles Vorgehen (statt Wasserfallplanung) und damit Ausprobieren und Verwerfen, Lernen und Verlernen zu ermöglichen,
- Diversität zu fördern und zu fordern sowie andere Sicht- und Herangehensweisen zu respektieren.

Für Führende und ihr Führungsverständnis bedeutet dies, dass sich Vernetzen und Netzwerken zu einer zentralen Kompetenz entwickeln müssen. Sie müssen tragfähige Beziehungen zu internen wie externen Stakeholdern aufbauen und dabei Offenheit und Kooperation als Grundmodell verstehen. Darin steckt für viele Führende ein großes Lernfeld. Jede Führungskraft sollte diese Kompetenz für sich selbst erkennen, entwickeln, mit den Mitarbeiter*innen leben und mit diesen geeignete Kommunikationsformen finden. Aber auch die Mitarbeiter*innen müssen die Möglichkeit und Chance zum Vernetzen und Netzwerken haben. Wissen und Informationen sind die Grundlage einer produktiven Zusammenarbeit im Unternehmen. Netzwerkkompetenz aufbauen und aktiv leben ist also das Ziel.

Und schließlich ist Vertrauen eine wesentliche Komponente der Führungsbeziehung für die Zusammenarbeit und gemeinsame Aufgabenerledigung. Kooperation und Partizipation ohne Vertrauen sind schwer vorstellbar. Dabei sind beide Seiten der Medaille untrennbar miteinander verbunden – das Vertrauen der Führung in die Mitarbeitenden, aber auch das der Mitarbeiter*innen in die Führung! Mitarbeitende und deren Leistung werden durch Führende immer weniger kontrollierbar und vorhersagbar. Dadurch gewinnt das Erarbeiten von Vertrauen zunehmend an Bedeutung.

Führung lässt sich immer weniger durch Hierarchie legitimieren. Folglich bedarf es eines »Mehr« an Partizipation für die Mitarbeiter*innen, Wissensaustausch und -transfer sowie

Eigenverantwortung, Selbstorganisation und Vernetzung der Mitarbeiter*innen. Gefragt ist Führung, die Sinn und Bedeutung vermittelt, Kultur und Werte aufzeigt, (rechtliche) Grenzen und Rahmenbedingungen setzt sowie Verantwortung überträgt. Unverändert bleibt die Führungskraft in besonderer Verantwortung für Leistung, Beziehung und Ergebnis der Teams und der Mitarbeiter*innen. Führung sollte verstärkt als Profession begriffen werden. Führende sind als Vorbilder und Coaches gefragt und sollten vorleben, was sie von ihren Mitarbeiter*innen erwarten.

10.3 Der Weg der VPV: über die Leadership-Werkstätten zum Leadership-Camp – ein iterativer Prozess

Die personalstrategischen Grundlagen für unseren Weg haben wir bereits 2014/2015 in unserer HR-Strategie @ 2020 gelegt. In ihr wurden unter anderem die Handlungsfelder »Führung und Mitarbeiter«, »Organisationsentwicklung« sowie »Digitale Agenda« verankert und die daraus abgeleiteten Ziele und Maßnahmen in den folgenden Jahren umgesetzt. Das war ein iterativer Prozess mit Konzeption und Erprobung, Reflexion und Nachjustierung. Dieser Prozess mündete 2017 in einen ersten hierarchie- und ressortübergreifenden Dialog der Führungskräfte, unser erstes Leadership-Camp. Hier wurde allen Führungskräften der von der ersten Führungsebene erarbeitete »Leadership-Kompass« vorgestellt und intensiv diskutiert. Der Leadership-Kompass beschreibt unser Führungsverhalten.

Mit dem Leadership-Kompass als Basis ging es nun an die Ausrichtung der Unternehmenskultur der VPV auf das VUCA-Umfeld. Aufgrund der Vielschichtigkeit und Dynamik der Herausforderungen eignet sich das VUCA-Prinzip auch für die Weiterentwicklung unserer Führung. Den notwendigen strategischen Wandel voranzubringen, war unser wesentlicher Treiber. Zugleich sollte eine enge Verbindung von Führungs- und Organisationsentwicklung hergestellt werden. Dies sollte in sog. Leadership-Werkstätten gelingen. Hier arbeiten verschiedene Führungsebenen in Workshops zusammen.

Unsere Antwort auf das VUCA-Umfeld ist Agilität mit dem Ziel, das Bewusstsein aller Mitarbeiter*innen und Führungskräfte zu stärken, dass sich Haltung und Verhalten deutlich an diesem Umfeld orientieren müssen. Letztendlich ging und geht es darum, für unsere Kund*innen und unsere Vermittler*innen einen spürbaren Mehrwert zu generieren.

Agilität haben wir für uns als Haltung definiert und sie bedeutet ein schnelles, initiatives und potenzialorientiertes Handeln und Reagieren auf sich entwickelnde Faktoren des Umfelds, um damit Wettbewerbsvorteile zu erlangen. Diese Haltung lässt sich mit den in Abbildung 39 dargestellten sieben Prinzipien beschreiben.

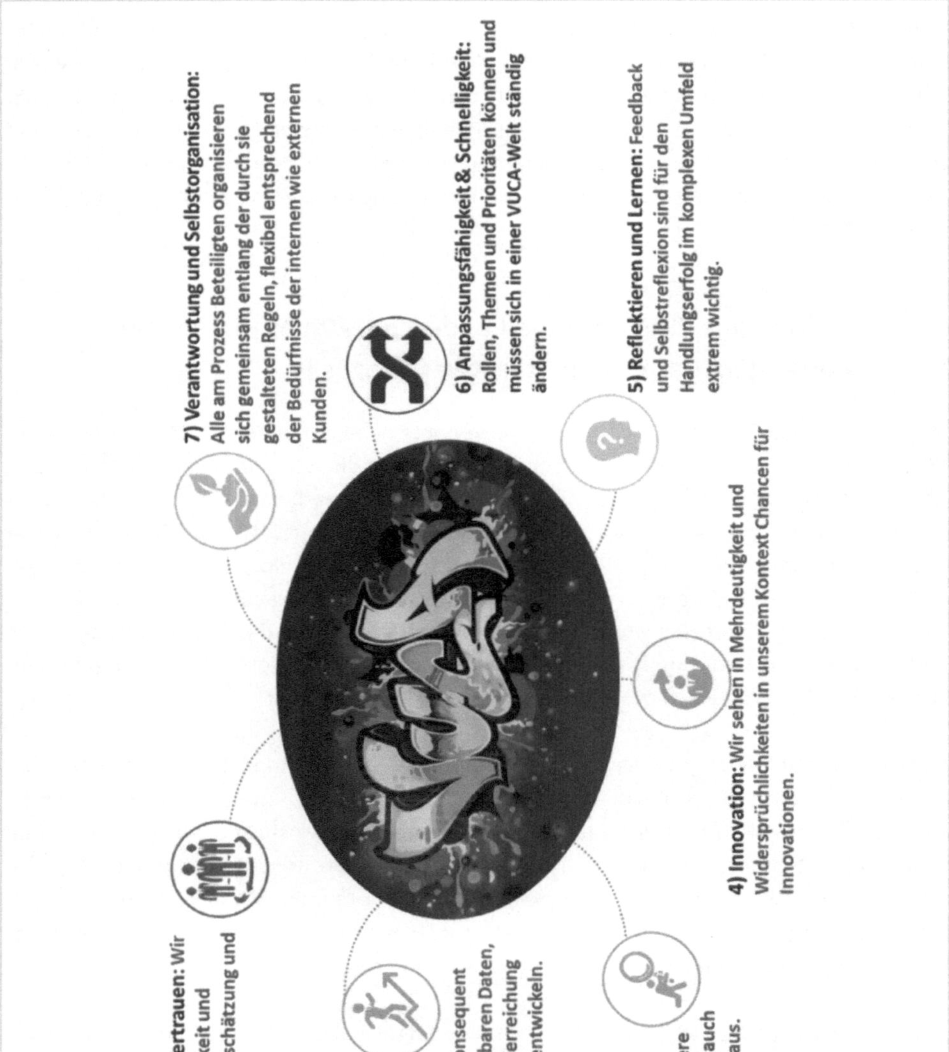

Abb. 39: Unsere sieben Prinzipien der Agilität (© noesis 2018)

Die sieben Prinzipien der Agilität waren 2018/19 die Basis der ersten Leadership-Werkstätten. Wesentlich für den Erfolg unserer Leadership-Werkstätten war die Einbindung unserer Mitarbeiter*innen. Die Agilitätsprinzipien wurden durch die Führungskräfte mit ihren Mitarbeiter*innen jeweils vor bzw. nach den Leadership-Werkstätten besprochen. Auch hier gingen wir iterativ und in Schleifen vor.

Die Leadership-Werkstätten mündeten in das gemeinsame Leadership-Camp aller Führungskräfte der VPV (vgl. dazu ausführlich Blessin u. Hahn 2020). Im Leadership-Camp wurden die Ergebnisse und Erkenntnisse der Leadership-Werkstätten zusammengetragen. Die Ziele unseres Leadership-Camps 2019 waren:

- Wir arbeiten an unserer Führungskultur, um die Umsetzung der VPV-Strategie im Alltag zu fördern.
- Wir synchronisieren uns zum Thema VUCA, Agilität und unserem Leadership-Kompass, um unsere Umsetzungskraft zu bündeln und zu stärken.
- Wir praktizieren und stärken unsere Dialogkultur, um gemeinsam über alle Hierarchieebenen zu lernen. Uns war dabei wichtig, die VPV gemeinsam mit allen Führungskräften weiterzuentwickeln.

Die Grundlagen für eine solide Weiterentwicklung der nächsten Leadership-Werkstätten in 2019/20 waren gelegt. Eine Lernschleife und Fortentwicklung aus 2018/19 ist, dass jeweils ein Vorstandsmitglied bereits bei den Leadership-Werkstätten dabei ist, um in seiner Führungsrolle mit allen anderen gemeinsam zu lernen sowie wichtige Impulse von Anfang an geben und aufnehmen zu können.

Die Offenheit für das gemeinsame Lernen über alle Hierarchieebenen hinweg ist bei der überwiegenden Mehrheit der Führungskräfte angekommen. Mittlerweile wird unverhüllt über eigene herausfordernde Führungssituationen gesprochen und mit den Kolleg*innen nach Lösungen gesucht. Die relevanten Themen und Impulse für das Leadership-Camp werden bereits in den Werkstätten vorbesprochen und diskutiert.

Unsere Lernfelder sind, uns gemeinsam weiterzuentwickeln und nicht dem oftmals einfachen Impuls zu erliegen, darauf zu warten, dass irgendjemand dafür verantwortlich ist, die Kultur zu verändern. Oder dass gar der Vorstand das Wertegerüst für die VPV vorgibt. Alle Führungskräfte und Mitarbeitenden gestalten die Kultur gemeinsam und können und sollen diese auch verändern.

10.4 Fazit und Ausblick

Im Leadership-Camp 2020 werden die Erfahrungen und Erkenntnisse aus den vorangegangenen Leadership-Werkstätten gesammelt, mit der Unternehmensstrategie der VPV und der Organisationsentwicklung synchronisiert und weitere geeignete Aktivitäten abgeleitet, um gemeinsam unser Mindset zur zukünftigen Führung sowie neue Formen unserer Zusammenarbeit zu entwickeln.

So verfolgen und gestalten wir nachhaltig die von uns gesetzten Kernthemen für die gemeinsame Entwicklung aller Führungskräfte der VPV. Wir sehen die Veränderungen in der Führungskräfteentwicklung und die Auswirkungen auch auf die Mitarbeiter*innen und deren Entwicklung. Es ist uns bewusst, dass diese Veränderungen sowie die kontinuierliche Kommunikation und gemeinsame Reflexion über den erreichten Stand einen langen Atem brauchen.

In 2020 standen Themen wie der Auf- und Ausbau agiler Methodenkompetenzen, die Förderung von Kreativität, Innovationsfähigkeit und Selbstverantwortung sowie Führen und Arbeiten auf Augenhöhe im Mittelpunkt unserer Personalentwicklungsangebote. In der Umsetzung setzten wir verstärkt auf hierarchie- und fachbereichsübergreifende Seminare und das gemeinsame Lernen und den Dialog von Führungskräften und Mitarbeiter*innen.

Unser Leadership-Camp im Jahr 2020 konnte aufgrund der Pandemie nicht stattfinden. Für uns ist es auch mit anhaltender Pandemie (Covid 19) wichtig, mit unseren Führungskräften kontinuierlich an relevanten Führungsthemen zu arbeiten. Daher haben wir in 2020 ergänzend für diese speziellen Herausforderungen maßgeschneiderte Online-Seminare und individuelle Beratungen und Coachings für unsere Führungskräfte in das Angebot aufgenommen.

Das geplante virtuelle Führungskräfteformat im Frühjahr 2021 löst die Leadership-Camps und -Werkstätten in ihrer ursprünglichen Form nicht ab, sondern ergänzt diese. Wir werden beim Leadership-Camp 2021 an die Erfahrungen und Erkenntnisse sowohl aus den vorangegangenen Leadership-Werkstätten als auch an diejenigen aus der Pandemiezeit direkt anknüpfen. Ziel ist es, diese Aspekte alle zu bündeln und diese mit der Unternehmensstrategie der VPV, der Organisationsentwicklung sowie unseren Agilitätsprinzipien zu synchronisieren, vgl. zu diesen Prinzipien ergänzend Blessin & Hahn (2020). Inhaltlich leiten wird uns v. a. eines dieser sieben agilen Prinzipien, nämlich das Prinzip »Kollaboration und Vertrauen«.

Über VPV Versicherungen (VPV)

Mit Hauptsitz in Stuttgart ist die 1827 gegründete VPV ein modernes Finanzdienstleistungsunternehmen mit mehr als 190-jähriger Tradition. Mit über 1000 Mitarbeitenden im Innen- und Außendienst bietet die VPV ihren Kund*innen ein umfassendes Angebot an Versicherungen und weiteren Dienstleistungen – auch in Kooperation mit starken Partnern. Mit einer Bilanzsumme von über 7,9 Milliarden Euro gehört die VPV heute zu den mittelgroßen Versicherungsunternehmen Deutschlands.

11 Bilden wir junge Menschen wirklich gut auf die Herausforderungen des 21. Jahrhundert hin aus? Oder halten wir uns zu stark an klassischen Vorstellungen, am Modus der Erfahrung, fest?

Ein Kommentar von Steffi Burkhart, ein Sprachrohr der Millennials in Medien, Impulsgeberin auf Bühnen, Human Capital Evangelist und Generationenforscherin

Noch nie hat sich die Welt so schnell verändert wie heute. Manches was gestern noch als Science-Fiction galt, ist heute bereits Wirklichkeit. Neue Technologien, Genom-Editierung oder Robotik halten immer mehr Einzug in unseren Alltag. Gleichzeitig sind wir mit den Folgen der Industrialisierung und Globalisierung konfrontiert wie beispielsweise dem Klimawandel, wir erleben überall auf der Welt politische Disruptionen, in Deutschland laufen wir Gefahr, mal wieder bei Themen wie Künstliche Intelligenz, Smart Learning, aber vor allem im Bereich Talententwicklung abgehängt zu werden. Und es geht nicht nur um KI-Expert*innen und digitale Könner*innen, sondern auch um Spitzenwissenschaftler*innen und top ausgebildete Akademiker*innen. Und während unsere Politiker*innen und so manche Pseudoexpert*innen in ›Kaffeekränzchen‹ Minibeträge zur Förderung dieser Schlüsseltechnologien bereitstellen, explodieren weltweit tausendfach ganze Metropolen mit Elan und bewegen sich mit einem »Machen wir«-Mindset ins 21. Jahrhundert. Wirtschaft, Wissenschaft und Gesellschaft sind dabei keine drei Gegner, sondern sollten sich gegenseitig unterstützen und fördern.

Eine Schlüsselfrage im Kontext Future Learning lautet für mich: Bereiten wir wirklich junge Menschen ausreichend auf all die Herausforderungen des 21. Jahrhunderts vor? Lernen junge Menschen wirklich mutig Zukunft mitzugestalten? Vermitteln wir einen Mindset, Probleme zu lösen und alles kritisch zu hinterfragen? Die Fähigkeit, in die Zukunft zu blicken – und nicht permanent in die Vergangenheit –, und wenn das von einer ganzen Generation angewandt wird – weltweit –, wird dies einen genauso großen Einfluss auf uns Menschen haben wie die Idee der Aufklärung. Und vor allem, warum (why) sollten diese Expert*innen dann in Deutschland bleiben?

11.1 Die Schlüsselgenerationen, um Welt- und Wirtschaftsprobleme zu lösen

Obwohl die Babyboomer-Generation (*1950–1965) die größte und kaufkraftstärkste darstellt, sind die Generation Y (*1980–1995) und Generation Z (*1996–2010) die einflussreichsten Alterskohorten im digitalen Zeitalter. Sie sind die Schlüsselgenerationen, um die anstehenden Welt- und Wirtschaftsprobleme zu lösen. Nicht nur, weil sie eine Millionenlücke nach Renteneintritt der Babyboomer-Generation ab 2030 irgendwie füllen müssen, sondern, weil ihre Mind- und Skillsets diejenigen sein werden, die die Art und Weise, wie wir zukünftig leben und arbeiten wollen, nachhaltig verändern.

Wir sind zwar quantitativ in der Minderheit, qualitativ jedoch sehr wichtige Generationen, da wir 2030 den größten Teil der Workforce stellen werden. Trotzdem spielen Millennials derzeit sowohl in der Politik als auch in der Wirtschaft kaum eine relevante Rolle. Insbesondere die Politik und auch große Teile der Wirtschaft verstehen überhaupt nicht, welche Bedürfnisse, Ängste, Sorgen und Wünsche junge Menschen heute haben. Die Beispiele REZO und Greta Thunberg zeigen uns, dass es höchst problematisch geworden ist, dass junge Menschen gar nicht mehr den staatlichen Institutionen oder politischen Parteien, Gewerkschaften und auch Schulen und Universitäten folgen, glauben und vertrauen, sondern dass sich Mikrobewegungen sehr schnell aus dem Nichts heraus bilden, die statisch hierarchisch organisierte Systeme disruptiv aus dem Takt bringen. Bei der Generation Z haben wir es nun, tatsächlich 50 Jahre nach der 68er Generation, mit einer Generation zu tun, die Technologie und finanzielle Mittel in die Hand nehmen, weil sie grundlegende Probleme radikal und ad hoc lösen möchte. Dieses Phänomen erleben wir gerade weltweit – von einem kleinen Sitzstreik in Schweden, der sich innerhalb nur eines Jahres zu einer weltweiten Schülerdemonstration ausgebreitet hat, und sicher die jungen Hongkong-Chinesen oder die Antikorruptionsbewegung im Libanon stark beeindruckt und beeinflusst hat.

Erstmals in der Geschichte der letzten 50 Jahren haben junge Menschen das Gefühl, gegen große Unternehmen und Regierungen auf lokaler, aber auch auf internationaler Ebene etwas bewirken zu können. Und das ist gut so! Statt sie zu belächeln, gilt es, sie an einem ernsthaften Diskurs über Zukunftsfragen mit an den Tisch zu setzen. Wir sind zwar quantitativ in der Minderheit, qualitativ jedoch wichtige Generationen. Deshalb plädiere ich im Übrigen seit fünf Jahren für eine Jugendquote in der Spitze von Politik, Wirtschaft und Wissenschaft.

11.2 Monokulturen in Entscheiderkreisen bremsen uns aus

Ich erlebe bei all den Veranstaltungen, bei denen ich als Impulsgeberin der Wirtschaft, Spitzenpolitik, Verwaltung und Wissenschaft eingeladen bin, um über junge Generationen und die Zukunft zu sprechen, dass zum Großteil immer der gleiche Typus Mensch vor mir sitzt: männlich, weit über 50 Jahre alt und in blauem, grauem oder schwarzem Anzug. So sieht unsere Entscheiderebene in Wissenschaft, Politik und Wirtschaft aus – eine Männer-Monokultur. Kein Wunder also, dass wir uns seit Jahren nur im »Modus der Erfahrung«-Kreis drehen. Was dazu führen wird, dass wir neben der demografischen Krise, die schon heute in Deutschland zu einem Systemkollaps in Verwaltung und Politik führt und zukünftig auch die Bereiche Wissenschaft und Wirtschaft betreffen wird, eine Kulturkrise erleben, bei der Bildungssysteme Gefahr laufen, ihre Deutungshoheit über Bildung zu verlieren und wir in Deutschland einen Braindrain junger Talente erleben werden. Es gab noch nie eine so hohe Auswanderungsrate von Deutschen aus Deutschland wie im Jahr 2019 (Ette et al. 2019). Dieser Trend wird sich aus meiner Beobachtung weiter verstärken. Wenn wir nicht heute handeln, steuern wir in Deutschland nach dem ›War for Talents‹ in ein ›Extinction of Talents‹.

Bis in die späten 1970er Jahre hatten die bedeutendsten Symphonieorchester der Welt exakt dasselbe Problem. Über 90% der Musiker und gleichzeitig auch der Musikprofessoren waren weiße ältere Männer in ihren 50er Jahren – durch und durch nur Männer. Obwohl an den Musikhochschulen genauso viele junge, talentierte Frauen in den Meisterklassen waren, die durchaus auch besser die Geige, besser den Kontrabass oder besser die Flöte gespielt haben als ihre männlichen Kollegen. Trotzdem waren es 95% der männlichen Kollegen, die ins Bostoner Symphonieorchester aufgenommen wurden. Bei jeder Neubesetzung im Orchester war die Besetzungsjury davon überzeugt, beim Vorspiel eine »objektive« Entscheidung zu treffen – und Männer nicht zu bevorzugen.

Für ein wissenschaftliches Experiment von Harvard hat sich die Jury des Bostoner Symphonieorchesters darauf eingelassen, dass beim Vorspiel ein Vorhang zwischen der Jury und den Musikern implementiert wird. Diese Blind Auditions haben dazu geführt, dass der Frauenanteil in dem Orchester sprunghaft auf fast 40% angestiegen ist und auch der Altersdurchschnitt extrem nach unten gegangen ist. Die Veränderung des Aufbaus – was in der Verhaltensökonomie Design genannt wird – hat zu einem komplett anderen Ergebnis geführt.

11.3 Denkdiversität als Lösung, um den Modus der Erfahrung zu verlassen

Die dringend benötigten Veränderungen funktionieren erst dann, wenn wir uns im übertragenen Sinne nicht von kognitiven Verzerrungen, die in uns allen stecken, beeinflussen lassen. Dazu wurden Experimente von der Harvard University durchgeführt und die Ergebnisse fanden eine direkte Umsetzung in der amerikanischen Wirtschaft.

In diesem Sinne ist mein Appell an alle Leser und Leserinnen meines Beitrags: sich nicht den Stereotypen, kognitiven Verzerrungen und der Weg-Duck-Mentalität hinzugeben, sondern aktiv die anstehenden wichtigen Veränderungen mit uns Millennials mitzugestalten. Gemeinsam müssen wir die vor uns stehenden Aufgaben und Herausforderungen bestmöglich lösen, denn es geht um nicht mehr und nicht weniger als die Zukunft unseres Planeten, unserer Wirtschaft, die Zukunft unserer Gesellschaft und die Zukunft der jungen Generationen.

11.4 Wenn die Politik zu lange pennt

Wir wissen: Die Alterspyramide wandelt sich zu einem Trichter. 1964 war das Jahr mit der höchsten Geburtenrate in Deutschland – mehr als 1,3 Millionen Babys wurden geboren. In 2017 haben wir nur noch die 700.000-Marke geknackt. Das betrifft vor allen Dingen neben dem Rentensystem den heutigen Arbeitsmarkt und im Speziellen Ihre Unternehmen und unsere Zukunft.

Bei gleichbleibendem wirtschaftlichen Wachstum und wenn es zu keinen verhaltensökonomischen Veränderungen der Bevölkerung kommt, werden uns alleine in Deutschland demografisch bedingt bis 2030 bis zu 6 Millionen erwerbsfähige Menschen fehlen, weil die Babyboomer-Generation bis dahin zum Großteil in Rente gegangen ist (Strack et al. 2014). Alleine jetzt schon plant die Bundesregierung bis zu 200.000 philippinische Pflegekräfte nach Deutschland zu holen. Das ist mit ein Grund, warum die Arbeitslosenquote in Deutschland derzeit auf dem niedrigsten Stand seit der Wiedervereinigung gefallen ist. Und die Politik? Die jubelt und feiert das als ihren Erfolg – dabei könnte dies die größte wirtschaftliche Krise auslösen, die wir in Deutschland je erlebt haben.

Die Wahrheit lautet: Wer Megatrends ignoriert, wird über sie stolpern. Wer hingegen Megatrends frühzeitig analysiert und versteht, gewinnt dadurch Wettbewerbsvorteile. Der demografische Wandel bzw. die Alterung unserer Gesellschaft ist ein Megatrend, unter dem sich unsere politischen Eliten jedoch schon seit gut zwei Jahrzehnten hinwegzuducken versuchen. Ob die Rentenlüge von Norbert Blüm, an die viele ältere Menschen geglaubt haben, oder die permanenten Rentengeschenke an die Alten – bei vielen vorgestellten Reformen werden die finanziellen Bedürfnisse der Millennials einerseits, aber auch deren Bedürfnisse nach neuen Arbeitsmodellen und dem starken Sicherheitsbedürfnis andererseits nicht berücksichtigt. Nun haben die politischen Eliten zum 01. März 2020 ein Fachkräftezuwanderungsgesetz verabschiedet, das meiner Meinung nach mindestens zehn Jahre zu spät ist. Dabei sind demografische Entwicklungen ziemlich einfach einschätzbar. Sie lassen sich auf Jahrzehnte vorherbestimmen. Nur die Schwierigkeit ist, sie kurzfristig umzukehren. Sie kann nur noch abgefedert werden durch den Einsatz von Künstlicher Intelligenz, Robotik, Zuwanderung und der Attraktivität Deutschlands für deutsche Top-Talente.

11.5 (Qualifizierte) Arbeitskraft wird zum mangelnden Rohstoff der Zukunft

Ohne junge Mitarbeiter*innen aktiv ins Unternehmen zu holen, sie dort gut zu qualifizieren, zu fördern und sie längerfristig zu halten, werden Unternehmen ausgebremst sein in ihrer Performance, ihrem Wachstum und ihrem Gewinn. Denn: Talentierte Mitarbeiter*innen werden das flüchtigste Molekül der Zukunft sein. Diverse Zukunftsprognosen gehen davon aus, dass die Generationen Y und Z bis zu achtmal den Job und mehrfach die Industrie, in der sie arbeiten, wechseln werden – ob sie es selbst wollen oder nicht. Auf diese Entwicklung sind meiner Beobachtung nach nicht viele Unternehmen und insbesondere die wenigsten HR-Abteilungen wirklich gut vorbereitet.

Wenn das die neue Realität ist, dann befinden sich Unternehmen derzeit an einem strategischen Wendepunkt. Es sind die Investitionen in das Humankapital auf allen Ebenen einer Organisation, die zukünftig über den unternehmerischen Erfolg entscheiden werden. Und nur die Unternehmen werden überleben, die es schaffen, ein ausgezeichnetes Talent-Management aufzusetzen und dauerhaft umzusetzen. Dazu gehört auch Future Learning. Neben der Frage, wie wir junge Menschen in der ersten Phase der Biografie optimal auf ihre Zukunft vorbereiten, gibt es eine zweite Phase, die auch bedacht werden muss. Und das ist meine zweite Schlüsselfrage in diesem Beitrag: Wie sieht für Abiturienten und Azubis im Jahr 2032 die weitere Bildung und Qualifizierung zwischen 2035 bis 2085 aus? Also in seiner 50-jährigen Erwerbsbiografie? Bereiten wir die jungen Menschen heute schon darauf vor, diesen Marathon erfolgreich anzugehen? Kommen wir unserer Verantwortung wirklich nach? Bildung ist nicht endlich und hört nicht nach der Schule, der Ausbildung oder dem Studium auf. Laut dem World Economic Forum werden die Menschen bis 2022 im Durchschnitt 101 zusätzliche Lerntage benötigen, um mit der sich verändernden Arbeitswelt Schritt zu halten (WEF 2018). Wo bieten wir diese Lern- und Experimentierräume in der Gesellschaft und innerhalb von Arbeitsräumen? Der Bedarf an Lernzeit wird Arbeitszeit disruptiv beeinflussen – auch damit beschäftigen sich derzeit die wenigsten Organisationen.

11.6 Mangelnder Mut und Experimentierfreude in Deutschland

Es braucht dringend einen Paradigmenwechsel in Bildung, Lösungen für Smart-Learning-Ansätze und ganze Lern-Ecosysteme, die ein lebenslanges, lustvolles und erfolgreiches Lernen möglich machen. Viele Länder experimentieren proaktiv mit neuen Bildungsansätzen, um junge Menschen auf die Herausforderungen des 21. Jahrhunderts gut vorzubereiten. In Singapur werden Schüler*innen in der Grundschule nicht mehr über Noten miteinander verglichen, Lernen soll kein Wettbewerb untereinander sein, Schüler*innen sollen sich auf den eigenen Entwicklungsprozess konzentrieren; Finnlands frühe Bildung ist auf Konzepte des spielerischen Lernens ausgerichtet, Estlands digitales Klassenzimmer ist Spitze in Europa, indische Schulen in Delhi unterrichten das Fach »Happiness«, in China wird mit Gesichtserkennungstechnologie die Aufmerksamkeit und Emotionen von Schüler*innen im Unterricht analysiert, um die Qualität von Unterricht zu verbessern.

Und was machen wir in Deutschland? Vieles noch wie bisher – wir agieren weiter im Modus der Erfahrung und das ist meine dritte Schlüsselaussage in diesem Beitrag: Die Politik ruht sich ganz massiv auf den »noch Stärken« der deutschen Wirtschaft aus. Meiner Meinung nach ist das der falsche Weg und ich behaupte, er ist nicht nur grob fahrlässig, sondern auch gefährlich.

11.7 Die Spielregeln in der Welt verändern sich

Wir leben heute in einer Welt, die zunehmend volatil, unsicher, komplex und ambivalent ist (VUCA-Welt). Hinzu kommen die Brandbeschleuniger Digitalisierung und moderne Technologien wie die Künstliche Intelligenz. Diese Treiber führen zu neuen Herausforderungen für Wirtschaft, Politik und das Bildungssystem. Unternehmen durchleben einen massiven Kulturwandel auf den folgenden Ebenen: Technologie (IoT, KI, Big Data, Automatisierung, neue

Geschäftsmodelle, digitale Kompetenzen etc.), Struktur (Organisationsdesign, Teamstrukturen, virtuelle Zusammenarbeit, Raumkonzeption) und Mensch (Führung, (Self-)Empowerment, Skillset-Shift, Mindset-Shift, Nutzerzentrierung).

Die Digitalisierung und die Implementierung moderner Technologie in Unternehmen führen dazu, dass 65 % der Jobs bzw. Jobinhalte, in denen die Generation Z zukünftig arbeiten wird, heute noch nicht existieren (WEF 2018). Wie bereiten wir junge Menschen auf diese Zukunft vor?

Erfolg der Zukunft ist eine Kombination aus technologischer Intelligenz plus menschlicher Intelligenz, weshalb wir junge Menschen dazu befähigen müssen, im Co-Play mit und neben Maschinen zu arbeiten, die immer intelligenter und stärker vernetzt sein werden, statt mit ihnen zu konkurrieren. Denn diesen Konkurrenzkampf werden wir verlieren – definitiv!

Es ist unsere Aufgabe, unsere Denkmuster, unsere Ratschläge und die Rolle von Bildungssystemen zu hinterfragen, um Menschen das richtige Skillset für ihre Zukunft mit auf den Weg zu geben. Handeln wir nicht heute, steuern wir auf einen enormen Skill-Mismatch zu, der den globalen Personalengpass im Übrigen noch weiter befeuern wird. Kompetenzen, die derzeit im Arbeitsmarkt zur Verfügung stehen, korrespondieren zunehmend weniger mit den Kompetenzen, die von Organisationen benötigt werden (CEDEFOP 2015). Hinzu kommt, dass unsere Bildungssysteme junge Generationen derzeit nicht ausreichend auf die Herausforderungen und den Skill-Bedarf der »4. Industriellen Revolution« vorbereiten (Schools of the Future Report WEF 2020). Schon heute sind im Arbeitsmarkt zahlreiche Engpässe in folgenden Bereichen zu beobachten: digitales Know-how und der proaktive Umgang mit modernster Technologie, Entrepreneurship-Geist und der Umgang mit kreativen Arbeitsmethoden, Agilität in Teamarbeit und der Umgang mit agilen Arbeitsmethoden, persönliche Resilienz im Umgang mit einer VUCA-Realität und ihren Beschleunigern Digitalisierung und moderne Technologien, die auch eng mit Zeit- und Leistungsdruck verknüpft ist. Menschlichkeit und ein demokratisches Bewusstsein gehen uns so in der Gesellschaft verloren.

11.8 Erfolg der Zukunft: technologische Intelligenz plus menschliche Intelligenz

Die Ausführungen aus Abschnitt 11.7 bedeuten, dass die Skills, Fähigkeiten und das Wissen, welche Abiturient*innen und Azubis in 2032 benötigen, um erfolgreich und Bedürfnisse befriedigend zu arbeiten und zu leben, anders sein werden, als bis dahin die Mehrheit aller Bildungsinstitute in Deutschland unterrichten werden. Als Beispiel: Die Finanzkrise 2008 und die daraus resultierenden Handlungen der Zentralbanken mit ihrer Null-Zins-Politik haben sämtliche ökonomische Lehrbuchmeinungen außer Kraft gesetzt. Eigentlich Glück im Unglück! Wenn es einen Zeitpunkt gäbe, an dem eine Gesellschaft in Bildung und positive Utopien investieren sollte, ist es genau jetzt. Denn günstiger kann man einen so wichtigen Punkt nicht refinanzieren.

Lehre muss neu gedacht werden – es braucht neue Antworten auf das Wie, auf das Was und noch viel wichtiger auf das Wozu? Bilden wir junge Menschen wirklich gut auf die Herausforderungen des 21. Jahrhunderts aus? Wenn wir heute davon ausgehen, dass bis 2030 circa 35 % der jungen Generationen in der Selbstständigkeit tätig sind – ob sie es wollen oder nicht –, stellte sich die Frage: Bereiten wir junge Menschen heute schon auf diese Realität von morgen vor? Wenn Multigrafien zur Normalität werden, wenn gesellschaftliche Normen immer weiter aufweichen und sich die Multioptionalität individueller Lebensläufe vielfach vergrößern wird – bereiten wir junge Menschen heute in ihrer persönlichen Entwicklung genau darauf vor?

Resilienz, Veränderungsbereitschaft, Selbstmotivation, Frustrationstoleranz, Vorstellungskraft, Umgang mit Unsicherheiten und der Komplexität in der Welt, Kreativität, Innovationskompetenz, Originalität, emotionale Intelligenz, kritisches Denken, aktives Zuhören, Verantwortung übernehmen, demokratisches Bewusstsein, Persönlichkeitsentwicklung, Gestaltungskompetenz, Umsetzungsstärke bzw. Handlungsorientierung, Entrepreneurship-Geist, digitale Mündigkeit – alles Kompetenzen, die eine hohe menschliche Intelligenz auszeichnen.

Wir benötigen dringend neue Ansätze, um Menschen, Teams und Organisationen effizient dabei zu unterstützen und zu begleiten, diesen Wandel, den wir derzeit alle durchlaufen, erfolgreich zu meistern. Denn der Motor all der Veränderungen ist der Mensch. Wenn wir den Menschen nicht erfolgreich mitnehmen, wird der digitale Wandel in Organisationen und Gesellschaft nicht erfolgreich funktionieren.

Literaturverzeichnis

Abele, E.; Reinhart, G. (2011). Zukunft der Produktion. Herausforderungen, Forschungsfelder, Chancen. München: Hanser.

acatech (Hrsg.) (2016). Kompetenzen für Industrie 4.0: Qualifizierungsbedarfe und Lösungsansätze (acatech POSITION). München: Herbert Utz.

Albert, M.; Hurrelmann, K.; Quenzel, G.; TNS Infratest Sozialforschung (2015). Jugend 2015: 17. Shell Jugendstudie, Frankfurt am Main: Fischer Taschenbuch.

Ambos, I.; Koscheck, S.; Martin, A. (2016). Öffentliche Weiterbildungsfördernisse von Teilnehmenden: Ergebnisse der wbmonitor Umfrage 2015. Bonn: Bundesinstitut für Berufsbildung.

Anger, C.; Plünnecke, A. (2020). Homeschooling und Bildungsgerechtigkeit. IW-Kurzbericht 44/2020.

Appel, W.; Michel-Dittgen, B. (2013). Digital Natives: Was Personaler über die Generation Y wissen sollten. Wiesbaden: Springer Gabler.

Arbeitsgemeinschaft Deutscher Wirtschaftswissenschaftlicher Forschungsinstitute (2000). Bildungsreform aus ökonomischer Sicht, Wissenschaftliche Tagung der Arbeitsgemeinschaft Deutscher Wirtschaftswissenschaftlicher Forschungsinstitute vom 11. und 12. Mai 2000; 63, Beihefte der Konjunkturpolitik, Heft 51.

Arntz, M.; Gregory, T.; Zierhahn, U. (2018). Digitalisierung und die Zukunft der Arbeit: Makroökonomische Auswirkungen auf Beschäftigung, Arbeitslosigkeit und Löhne von morgen. ZEW 04/2018.

Autor, D. H.; Dorn, D. (2013). The Growth of Low-Skill Service Jobs and the Polarization of the US Labor Market, American Economic Review 2013, 103(5), S. 1553–1597. In: http://www.ddorn.net/papers/Autor-Dorn-LowSkillServices-Polarization.pdf [Zugriff: 26.09.2019].

Autorengruppe Bildungsberichterstattung (2012). Bildung in Deutschland 2012: Ein indikatorengestützter Bericht mit einer Analyse zur kulturellen Bildung im Lebenslauf. Bielefeld: Bertelsmann.

Autorengruppe Bildungsberichterstattung (2018): Bildung in Deutschland 2018. Bielefeld: Bertelsmann.

Autorengruppe Bildungsberichterstattung (2020). Bildung in Deutschland 2020. https://www.bildungsbericht.de/static_pdfs/bildungsbericht-2020.pdf [Zugriff: 26.01.2021].

Bäcker, G.; Kistler, E. (2016). Von 1990 bis heute. In: Bundeszentrale für politische Bildung http://www.bpb.de/politik/innenpolitik/rentenpolitik/222865/von-1990-bis-heute [Zugriff: 14.05.2019].

Baethge, M.; Baethge-Kinsky, V.; Holm, R.; Tullius, K. (2003). Anforderungen und Probleme beruflicher und betrieblicher Weiterbildung: Expertise im Auftrag der Hans-Böckler-Stiftung. In: https://www.boeckler.de/pdf/p_arbp_076.pdf [Zugriff: 04.02.2021].

Bartlett-Mattis, M. (2017). VUCA – vom Chaos zur Kreativität. In: https://www.trendreport.de/vuca/ [Zugriff: 11.09.2019].

Bauer, A.; Gartner, H. (2014). Wie Arbeitslose und offene Stellen zusammenpassen. IAB-Kurzbericht 5/2014. Vormals Regensburg: Manzsche.

Bauer, J. (2008). Prinzip Menschlichkeit. München: Hoffmann und Campe.

Bauer, W. (2015). »Ich bin überzeugt, dass uns die Arbeit nicht ausgeht«. Prof. Dr.-Ing. Wilhelm Bauer im FAZ-Interview mit Sven Astheimer. In: http://www.faz.net/aktuell/beruf-chance/arbeitswelt/interview-wilhelm-bauer-machen-roboter-den-menschen-bald-ersetzbar-13809365.html [Zugriff: 25.09.2019].

BCG – Boston Consulting Group (2015). Reshoring of Manufacturing to the US Gains Momentum. In: https://www.bcg.com/publications/2015/reshoring-of-manufacturing-to-the-us-gains-momentum.aspx [Zugriff: 17.09.2019].

BCG – Boston Consulting Group (2018). Decoding Global Talent 2018. In: https://www.bcg.com/de-de/publications/2018/decoding-global-talent.aspx [Zugriff: 11.09.2019].

BDA – Bundesvereinigung der Deutschen Arbeitgeberverbände (2015). Fachkräftemangel bekämpfen: Wettbewerbsfähigkeit sichern. Handlungsempfehlungen zur Fachkräftesicherung in Deutschland. In: http://www.arbeitgeber.de/www/arbeitgeber.nsf/res/44575FACA1858F93C1257EAB00300EED/$file/Fachkraeftemangel-bekaempfen-Wettbewerbsfaehigkeit-sichern.pdf [Zugriff: 29.03.2019].

BDI (Bundesverband der Deutschen Industrie e. V.), Z_punkt (GmbH) (2011). Deutschland 2030 – Zukunftsperspektiven der Wertschöpfung. In: https://www.z-punkt.de/uploads/default/114/2012_bdi_deutschland_2030_de.pdf [Zugriff: 04.02.2021].

Becker, R. (2011). Studienchancen und -beteiligung im Wandel (1979–2005), für bpb. In: http://www.bpb.de/politik/grundfragen/deutsche-verhaeltnisse-eine-sozialkunde/138032/bildungsbeteiligung-und-bildungschancen?p=all [Zugriff: 27.03.2019].

Bellmann, L.; Dummert, S.; Leber, U. (2017). Wie stark engagieren sich Betriebe bei der Qualifizierung von Migranten?. In: https://www.iab-forum.de/wie-stark-engagieren-sich-betriebe-bei-der-qualifizierung-von-migranten/?pdf=4421 [Zugriff: 29.03.2019].

Belwe, K. (2007). Entgrenzung von Arbeit und Leben: Editorial. Aus Politik und Zeitgeschichte 34:2.

Bennett, N.; Lemoine, J. (2014). What VUCA Really Means for You, für Harvard Business Review, From the January–February 2014 Issue. In: https://hbr.org/2014/01/what-vuca-really-means-for-you [Zugriff: 11.09.2019].

Bertelsmann Stiftung (2015). Migrationshintergrund erschwert suche nach Ausbildungsplatz, Umfrage 22.01.2015. In: https://www.bertelsmann-stiftung.de/de/themen/aktuelle-meldungen/2015/januar/migrationshintergrund-erschwert-suche-nach-ausbildungsplatz/ [Zugriff: 21.02.2017).

bfw – Unternehmen für Bildung (2017). Trendanalyse – Konsequenzen der Digitalisierung für Nachfrage und Angebot der beruflichen Weiterbildung.

BIB – Bundesinstitut für Bevölkerungsforschung (2018). Immer mehr Ältere sind erwerbstätig. In: www.demografie-portal.de/DE/Fakten/erwerbstaetigenquote-aeltere.html [Zugriff: 08.12.2020].

BIBB – Bundesinstitut für Berufsbildung (2014). Engpässe im mittleren Qualifikationsbereich trotz erhöhter Zuwanderung, BIBB-Report 23/14. In: https://www.bibb.de/dokumente/pdf/a14_BIBBreport_2014_23.pdf [Zugriff: 04.02.2021]

BIBB – Bundesinstitut für Berufsbildung (2017). Die Top-10-Ausbildungsberufe 2016. In: https://www.bibb.de/de/pressemitteilung_60513.php [Zugriff: 29.03.2019].

BIBB – Bundesinstitut für Berufsbildung (2018). Die Top-10-Ausbildungsberufe 2017. In: https://www.bibb.de/de/pressemitteilung_77368.php [Zugriff: 29.03.2019].

BIBB – Bundesinstitut für Berufsbildung (o.A.). Durchlässigkeit: Herausforderungen für die berufliche Bildung. In: https://www.bibb.de/de/64468.php [Zugriff: 29.03.2019].

Bilger, F.; Behringer, F.; Kuper, H.; Schrader, J. (Hrsg.) (2017). Weiterbildungsverhalten in Deutschland 2016: Ergebnisse des Adult Education Survey (AES). Bielefeld: wbv Media GmbH & Co. KG.

Birkelbach, L.; Preglau, D.; Rammel, C. (2019). BNE im Zeitalter der Digitalisierung White Paper. In: https://www.openscience4sustainability.at/wp-content/uploads/2019/07/White-Paper-BNE-Digitalisierung.pdf [Zugriff: 04.02.2021].

Bitkom (2020). Positionspapier Digitale Arbeitswelt nach der Corona-Krise vom 25.06.2020. In: https://www.bitkom.org/sites/default/files/2020-06/20200625_digitale-arbeitswelt-nach-der-corona-krise_final.pdf [Zugriff: 15.09.2020].

Bittman, M.; Rice, J. M. (2000). The rush hour: the character of leisure time and gender Equity. In: Social Forces 79(1), p. 165–189.

Blancke, S.; Roth, C.; Schmid, J. (2000). Employability (»Beschäftigungsfähigkeit«) als Herausforderung für den Arbeitsmarkt – Auf dem Weg zur flexiblen Erwerbsgesellschaft – Eine Konzept- und Literaturstudie. Arbeitsbericht Nr. 157 der Akademie für Technologieabschätzung in Baden-Württemberg. Stuttgart.

Blessin, B. (2019). Führung neu denken. In: Schwuchow, Karlheinz; Gutmann, Joachim (Hrsg.), HR-Trends 2020: Agilität, Arbeit 4.0, Analytics, Prozesse. München, Freiburg: Haufe, S. 109–118.

Blessin, B.; Hahn, H. (2020). Weiterentwicklung der Führung@VPV-Leadership Werkstätten und Leadership Camps. In: Bischof, Klaus; Gold, Michael (Hrsg.), Führung und Management in der Versicherungswirtschaft, Karlsruhe: VVK, S. 311–324.

Blessin, B.; Wick, A. (2021). Führen und führen lassen (9. Aufl.). Konstanz, München: UVK (in Veröffentlichung).

BMAS – Bundesministerium für Arbeit und Soziales (2010). Aufbruch in die altersgerechte Arbeitswelt. In: https://www.bmas.de/DE/Service/Publikationen/a855-bericht-bundesregierung-aufbruch-altersgerechte-arbeitswelt.html [Zugriff: 04.02.2021].

BMAS – Bundesministerium für Arbeit und Soziales (2015). Grünbuch Arbeiten 4.0. Berlin. In: http://www.bmas.de/SharedDocs/Downloads/DE/PDF-Publikationen-DinA4/gruenbuch-arbeiten-vier-null.pdf?__blob=publicationFile [Zugriff: 25.09.2019].

BMAS – Bundesministerium für Arbeit und Soziales (2018). Bundesteilhabegesetz. In: https://www.bmas.de/DE/Schwerpunkte/Inklusion/bundesteilhabegesetz.html [Zugriff: 20.09.2019].

BMBF – Bundesministerium für Bildung und Forschung (Hrsg.) (2015). Weiterbildungsverhalten in Deutschland: AES 2014 Trendbericht. In: https://www.wiwi.uni-rostock.de/fileadmin/Institute/BWL/WiPaed/2014_Weiterbildungsverhalten_in_Deutschland_2014.pdf [Zugriff: 29.03.2019].

BMBF – Bundesministerium für Bildung und Forschung (2018). Berufsbildungsbericht 2018. In: https://www.bmbf.de/upload_filestore/pub/Berufsbildungsbericht_2018.pdf [Zugriff: 25.02.2019].

BMBF – Bundesministerium für Bildung und Forschung (2019). Berufsbildungsbericht 2019. Bonn: Bundesministerium für Bildung und Forschung. In: https://www.bmbf.de/upload_filestore/pub/Berufsbildungsbericht_2019.pdf [Zugriff: 04.02.2021].

BMFSFJ – Bundesministerium für Familie, Senioren, Frauen und Jugend (2015). Familie und Arbeitswelt. Die NEUE Vereinbarkeit. Monitor Familienforschung. Sonderausgabe 2015. In: http://www.bmfsfj.de/RedaktionBMFSFJ/Broschuerenstelle/Pdf-Anlagen/Monitor-Familienforschung-Ausgabe-35-sonderausgabe-2015,property=pdf,bereich=bmfsfj,sprache=de,rwb=true.pdf [Zugriff: 25.09.2019].

BMI – Bundesministerium des Innern, für Bau und Heimat (2016). 2015: Mehr Asylanträge in Deutschland als jemals zuvor. Pressemitteilung vom 06.01.2016. In: http://www.bmi.bund.de/SharedDocs/Pressemitteilungen/DE/2016/01/asylantraege-dezember-2015.html [Zugriff: 16.03.2019].

BMWi – Bundesministerium für Wirtschaft und Energie (2015) Industrie 4.0. Volks- und betriebswirtschaftliche Faktoren für den Standort Deutschland. Eine Studie im Rahmen der Begleitforschung zum Technologieprogramm AUTONOMIK für Industrie 4.0. In: https://www.bmwi.de/BMWi/Redaktion/PDF/F/industrie-4-0-volks-und_20betriebswirtschaftliche-faktoren-deutschland,property=pdf,bereich=bmwi2012,sprache=de,rwb=true.pdf [Zugriff: 07.11.2019].

BMWi – Bundesministerium für Wirtschaft und Energie (2018). Monitoring Report, Wirtschaft DIGITAL 2018. In: https://www.bmwi.de/Redaktion/DE/Publikationen/Digitale-Welt/monitoring-report-wirtschaft-digital-2018-langfassung.pdf?__blob=publicationFile&v=4 [Zugriff: 11.09.2019].

Böhmer, M.; Funke, C.; Sachs, A.; Weinelt, H.; Weiß, J. (2016). Globalisierungsreport 2016: Wer profitiert am meisten von der Globalisierung?. In: https://www.bertelsmann-stiftung.de/fileadmin/files/BSt/Publikationen/GrauePublikationen/NW_Globalisierungsreport_2016.pdf [Zugriff: 29.03.2019].

Bong, W. K.; Chen, W. (2016). How Accessible Are MOOCs to the Elderly? In: K. Miesenberger; C. Bühler; P. Penaz (Hrsg.), Computers Helping People with Special Needs (S. 437–444). Basel: Springer International Publishing.

Bonin, H.; Gregory, T.; Zierahn, U. (2015). Forschungsbericht 455, Übertragung der Studie von Frey/Osborne (2013) auf Deutschland, Endbericht, Kurzexpertise Nr. 57. In: http://www.bmas.de/SharedDocs/Downloads/DE/PDF-Publikationen/Forschungsberichte/fb-455.pdf;jsessionid=C767FB9BB623544CD9AEB862E7ACBA42?__blob=publicationFile&v=2 [Zugriff: 26.09.2019].

Bostrom, N. (2014). Superintelligence: Paths, dangers, strategies. Oxford: Oxford University Press.

bpb – Bundeszentrale für politische Bildung (2019): Arbeitslose und Arbeitslosenquote. In: https://www.bpb.de/nachschlagen/zahlen-und-fakten/soziale-situation-in-deutschland/61718/arbeitslose-und-arbeitslosenquote [Zugriff: 16.03.2019].

Brand, F.; Eichler-Seitz, A.; Finkbeiner, S.; Richter, U.; Rieger, R.; Seifried, J.; Schmidt, A. (2019). Individuelle Förderung an beruflichen Schulen. Münster: Ministerium für Kultus, Jugend und Sport Baden-Württemberg. In: https://www.schule-bw.de/themen-und-impulse/individuelles-lernen-und-individuelle-foerderung/berufliche-schulen/km_oes_basismodell_if_191104.pdf [Zugriff: 04.02.2021].

Brandau, N.; Pauly, B. (2017). Berufstätige sehen sich nicht für digitale Arbeitswelt gerüstet. In: https://www.bitkom.org/Presse/Presseinformation/Berufstaetige-sehen-sich-nicht-fuer-digitale-Arbeitswelt-geruestet.html [Zugriff: 04.02.2021].

Bruch, H.; Kunze, F.; Böhm, S. (2010). Generationen erfolgreich führen: Konzepte und Praxiserfahrungen zum Management des demographischen Wandels. Wiesbaden: Gabler.

Brynjolfsson, E.; McAfee, A. (2012). Research Brief – Race against the machine. How the digital revolution is accelerating innovation, driving productivity, and irreversibly transforming employment and the economy. Digital Frontier Press.

Brynjolfsson, E.; McAfee, A. (2014). The Second Machine Age: work, progress, and prosperity in a time of brilliant technologies. New York: W. W. Norton & Compay.

Bührer, W. (2002). Wirtschaftliche Entwicklung in der Bundesrepublik. In: http://www.bpb.de/izpb/9748/wirtschaftliche-entwicklung-in-der-bundesrepublik?p=0 [Zugriff: 27.03.2019].

Bundesverband Deutsche Startups (2018).Verteilung von Startups in Deutschland nach Branchen laut DSM* im Jahr 2018. Statista. Statista GmbH. In: https://de.statista.com/statistik/daten/studie/586325/umfrage/verteilung-von-startups-in-deutschland-nach-branchen/ [Zugriff: 18.09.2019].

Bunk, G.P.; Kaiser, M.; Zedler, R. (1991). Schlüsselqualifikationen – Intention, Modifikation und Realisation in der beruflichen Aus- und Weiterbildung. In: Mitteilungen aus der Arbeitsmarkt- und Berufsforschung, Vol. 24(2), S. 365–374.

Burggräf, P. (2018). Arbeitswelten in der Fabrik der Zukunft. Verfasst für Wissenschaftsjahr 2018 – Arbeitswelten der Zukunft. In: https://www.wissenschaftsjahr.de/2018/neues-aus-den-arbeitswelten/das-sagt-die-wissenschaft/arbeitswelten-in-der-fabrik-der-zukunft/ [Zugriff: 11.09.2019].

Butterwegge, C. (2005). Von der »Gastarbeiter«-Anwerbung zum Zuwanderungsgesetz. In: https://www.bpb.de/gesellschaft/migration/dossier-migration-ALT/56377/migrationspolitik-in-der-brd?p=all [Zugriff: 28.03.2019].

Camp, A.; Henke, K.; Metakis, M. (2020). Scaling rapid workforce conversion during Covid-19. In: https://www.mckinsey.com/business-functions/mckinsey-accelerate/our-insights/scaling-rapid-workforce-conversion-during-covid-19 [Zugriff: 04.02.2021].

Carretero, S.; Vuorikari, R.; Punie, Y. (2017). DigComp 2.1: The Digital Competence Framework for Citizens with Eight Proficiency Levels and Examples of Use. EUR 28558 EN, doi: 10.2760/38842.

Carroll, J. B. (1963). A model of school learning. Teachers College Record, 64(8), S. 723–733.

CEDEFOP – European Centre for the Development of Vocational Training (2015). Skill shortages and gaps in European enterprises. In: https://www.cedefop.europa.eu/en/publications-and-resources/publications/3071 [Zugriff: 04.02.2021].

Charta der Vielfalt (2019). Behinderung. In: https://www.charta-der-vielfalt.de/diversity-verstehen-leben/diversity-dimensionen/behinderung/ [Zugriff: 20.09.2019].

Cisco (2019). Cisco Visual Networking Index: Forecast and Trends 2017–2022. In: https://www.cisco.com/c/en/us/solutions/collateral/service-provider/visual-networking-index-vni/white-paper-c11-741490.html [Zugriff: 11.09.2019].

Class Central MOOC Report (2018). By the numbers: MOOCs in 2018. In: https://www.class-central.com/report/mooc-stats-2018/ [Zugriff: 12.09.2019].

Daheim, C.; Wintermann, O. (2016). 2050: Die Zukunft der Arbeit. Ergebnisse einer internationalen Delphi-Studie des Millennium Project. In: https://www.bertelsmann-stiftung.de/fileadmin/files/BSt/Publikationen/GrauePublikationen/BST_Delphi_Studie_2016.pdf [Zugriff: 04.02.2021].

Dälken, M. (2015). Beschäftigte mit Migrationshintergrund integrieren: Beispiele guter Praxis. In: https://www.boeckler.de/pdf/mbf_bvd_integration.pdf [Zugriff: 29.03.2019].

Dapp, T. (2011). Die digitale Gesellschaft – Neue Wege zu mehr Transparenz, Beteiligung und Innovation. DB Research. Deutsche Bank AG. In: https://www.dbresearch.de/PROD/DBR_INTERNET_DE-PROD/PROD0000000000274079/Die+digitale+Gesellschaft%3A+Neue+Wege+zu+mehr+Transparenz,+Beteiligung+und+Innovation.PDF [Zugriff: 25.09.2019].

Dauth, W.; Findeisen, S.; Südekum, J.; Wößner, N. (2017). German robots – the impact of industrial robots on workers. IAB-Discussion Paper 30/2017.

Deller, J.; Maxin, L. (2008). Silver Workers – Eine explorative Studie zu aktiven Rentnern in Deutschland. Arbeit, 17, S. 166–179.

Deloitte (2017). Welche Schlüsselkompetenzen braucht es im digitalen Zeitalter? Auswirkungen der Automatisierung auf die Mitarbeiter, die Unternehmen und das Bildungssystem. In: https://www2.deloitte.com/ch/de/pages/innovation/articles/competencies-in-the-digital-age.html [Zugriff: 04.02.2021].

Dengler, K.; Matthes, B. (2018). Substituierbarkeitspotenziale von Berufen: Wenige Berufsbilder halten mit der Digitalisierung Schritt. IAB-Kurzbericht, 04/2018.

Deutsche Rentenversicherung Bund (2014). 125 Jahre gesetzliche Rentenversicherung. In: https://www.deutsche-rentenversicherung.de/Allgemein/de/Inhalt/4_Presse/infos_der_pressestelle/02_medieninformationen/03_pressematerial/pressemappen/125_jahre_rentenversicherung/flyer_125_jahre.pdf?__blob=publicationFile&v=8 [Zugriff: 15.03.2019].

Deutsche Rentenversicherung Bund (2019). Flexirente. In: https://www.deutsche-rentenversicherung.de/Allgemein/de/Navigation/2_Rente_Reha/01_Rente/01_allgemeines/03a_flexirentengesetz/00_flexirente_index_node.html [Zugriff: 23.03.2019].

Deutsche Shell Holding GmbH (2015). 17. Shell-Jugendstudie. In: https://www.shell.de/ueber-uns/die-shell-jugendstudie/multimediale-inhalte/_jcr_content/par/expandablelist_643445253/expandablesection.stream/1456210165334/a1bf3be70a5bbcb745e6bad94d7254d47f13338b/flyer-zur-shell-jugendstudie-2015-auf-deutsch.pdf [Zugriff: 12.09.2019].

DIE – Deutsches Institut für Erwachsenenbildung (2014). Aktuelle Daten/Kennzahlen zur Teilnahme in der Weiterbildung: Trends der Weiterbildung: DIE-Trendanalyse 2014. In: https://www.die-bonn.de/weiterbildung/wb_fakten/teilnahme/kennzahlen.aspx [Zugriff: 29.03.2019].

DIE – Deutsches Institut für Erwachsenenbildung (2017). Aktuelle Daten/Kennzahlen zur Teilnahme in der Weiterbildung. In: https://www.die-bonn.de/weiterbildung/wb_fakten/teilnahme/kennzahlen.aspx [Zugriff: 16.03.2019].

Digitales Klassenzimmer (2020). Hybrides Lernen. Überlegungen aus der Praxis. In: https://digitales-klassenzimmer.org/hybrides-lernen/ [Zugriff: 11.08.2020].

Dobischat, R. (2004). Förderung der beruflichen Weiterbildung: Konsequenzen aus der »Hartz-Reform«. In: https://www.boeckler.de/wsimit_2004_04_dobischat.pdf [Zugriff: 27.03.2019].

Dodero, J. M.; Fernandez, C.; Sanz, D. (2003). An experience on students' participation in blended vs. online styles of learning. Inroads – The SIGCSE Bulletin, 35(4), 39–42.

Dombrowski, U.; Wullbrandt, J.; Fochler, S. (2019). Kompetenzentwicklung in der digitalen Transformation: dezentrales und lebenslanges Lernen im Arbeitsprozess. In: Digitale Transformation – Gutes Arbeiten und Qualifizierung aktiv gestalten, 21–50, Dieter Spath, Birgit Spanner-Ulmer (Hrsg.). In: https://library.gito.de/open-access-pdf/Tagungsband_WGAB-2019_e-book.pdf#page=30 [Zugriff: 04.02.2021].

Driesen, G. (2016). The difference between blended and hybrid learning. In: https://www.anewspring.com/blended-and-hybrid-learning/ [Zugriff: 11.08.2020].

Edelstein, B.; Grellmann, S. (2013). Welche Abschlüsse erreichten Schüler früher und heute? In: https://www.bpb.de/159282/welche-abschluesse-erreichten-schueler-frueher-und-heute [Zugriff: 28.03.2019].

Ehlers, U.D.; Kellermann, S.A. (2019). Future Skills: The Future of Learning and Higher Education. Karlsruhe: International Future Skills Delphi Survey.

Eickelmann, B.; Gerick, J. (2017). Lehren und Lernen mit digitalen Medien – Zielsetzungen, Rahmenbedingungen und Implikationen für die Schulentwicklung. Schulmanagement Handbuch, 164 (4), S. 54–81.

Ernst & Young (2018). EY Studentenstudie 2018. In welche Branchen zieht es Studenten in Deutschland? In: https://www.ey.com/Publication/vwLUAssets/ey-studentenstudie-2018/$FILE/ey-studentenstudie-2018.pdf [Zugriff: 11.09.2019].

eThink (2020). What is Hybrid Learning? How to Implement a Hybrid eLearning Strategy. In: https://ethinkeducation.com/blog/what-is-hybrid-learning-how-to-implement-a-hybrid-learning-strategy/ [Zugriff: 11.08.2020].

Ette, A.; Décieux, J.P.; Erlinghagen, M.; Auditor, J.; Mansfeld, L.; Sander, N.; Schneider, N.; Witte, N. (2019). German Emigration and Remigration Panel Study (GERPS). Neue GERPS-Daten über deutsche Aus- und Rückwanderer, Bevölkerungsforschung Aktuell. In: https://www.uni-due.de/2019-12-04-german-emigration-and-remigration-panel-study [Zugriff: 04.02.2021].

Europäische Kommission (2000). Memorandum zum Lebenslangen Lernen. In: https://www.hrk.de/uploads/tx_szconvention/memode.pdf [Zugriff: 04.02.2021].

Europäische Kommission (2016). European Digital Progress Report (EDPR). In: http://ec.europa.eu/newsroom/dae/document.cfm?doc_id=15398 [Zugriff: 04.02.2021].

Ewinger, D.; Ternès, A.; Koerbel, J.; Towers, I. (2016). Arbeitswelt im Zeitalter der Individualisierung: Trends: Multigrafie und Multi-Option in der Generation Y. Wiesbaden: Springer Gabler.

FAZ (2017). Digitalisierung und Industrie 4.0 verändern schon jetzt den Arbeitsmarkt, Interview mit Hans-Peter Klös, IW. In: FAZ, 24.04.17, S. V4.

Ferrari, A. (2013). DIGCOMP: A Framework for Developing and Understanding Digital Competence in Europe. Luxembourg: Publications Office of the European Union. doi: 10.2788/52966.

Fischer, C.; Rott, D.; Veber, M.; Fischer-Ontrup, C.; Gralla, A. (2014). Individuelle Förderung als schulische Herausforderung. Berlin: Friedrich-Ebert-Stiftung. In: http://library.fes.de/pdf-files/studienfoerderung/10650.pdf [Zugriff: 04.02.2021].

Fischer, H.; Rump, J.; Eilers, S.; Fleischer, G.; Heyn, T.; Holdenried, H.-U.; Marquardt, T.; Mittorp, K.; Platzer, P. (2013). Unternehmen. In: Rump, J.; Walter, N. (Hrsg): Arbeitswelt 2030. Trends, Prognosen, Gestaltungsmöglichkeiten. Stuttgart: Schäffer Poeschel, S. 57–81.

Fischer, S.; Weber, S.; Zimmermann, A. (2017). Was ist Agilität und welche Vorteile bringt eine agile Organisation? In: https://www.haufe.de/personal/hr-management/agilitaet-definition-und-verstaendnis-in-der-praxis_80_405804.html [Zugriff: 04.02.2021].

Flüter-Hoffmann, C.; Hammermann, A.; Stettes, O. (2020). Wandel mit alternden Belegschaften gestalten – Chancen und Barrieren erkennen. IW-Trends 1/2020.

Frey, C. B.; Osborne, M. A. (2013). The future of employment: How susceptible are jobs to computerisation? Oxford Working Paper. In: https://www.oxfordmartin.ox.ac.uk/downloads/academic/The_Future_of_Employment.pdf [Zugriff: 04.02.2021].

Frey, C. B.; Osborne, M. A. (2017). The future of employment: How susceptible are jobs to computerisation? Technological Forecasting and Social Change 114, S. 254–280.

FZI (Forschungszentrum Informatik) (2017). Kompetenzen für eine digitale Souveränität. In: https://www.fzi.de/fileadmin/user_upload/PDF/20170612_Kompetenzen_fuer_eine_digitale_Souveraenitaet_final.pdf [Zugriff: 09.12.2020].

Gary, A. (2011). Ökonomische Analyse der Personalentwicklung, Dissertation, Wirtschaftswissenschaftliche Fakultät, Universität Leipzig.

Gebhardt, J.; Grimm, A.; Neugebauer, L. M. (2015). Entwicklungen 4.0 – Ausblicke auf zukünftige Anforderungen an und Auswirkungen auf Arbeit und Ausbildung. In: Journal of Technical Education (JOTED), Bd. 3, Heft 2 (2015), S. 45–61.

Gekeler, S. (2018). Flexibilität wird in Zukunft noch wichtiger werden. In: https://www.humanresourcesmanager.de/news/flexibilitaet-wird-in-zukunft-noch-wichtiger-werden.html [Zugriff: 13.12.2018].

GEW (Gewerkschaft Erziehung und Wissenschaft) (2020). GEW: »Digitalisierung ist keine Privatsache – Staat muss mehr in Ausstattung und Infrastruktur investieren!« In: https://www.gew.de/presse/pressemitteilungen/detailseite/neuigkeiten/gew-digitalisierung-ist-keine-privatsache-staat-muss-mehr-in-ausstattung-und-infrastruktur-investier/ [Zugriff: 12.10.2020].

Gläser, W. (2018). VUCA Welt. In: https://www.vuca-welt.de/ [Zugriff: 11.09.2019].

Grabmeier, S. (2014). New Leadership – Führung in der Arbeitswelt 4.0«. In: http://innovation-evangelists.com/fileadmin/Dateien/PDF/Artikel/New_Leadership_-_Fuehrung_in_der_Arbeitswelt_4.0.pdf [Zugriff: 25.09.2019].

Graf, N.; Gramß, D.; Althauser, U.; Runge, W. (2020). Kompetenzen für die neue Arbeitswelt –welche Metakompetenzen Mitarbeiter zukunftsfit machen. Eine Studie zu den wichtigsten überfachlichen Kompetenzen von Mitarbeitern heute und morgen. In: https://selbst-gmbh.de/wp-content/uploads/Studie-Metakompetenzen-Selbst-GmbH.pdf [Zugriff: 04.02.2021].

Gratton, L. (2011). The Shift. The future of work is already here. London: Collins.

Gross, P. (1994). Die Multioptionsgesellschaft. Frankfurt: Suhrkamp.

Grunow, D. (2010). Arbeit von Frauen in Zeiten der Globalisierung. In: http://www.bpb.de/gesellschaft/gender/frauen-in-deutschland/49397/globalisierung-und-arbeit?p=all [Zugriff: 28.03.2019].

Haaf, M.; Bauer, P. (2012). Wenn ich mal groß bin. In: NEON, Vol. 100.

Haas, H. D.; Neumair, S. (2007). Wirtschaftsgeographie. Darmstadt: WBG.

Hagemann, S.; Hokema, A.; Scherger, S. (2017). Erwerbstätigkeit jenseits der Rentengrenze Erfahrung und Deutung erwerbsbezogener Handlungsspielräume im Alter. In: https://www.budrich-journals.de/index.php/bios/article/view/26988 [Zugriff: 04.02.2021].

Hammermann, A.; Stettes, O. (2015a). Beschäftigungseffekte der Digitalisierung: Erste Eindrücke aus dem IW-Personalpanel. In: IW-Trends, 42. Jg. Nr. 3.

Hammermann, A.; Stettes, O. (2015b). Bewältigung von Stress in einer vernetzten Arbeitswelt. Befunde aus der BIBB/BAuA-Erwerbstätigenbefragung. IW Trends 2, S. 113–135.

Hammermann, A.; Stettes, O. (2016). Qualifikationsbedarf und Qualifizierung. Anforderungen im Zeichen der Digitalisierung. IW policy paper 3/2016.

Hans-Böckler-Stiftung (2015). WSI-Studie: Höheres Risiko für Arbeitslosigkeit und Beschäftigung unter Qualifikation. In: https://www.boeckler.de/52614_60858.htm [Zugriff: 27.03.2019].

Haufe-Akademie, Hochschule Deggendorf (2009). Führungskräftestudie 2009. Work-Life-Balance und Führungsverhalten. In: https://www.haufe-akademie.de/downloadserver/Presse/Studie%20WLB.pdf [Zugriff: 26.09.2019].

Hays; ZukunftsAllianz Arbeit & Gesellschaft e. V. (ZAAG); Gesellschaft für Wissensmanagement e. V. (GfWM) (2016). Der Ruf nach Freiheit. Innovationsförderliche Arbeitswelten aus Sicht der Arbeitenden. In: https://www.hays.de/documents/10192/118775/studie-freiheit-sicherheit.pdf/979efc80-ca49-4d85-a7bc-aeb1f3592ee6 [Zugriff: 11.09.2019].

Hentze, T.; Kolev, G. (2017). »Gesamtwirtschaftliche Effekte der Flüchtlingsmigration in Deutschland«. In: Institut der deutschen Wirtschaft Köln – Trends, Nr. 4. In: http://www.iwkoeln.de/studien/iw-trends/beitrag/tobias-hentze-galina-kolev-gesamtwirtschaftliche-effekte-der-fluechtlingsmigration-in-deutschland-318617 [Zugriff: 16.03.2019].

Heterick, B.; Twigg, C. (2003). The Learning MarketSpace (7/99 – 2/03). 38. In: https://stars.library.ucf.edu/cgi/viewcontent.cgi?article=1043&context=thencat-lmarchive [Zugriff: 04.02.2021].

Hirsch-Kreinsen, H.; Ten Hompel, M.; Ittermann, P.; Niehaus, J.; Dregger, J. (2016). Social Manufacturing and Logistics. Konturen eines Leitbildes digitaler Industriearbeit. Berlin, VDI/VDE Innovation und Technik GmbH.

Hoffmann, H. (2019). Die zwei Gesichter der Digitalisierung. In: New Work. Die Zukunft der Arbeit. Frankfurter Allgemeine Zeitung Verlagsspezial Juli 2019, S. 29–30.

Hofmann, J.; Rollwagen, I.; Schneider, S. (2007). Deutschland im Jahr 2020 – Neue Herausforderungen für ein Land auf Expedition. Deutsche Bank AG. In: https://www.dbresearch.de/PROD/DBR_INTERNET_DE-PROD/PROD0000000000209595.pdf [Zugriff: 25.09.2019].

Hofmann, J.; Piele, A.; Piele, C. (2019). New York. Best Practices und Zukunftsmodelle. In: Fraunhofer-Institut für Arbeitswirtschaft und Organisation IAO. In: http://publica.fraunhofer.de/documents/N-543664.html [Zugriff: 11.09.2019].

Hüffmeier, J. (2014). Steigende Erreichbarkeit und hohe Flexibilität. BauA Aktuell 3, S. 11–12.

Hutter, C.; Weber, E (2019). A note on the effects of skill-biased technical change on productivity flattening. Economics Bulletin, Vol. 39, 2, S. 772–784.

IAB – Institut für Arbeitsmarkt- und Berufsforschung (2018). Zuwanderungsmonitor. In: http://doku.iab.de/arbeitsmarktdaten/Zuwanderungsmonitor_1812.pdf [Zugriff: 13.03.2019].

IAQ – Institut Arbeit und Qualifikation (2018). Abhängig Erwerbstätige nach höchstem beruflichen Bildungsabschluss 1976, 1991 und 2017. In: www.sozialpolitik-aktuell.de/tl_files/sozialpolitik-aktuell/_Politikfelder/Arbeitsmarkt/Datensammlung/PDF-Dateien/abbIV12.pdf [Zugriff: 29.03.2019].

IAQ – Institut Arbeit und Qualifikation (2019a). Durchschnittliches Zugangsalter in Altersrenten 1993–2017. In: abbVIII11.pdf (sozialpolitik-aktuell.de [Zugriff: 08.12.2020].

IAQ – Institut Arbeit und Qualifikation (2019b). Angebot und Nachfrage auf dem Ausbildungsstellenmarkt 1992–2017. In: http://www.sozialpolitik-aktuell.de/arbeitsmarkt-datensammlung.html#ausbildungsstellenmarkt [Zugriff: 29.03.2019].

iBBF – Institut für Betriebliche Bildungsforschung e. V. (2015). Berufliche Weiterbildungen in Berlin und Brandenburg – Herausforderungen und Entwicklungstrends: Ergebnisse der Frühjahrsbefragung 2015. In: https://ibbf.berlin/resources/publikationen/Ergebnisse_Frühjahrsbefragung_2015_Online-Publi_08-2015.pdf [Zugriff: 28.03.2019].

IfB! – Initiative für Beschäftigung! (2012): Arbeit der Zukunft gestalten: Ergebnisse des Fachdialogs. In: https://www.randstad-stiftung.de/images/uploads/Publikationen/IfB_Fachtagung_Thesenpapier.pdf [Zugriff: 29.03.2019].

IFTF – Institute for the Future for the University of Phoenix Research Institute (2011). Future Work Skills 2020. In: https://www.iftf.org/uploads/media/SR-1382A_UPRI_future_work_skills_sm.pdf [Zugriff: 04.02.2021].

Igel, C. (2018). Wissensbasierte Systeme und Künstliche Intelligenz. In: https://www.wissenschaftsjahr.de/2018/neues-aus-den-arbeitswelten/das-sagt-die-wissenschaft/wissensbasierte-systeme-und-kuenstliche-intelligenz/ [Zugriff: 11.09.2019].

Illeris, K. (2002). Three dimensions of learning. Roskilde, Denmark: Roskilde University Press; Leicester, UK: NIACE.

Iniesto, F.; McAndrew, P.; Minocha, S.; Coughlan, T. (2016). Accessibility of MOOCs: Understanding the Provider Perspective. Journal of Interactive Media in Education, 2016(1). In: https://eric.ed.gov/?id=EJ1125654 [Zugriff: 04.02.2021].

Institut für Demoskopie Allensbach (2015). Weichenstellungen für die Aufgabenteilung in Familie und Beruf. In: https://www.ifd-allensbach.de/fileadmin/IfD/sonstige_pdfs/Weichenstellungen_Bericht_FINAL.pdf [Zugriff: 04.02.2021].

IZA – Institut zur Zukunft der Arbeit (2015). Wandel der Beschäftigung. Polarisierungstendenzen auf dem deutschen Arbeitsmarkt. Gütersloh: Bertelsmann.

Jacobi, F.; Bretschneider, J.; Müllender, S. (2015). Veränderungen und Variationen der Häufigkeit psychischer Störungen in Deutschland – Krankenkassenstatistiken und epidemiologische Befunde. In: Kliner, K.; Rennert, D.; Richter, M. (Hrsg.): Gesundheit in Regionen – Blickpunkt Psyche. BKK Gesundheitsatlas 2015. Berlin: Medizinisch Wissenschaftliche Verlagsgesellschaft, S. 63–71.

Janson, S. (2016). Wie eLearning die betriebliche Weiterbildung verändert. In: https://www.wiwo.de/erfolg/beruf/karriereleiter-wie-elearning-die-betriebliche-weiterbildung-veraendert/13039468.html [Zugriff: 04.02.2021].

Janssen, S; Leber, U; Arntz, M.; Gregory, T.; Zierahn, U. (2018). Betriebe und Arbeitswelt 4.0: Mit Investitionen in die Digitalisierung steigt auch die Weiterbildung. In: https://www.econstor.eu/bitstream/10419/185862/1/kb2618.pdf [Zugriff: 04.02.2021].

Jürgens, K.; Voß, G. (2007). Gesellschaftliche Arbeitsteilung als Leistung der Person. Aus Politik und Zeitgeschichte 34, S. 3–9.

Kaiser, S. (2018). Arbeitswelten der Zukunft. Partizipative Zukunftsszenarien: Gestalten, wie wir in Zukunft arbeiten wollen. In: https://www.wissenschaftsjahr.de/2018/neues-aus-den-arbeitswelten/das-sagt-die-wissenschaft/partizipative-zukunftsszenarien-gestalten-wie-wir-in-zukunft-arbeiten-wollen/ [Zugriff: 12.09.2019].

Kienbaum Institut @ ISM (2015). Absolventen 2015 unter die Lupe genommen: Ziele, Wertvorstellungen und Karriereorientierung der Generation Y. In: https://media.kienbaum.com/wp-content/uploads/sites/13/2019/12/Absolventenstudie-2015.pdf [Zugriff: 04.02.2021].

Kienbaum; SAP (2020). Daten und Talente. Studie zur HR-Strategie und -Organisation 2020. In: https://media.kienbaum.com/wp-content/uploads/sites/13/2020/07/Kienbaum_SAP_HRSO_Studie_2020.pdf [Zugriff: 04.02.2020].

Klein, S. (2017). Jeder dritte Schüler hat ausländische Wurzeln. In: http://www.sueddeutsche.de/bildung/bildungsgerechtigkeit-migrationshintergrund-bedeutet-schlechtere-chancen-in-der-schule-1.3368073 [Zugriff: 29.03.2019].

Kliner, K.; Rennert, D.; Richter, M. (Hrsg.) (2015). Gesundheit in Regionen – Blickpunkt Psyche. BKK Gesundheitsatlas 2015. Berlin: Medizinisch Wissenschaftliche Verlagsgesellschaft.

Klös, H. P.; Rump, J.; Zibrowius, M. (2016). Die neue Generation. Werte, Arbeitseinstellungen und unternehmerische Anforderungen, RHI-Diskussion, Nr. 29, München.

KMK (Kultusministerkonferenz) (2017). Bildung in der digitalen Welt Strategie der Kultusminister konferenz. In: https://www.kmk.org/fileadmin/Dateien/veroeffentlichungen_beschluesse/2016/2016_12_08-Bildung-in-der-digitalen-Welt.pdf [Zugriff: 04.02.2021].

Kofler, T. (2018). Digitale Transformation in Unternehmen. Einflusskräfte und organisatorische Rahmenbedingungen, ZD.B Digital Dialogue Positionspapier. In: https://zentrum-digitalisierung.bayern/wp-content/uploads/Dig-Dial_Kofler-Thomas_Digit-Transf-v12-1.pdf [Zugriff: 12.09.2019].

Kohl (2017). Qualifikationsanforderungen und Kompetenzen für die digitale Arbeitswelt. In: https://www.researchgate.net/publication/317070099_Qualifikationsanforderungen_und_Kompetenzen_fur_die_digitale_Arbeitswelt [Zugriff: 04.02.2021].

Kompetenzzentrum Technik-Diversity-Chancengleichheit e. V. (2018). MINT-Studiengänge: Zahl der Erstsemester und Absolventinnen/Absolventen zeigt positive Entwicklung (Pressemitteilung vom 17.10.2018). In: https://www.komm-mach-mint.de/Presse/Pressemitteilungen/Zahl-der-Erstsemester-und-Absolvent-innen-zeigt-positive-Entwicklung [Zugriff: 29.03.2019].

KPMG (2018). Wertschöpfung neu gedacht. Von Humanoiden, Kis und Kollege Roboter. In: https://hub.kpmg.de/ki-studie-2018 [Zugriff: 12.09.2019].

Lecturio (2019). MOOC, COOC oder SPOC – Wie lernen Sie richtig? In: https://www.lecturio.de/magazin/mooc-cooc-spoc/ [Zugriff: 20.09.2019].

Lehmer, F.; Matthes, B. (2017). Auswirkungen der Digitalisierung auf die Beschäftigungsentwicklung in Deutschland. IAB Aktuelle Berichte (5).

Lemke, C. (2020). Digitalisierung im Spannungsfeld zwischen Technologie und Management. In: Rump, J.; Eilers, S.: Die vierte Dimension der Digitalisierung. Spannungsfelder in der Arbeitswelt von morgen. Heidelberg: Springer Gabler, S. 17–41.

Liebenwein, S. (2019). Bildungsreformen in der BRD. In: Barz, B. (Hrsg.): Handbuch Bildungsreform und Reformpädagogik. Düsseldorf: Springer Fachmedien, S. 129–142.

Lindner, D. (2016). Vuca Welt und die digitale Transformation, für Agile Unternehmen-Zukunftsfähig in der digitalen Transformation. In: https://agile-unternehmen.de/vuca-welt-digitale-transformation/ [Zugriff: 12.09.2019].

Maitland, A; Thomson, P (2011). Future Work. How Businesses Can Adapt and Thrive in the New World of Work. London: Palgrave Macmillan.

Margulies, A. (2005). «MIT Opencourseware – A New Model for Open Sharing«, presentation at the OpenEd Conference at Utah State University.

Marin, D. (2020). Deutschland holt die Industrie nach Hause. Die Ära der Hyperglobalisierung ist beendet. Die Pandemie und die seit Jahren wachsende Unsicherheit verändern das Kalkül der Firmen: Sie holen ihre Fertigung zurück und kaufen Roboter. Ein Problem für China. In: https://

www.spiegel.de/wirtschaft/soziales/corona-wie-die-pandemie-zur-renaissance-der-deutschen-industrie-fuehrt-a-82d65db2-d12b-4879-b25b-cf1e8a206bf7 [Zugriff: 04.02.2021].

Mazari, I. (2018) Arbeitswelten der Zukunft. Gamification – Ein Werkzeug der digitalen Transformation von Arbeitswelten. In: https://www.wissenschaftsjahr.de/2018/neues-aus-den-arbeitswelten/das-sagt-die-wissenschaft/gamification-ein-werkzeug-der-digitalen-transformation-von-arbeitswelten/ [Zugriff: 12.09.2019].

McCrindle, M.; Wolfinger, E. (2009). The ABC of XYZ. Understanding the Global Generations. Sydney: McCrindle Research.

MGI – McKinsey Global Institute (2018a). Skill Shift: Automation and the Future of the Workforce. In: https://www.mckinsey.de/~/media/McKinsey/Locations/Europe%20and%20Middle%20East/Deutschland/News/Presse/2018/2018-05-24/Studienreport_MGI_Skill%20Shift_Automation%20and%20future%20of%20the%20workforce_May%202018.ashx [Zugriff: 04.02.2021].

MGI – McKinsey Global Institute (2018b). Neue Studie: Welche Fähigkeiten brauchen wir für die Arbeitswelt 4.0?. In: https://www.mckinsey.de/news/presse/2018-05-23-neue-studie-welche-fahigkeiten-brauchen-wir-fur-die-arbeitswelt-40 [Zugriff: 04.02.2021].

Meier, W.; Hauth, I. (2015). Psychische Erkrankungen auf dem Vormarsch? Die Bedeutung diagnostischer Definitionen für die Versorgung. In: Kliner, K.; Rennert, D.; Richter, M. (Hrsg.) Gesundheit in Regionen – Blickpunkt Psyche. BKK Gesundheitsatlas 2015. Berlin: Medizinisch Wissenschaftliche Verlagsgesellschaft, S. 72–77.

Mertens, D. (1974). Schlüsselqualifikationen: Thesen zur Schulung für eine moderne Gesellschaft. In: MittAB l, S. 36–43.

Meyer, M.; Maisuradze, M.; Schenkel, A. (2019). Krankheitsbedingte Fehlzeiten in der deutschen Wirtschaft im Jahr 2018 – Überblick. In: Badura, B.; Ducki, A.; Schröder, H.; Klose, J.; Meyer, M. (Hrsg.): Fehlzeiten-Report 2019; Digitalisierung – gesundes Arbeiten ermöglichen. Heidelberg: Springer, S. 413–477.

Müller-Wieland, R.; Heidingsfelder, M. L. (2018). Arbeitswelten der Zukunft. Drei Superkräfte für Führung 4.0: Resonanz, Empathie, Resilienz. In: https://www.wissenschaftsjahr.de/2018/neues-aus-den-arbeitswelten/das-sagt-die-wissenschaft/drei-superkraefte-fuer-fuehrung-40-resonanz-empathie-resilienz/ [Zugriff: 12.09.2019].

Nedelkoska, L. G.; Quintini (2018). «Automation, skills use and training«, OECD Social, Employment and Migration Working Papers, No. 202, OECD Publishing, Paris. In: https://dx.doi.org/10.1787/2e2f4eea-en [Zugriff: 04.02.2021].

OECD (2007). Giving Knowledge for Free – The Emergence of Open Educational Resources. In: http://www.oecd.org/education/ceri/38851849.pdf [Zugriff: 04.02.2021].

OECD (2018). OECD Employment Outlook 2018, OECD Publishing. Paris. https://dx.doi.org/10.1787/empl_outlook-2018-en [Zugriff: 04.02.2021].

OECD (2020). Going Digital Integrated Policy Framework, OECD Digital Economy Papers February 2020 No. 292.

Oenning, L. (2016). Betriebliche Weiterbildung – Wo die Digitalisierung an ihre Grenzen stößt. In: https://www.wiwo.de/erfolg/trends/betriebliche-weiterbildung-wo-die-digitalisierung-an-ihre-grenzen-stoesst/13602702.html [Zugriff: 04.02.2021].

Oertel, J. (2007). Generationenmanagement im Unternehmen. Münster: Deutscher Universitätsverlag.

Pangert, B.; Schüpbach, H. (2012). Betriebliche Leistungssteuerung und das Zusammenspiel von Erwerbs- und anderen Lebenstätigkeiten – Das Projekt Lanceo. In: Reinhardt R (Hrsg): Wirtschaftspsychologie und Organisationserfolg. Tagungsband zur 16. Fachtagung der Gesellschaft für angewandte Wirtschaftspsychologie. Stuttgart, 11. bis 12. Februar 2011. Lengerich: Pabst.

Pangert, B.; Schüpbach, H. (2013). Die Auswirkungen arbeitsbezogener erweiterter Erreichbarkeit auf Life-Domain-Balance und Gesundheit. In: https://www.baua.de/DE/Angebote/Publikationen/Berichte/Gd76.pdf?__blob=publicationFile [Zugriff: 04.02.2021].

Penn State University (2020). What is Hybrid Learning? In: https://sites.psu.edu/hybridlearning/what-is-hybrid/ [Zugriff: 11.08.2020].

Plummer, D.L. (2003): Overview of the Field of Diversity Management. In: Plummer, D.L. (Hrsg.): Handbook of Diversity Management. Lanham: University Press of America.

Plünnecke, A. (2019). MINT-Berufe: Immer mehr IT-Fachkräfte fehlen. In: https://www.iwd.de/artikel/mint-berufe-immer-mehr-it-fachkraefte-fehlen-433188/ [Zugriff: 17.09.2019].

Prensky, M. (2001). Digital Natives. Digital Immigrants. In: https://www.marcprensky.com/writing/Prensky%20-%20Digital%20Natives,%20Digital%20Immigrants%20-%20Part1.pdf [Zugriff: 04.02.2021].

Prognos AG (2015). Arbeitslandschaft 2040: Studie im Auftrag der vbw (Vereinigung der Bayerischen Wirtschaft e.V.). In: [Zugriff: 29.03.2019].

Rat für Kulturelle Bildung (2019). Jugend, Youtube, kulturelle Bildung. HORIZONT 2019.

Regnet, E. (2004). Karriereentwicklung 40 +. Weitere Perspektiven oder Endstation? Weinheim u. Basel: Beltz.

REHADAT (2017). In: https://www.talentplus.de/in-beschaeftigung/was-ist-behinderung/ [Zugriff: 15.12.2020].

Robertson, R. (1995). Glocalization: Time-Space and Homogeneity-Heterogeneity. In: Featherstone, M.; Lash, S.; Robertson, R.; Eds., Global Modernities. London: Sage, S. 25–44.

Rollwagen, I. (2009). Projektwirtschaft im Jahr 2020–Trends & der Strukturwandel der Wertschöpfung sowie die Herausforderungen für das Projektmanagement. Deutsche Bank AG, DB Research. In: http://www3.informatik.uni-wuerzburg.de/courses/vorl_09_ss/projman/daten/vortraege/Rollwagen_Projektwirtschaft2020.pdf [Zugriff: 05.02.2016].

Rovai, A. P.; Jordan, H. M. (2004). Blended learning and sense of community: A comparative analysis with traditional and fully online graduate courses. The International Review of Research in Open and Distance Learning, 5(2).

Rump, J.; Eilers, S. (2009). Ökonomische Effekte des Age Managements. Sternenfels: Verlag Wissenschaft & Praxis.

Rump, J.; Eilers, S. (2011). Employability – Die Grundlagen. In: Rump, J.; Sattelberger, T. (Hrsg.): Employability Management 2.0. Einblick in die praktische Umsetzung eines zukunftsorientierten Employability Managements, Sternenfels: Verlag Wissenschaft & Praxis, S. 73–166.

Rump, J.; Eilers, S. (2014a). Mehr Zeit für Familie auch für Väter. Einflussfaktoren, lebensphasenorientierte Handlungsansätze und Beispiele guter Praxis. In: Rump, J.; Eilers, S. (Hrsg.): Lebensphasenorientierte Personalpolitik. Strategien, Konzepte und Praxisbeispiele zur Fachkräftesicherung. Heidelberg: Springer Gabler, S. 73–119.

Rump, J.; Eilers, S. (2014b). Demografieorientiertes Personalmanagement: Hintergründe und Handlungsansätze. In: Rump, J.; Eilers, S. (Hrsg.): Demografieorientiertes Personalmanagement: Hintergründe und Handlungsansätze. Köln: Wolters-Kluwer, S. 11–52.

Rump, J.; Eilers, S. (2015). Generationen-Mix: Gestalten statt verwalten. Verlag Wissenschaft & Praxis Sternenfels.

Rump, J.; Eilers, S. (2017a). Arbeit 4.0 – Leben und Arbeiten unter neuen Vorzeichen. In: Rump, J.; Eilers, S. (Hrsg.): Auf dem Weg zur Arbeit 4.0. Innovationen in HR. Heidelberg: Springer Gabler, S. 3–77.

Rump, J.; Eilers, S. (2017b). Das Konzept des Employability Management. In: Rump, J.; Eilers, S. (Hrsg.): Auf dem Weg zur Arbeit 4.0. Innovationen in HR. Heidelberg: Springer Gabler, S. 87–126.

Rump, J.; Eilers, S. (2019). Bildung und Karriere im Wandel der Zeit. In: Kestler, M.; Rump, J. (Hrsg.): Mit Sinn und Selbststeuerung zur neuen Lernkultur. S.MILE. Ein Experiment zum Perspektivwechsel in der Personalentwicklung. Freiburg: Haufe, S. 21–62.

Rump, J.; Eilers, S. (2020): Strategie für die Zukunft – Vom Trendscanning zur strategischen Personalplanung. In: Rump, J.; Eilers, S.: Strategische Personalplanung. Aktuelle Trends und Entwicklungen. Heidelberg: Springer Gabler, S. 3–91.

Rump, J.; Eilers, S. (2021): Megatrends der Arbeitswelt und ihre Implikationen für Unternehmen und Individuen. In: Enkerts, V.; Rump, J. (Hrsg.): 50 Jahre Zeitarbeit in Deutschland, Berlin, Band 1 der Schriftenreihe der Stiftung »flexible Arbeitswelt«, S. 201–270.

Rump, J.; Eilers, S.; Wilms, G. (2011). Strategie für die Zukunft: Lebensphasenorientierte Personalpolitik 2.0.: Ein Leitfaden für Unternehmen zur Bindung und Gewinnung von Mitarbeiterinnen und Mitarbeitern: Ministerium für Wirtschaft, Klimaschutz, Energie und Landesplanung Rheinland-Pfalz. Mainz.

Rump, J.; Möckel, K.; Eilers, S.; Schabel, F. (2017). HR-Report 2017. Schwerpunkt Kompetenzen für eine digitale Welt. Ludwigshafen; Mannheim.

Rump, J.; Eilers, S.; Kreis, L.-M.; Zapp, D. (2018). Praxishandbuch Interkulturalität. Vielfalt in der Arbeitswelt managen. Weinheim: Wiley.

Rump, J.; Möckel, K.; Eilers, S.; Schabel, F. (2019a). HR-Report 2019. Beschäftigungseffekte der Digitalisierung. Ludwigshafen; Mannheim.

Rump, J.; Eilers, S.; Zapp, D. (2019b). Arbeitszeitpolitik im Kontext der Digitalisierung. In: Rump, J.; Eilers, S. (Hrsg.): Arbeitszeitpolitik. Zielkonflikte in der betrieblichen Arbeitszeitgestaltung lösen. Heidelberg: Springer Gabler, S. 3–22.

Rump, J.; Eilers, S.; Tan, J. (2020a). Future Learning – Kompetenzaufbau und -erhalt für Beschäftigung 4.0. Ergebnisse einer explorativen Studie. In: Rump, J.; Eilers, S. (Hrsg.): Die vierte Dimension der Digitalisierung. Spannungsfelder in der Arbeitswelt von morgen. Heidelberg: Springer Gabler, S. 201–223.

Rump, J.; Eilers, S.; Brandt, M. (2020b). Personalpolitik in der Corona-Krise. In: https://www.ibe-ludwigshafen.de/personalpolitik_in_der_coronakrise/ [Zugriff: 04.02.2021].

Rump, J.; Möckel, K.; Eilers, S.; Schabel, F. (2020c). HR-Report 2020. Lebenslanges Lernen. Ludwigshafen; Mannheim.

Rump, J.; Eilers, S.; Wilms, G (2020d). EIN BLICK HINTER DIE KULISSEN von agilen Organisations- und Arbeitsformen. Eine explorative Studie. In: https://www.ibe-ludwigshafen.de/wp-content/uploads/2020/06/IBE-Studie_Ein-Blick-hinter-die-Kulissen_agile-Organisationen.pdf [04.02.2021].

Sachverständigenkommission zum Achten Familienbericht (2011). Zeit für Familie. Familienzeitpolitik als Chance einer nachhaltigen Familienpolitik. Berlin. In: http://www.bmfsfj.de/RedaktionBMFSFJ/Abteilung2/Pdf-Anlagen/Achter-familienbericht,property=pdf,bereich=bmfsfj,sprache=de,rwb=true.pdf [Zugriff: 07.11.2019].

Sachverständigenkommission zur Erstellung des Ersten Gleichstellungsberichtes der Bundesregierung; Fraunhofer-Gesellschaft zur Förderung der angewandten Forschung e. V. (2011). Neue Wege: Gleiche Chancen: Gleichstellung von Frauen und Männern im Lebensverlauf: Gutachten der Sachverständigenkommission an das Bundesministerium für Familie, Senioren, Frauen und Jugend für den ersten Gleichstellungsbericht der Bundesregierung: Zentrale Ergebnisse und Handlungsempfehlungen. In: http://www.bmfsfj.de/RedaktionBMFSFJ/Broschuerenstelle/Pdf-Anlagen/Erster-Gleichstellungsbericht-Neue-Wege-Gleiche-Chancen,property=pdf,bereich=bmfsfj,sprache=de,rwb=true.pdf [Zugriff: 29.03.2019].

Sachverständigenrat deutscher Stiftungen für Integration und Migration (Hrsg.) (2014). Deutschlands Wandel zum modernen Einwanderungsland. Jahresgutachten 2014 mit Integrationsbarometer, Berlin. In: http://www.svr-migration.de [Zugriff: 04.02.2021].

sbr – Stiftung Medien in der Bildung (2019) Leibniz-Institut für Wissensmedien: Open Educational Resources. In: https://www.e-teaching.org/didaktik/recherche/oer [Zugriff: 20.09.2019].

Schabel, F. (2009). Auf dem Weg in die Projektwirtschaft. In: Buhse, W.; Schabel, F. (Hrsg.): Hays-Forum Studie: Vernetzt und transparent – die Unternehmenswelt von morgen?! Mannheim, S. 18–26.

Scheer, AW. (2009). Dem Enterprise 2.0 gehört die Zukunft. In: Buhse, W.; Schabel, F. (Hrsg.): Hays-Forum Studie: Vernetzt und transparent – die Unternehmenswelt von morgen?!, Mannheim.

Scheiter, K. (2017). Lernen mit digitalen Medien – Potenziale und Herausforderungen aus Sicht der Lehr-Lernforschung. Schulmanagement Handbuch, 164 (4), S. 33–47.

Scherger, S.; Hagemann, S.; Hokema, A.; Lux, T. (2012). Between privilege and burden. Work past retirement age in Germany and the UK. ZeS-Arbeitspapier 4/2012, Bremen.

Schermuly, C. C.; Schröder, T.; Nachtwei, J.; Kauffeld, S.; Gläs, K. (2012). Die Zukunft der Personalentwicklung Eine Delphi-Studie. Zeitschrift für Arbeits- u. Organisationspsychologie 56 (N. F. 30) 3, 111–122. Göttingen: Hogrefe.

Schmidt, J.; Stettes, O. (2018). Frauen in Führungspositionen. In: https://www.iwkoeln.de/studien/iw-reports/beitrag/joerg-schmidt-oliver-stettes-frauen-in-fuehrungspositionen.html [Zugriff: 30.04.2018].

Schmidt, W. (2018). Die Integration von Flüchtlingen und Arbeitsmigranten in der Arbeitswelt. Betrieblicher Universalismus unter Druck. In: https://www.pw-portal.de/integrationspolitik-in-deutschland/40762-die-integration-von-fluechtlingen-und-arbeitsmigranten-in-der-arbeitswelt-betrieblicher-universalismus-unter-druck [Zugriff: 28.03.2019].

Schneider, H.; Uhlendorff, A. (2006). Die Wirkung der Hartz-Reform im Bereich der beruflichen Weiterbildung. In: https://www.econstor.eu/bitstream/10419/33747/1/529645904.pdf [Zugriff: 29.03.2019].

Schuldt, C.; Ehret, J. (2015). Youth Economy. Die Jugendstudie des Zukunftsinstituts. Zukunftsinstitut, Kelkheim.

Schütte, M. (2014). Steigende Arbeitsintensivierung – Belastung für die Gesundheit? BauA Aktuell, Ausgabe 3, S. 6–7.

Seeber, S.; Wolter, A.; Döbert, H.; Kerst, C.; Becker-Stoll, F.; Seitz, C. (2013). Bildung. In: Rump, J.; Walter, N. (Hrsg.): Arbeitswelt 2030: Trends, Prognosen, Gestaltungsmöglichkeiten. Stuttgart: Schäffer Poeschel, S. 93–121.

Seibert, B. (2016). Glokalisierung. Ein Begriff reflektiert gesellschaftliche Realitäten. Einstieg und Debattenbeiträge. Münster: LIT.

Seifert, W. (2012). Migrations- und Integrationspolitik. In: https://www.bpb.de/politik/grundfragen/deutsche-verhaeltnisse-eine-sozialkunde/138018/migrations-und-integrationspolitik [Zugriff: 27.03.2019].

Senatsverwaltung für Wirtschaft, Energie und Betriebe (2018). Virtual Reality/Augmented Reality, Bestandsaufnahme und Best Practices. In: https://projektzukunft.berlin.de/fileadmin/user_upload/pdf/studien/VR_Zusammenfassung_final.pdf [Zugriff: 04.02.2021]

Seyda, S.; Placke, B. (2017). IW-Weiterbildungserhebung 2017: Kosten und Nutzen betrieblicher Weiterbildung. In: https://www.iwkoeln.de/studien/iw-trends/beitrag/susanne-seyda-beate-placke-die-neunte-iw-weiterbildungserhebung-369145.html [Zugriff: 04.02.2021].

Seyda, S.; Placke, B. (2020). IW-Weiterbildungserhebung 2020: Weiterbildung auf Wachstumskurs. IW-Trends 4/2020. In: https://www.iwkoeln.de/studien/iw-trends/beitrag/susanne-seyda-beate-placke-weiterbildung-auf-wachstumskurs-493427.html [Zugriff: 04.02.2020].

Shah, D. (2018). By the numbers: MOOCs in 2018. In: https://www.classcentral.com/report/mooc-stats-2018/ [Zugriff: 04.02.2021].

Slupina, M. (2018). Einflussfaktoren des demographischen Wandels. Expertise, Bertelsmann Stiftung.

SPIEGEL ONLINE Schulspiegel (2011). Jeder zweite Schüler schafft die Hochschulreife. In: http://www.spiegel.de/schulspiegel/wissen/0,1518,748622,00.html [Zugriff: 29.03.2019].

Spitzer, M. (2011). Lernen. Heidelberg: Springer.

Stalder, F. (2016). Kultur der Digitalität, Originalausgabe, Edition Suhrkamp Vol. 2679. Berlin: Suhrkamp.

Statista (2018). Die Deutschen wollen nachhaltig leben. In: https://de.statista.com/infografik/14379/yougov-statista-umfragezum-thema-nachhaltigkeit/ [Zugriff: 12.09.2019].

Statistisches Bundesamt (2005). Pressemitteilung Nr. 093, 2005.

Statistisches Bundesamt (2010). Strukturwandel in Deutschland, Personalanstieg im öffentlichen Dienst, Pressemitteilung Nr. 258, 2010.

Statistisches Bundesamt (2014). Bildung und Kultur: Allgemeinbildende Schulen: Fachserie 11, Reihe 1. In: https://www.destatis.de/DE/Publikationen/Thematisch/BildungForschungKultur/Schulen/AllgemeinbildendeSchulen2110100147004.pdf?__blob=publicationFile [Zugriff: 25.09.2019].

Statistisches Bundesamt (2015a). Bevölkerung Deutschlands bis 2060. 13. koordinierte Bevölkerungsvorausberechnung. In: https://www.destatis.de/DE/Themen/Gesellschaft-Umwelt/Bevoelkerung/Bevoelkerungsvorausberechnung/Publikationen/Downloads-Vorausberechnung/bevoelkerung-deutschland-2060-presse-5124204159004.pdf?__blob=publicationFile&v=3 [Zugriff: 26.09.2019].

Statistisches Bundesamt (2015b). Wöchentliche Arbeitszeit. In: https://www.destatis.de/DE/ZahlenFakten/Indikatoren/QualitaetArbeit/Dimension3/3_1_WoechentlicheArbeitszeit.html [Zugriff: 25.10.2015).

Statistisches Bundesamt (2015c). Frauen in Führungspositionen. In: https://www.destatis.de/DE/ZahlenFakten/Indikatoren/QualitaetArbeit/Dimension1/1_4_FrauenFuehrungspositionen.html [Zugriff 25.09.2019].

Statistisches Bundesamt (2017a). Mehr Sterbefälle und weniger Geburten im Jahr. Pressemitteilung Nr. 262 vom 13.07.2018. In: https://www.destatis.de/DE/PresseService/Presse/Presse mitteilungen/2018/07/PD18_262_126.html [Zugriff: 29.03.2019].

Statistisches Bundesamt (2017b). Berufliche Weiterbildung in Unternehmen. Fünfte europäische Erhebung über die berufliche Weiterbildung in Unternehmen (CVTS5). In: https://www.destatis.de/DE/Publikationen/Thematisch/BildungForschungKultur/Weiterbildung/WeiterbildungUnterneh men5215201159004.pdf?__blob=publicationFile [Zugriff: 04.02.2019].

Statistisches Bundesamt (2018a). Anteil der Akademikerinnen bei 30- bis 34-Jährigen doppelt so hoch wie vor einer Generation. In: https://www.destatis.de/DE/PresseService/Presse/Pressemitteilungen/2018/09/PD18_332_217.html [Zugriff: 16.03.2019].

Statistisches Bundesamt (2018b). Europa – Arbeitsmarkt. In: https://www.destatis.de/Europa/DE/Thema/Bevoelkerung-Arbeit-Soziales/Arbeitsmarkt/_inhalt.html [Zugriff: 16.03.2019].

Statistisches Bundesamt (2018c). 69 % der Mütter und 6 % der Väter sind in Teilzeit tätig: Pressemitteilung Nr. 345 vom 14. September 2018. In: https://www.destatis.de/DE/PresseService/Presse/Pressemitteilungen/2018/09/PD18_345_12211.html [Zugriff: 29.03.2019].

Statistisches Bundesamt (2018d). Fast dreimal so viele Integrierte Gesamtschulen wie vor zehn Jahren: Pressemitteilung Nr. 173 vom 16. Mai 2018. In: https://www.destatis.de/DE/PresseService/Presse/Pressemitteilungen/2018/05/PD18_173_211.html [Zugriff: 29.03.2019].

Statistisches Bundesamt (2018e). 7,8 Millionen schwerbehinderte Menschen leben in Deutschland. Pressemitteilung Nr. 228 vom 25. Juni 2018. In: https://www.destatis.de/DE/Presse/Pressemitteilungen/2018/06/PD18_228_227.html [Zugriff: 20.09.2019].

Statistisches Bundesamt (2019a): Statistisches Jahrbuch, Deutschland und Internationales – Kapitel 13 Arbeitsmarkt, S. 355–386. In: https://www.destatis.de/DE/Themen/Querschnitt/Jahrbuch/statistisches-jahrbuch-aktuell.html [Zugriff: 04.02.2021].

Statistisches Bundesamt (2019b). Bevölkerung im Erwerbsalter sinkt bis 2035 voraussichtlich um 4 bis 6 Millionen. In: https://www.destatis.de/DE/Presse/Pressemitteilungen/2019/06/PD19_242_12411.html [Zugriff: 12.09.2019].

Statistisches Bundesamt (2020): Migration und Integration. Pressemitteilung vom 28.07.2020. In: https://destatis.de/DE/Themen/Gesellschaft-Umwelt/Bevoelkerung/Migration-Integration/_inhalt.html [Zugriff: 15.09.2020].

Steinbrück, L. (2018). E-Learning: Das Lernen der Zukunft. URL: https://www.stern.de/digital/computer/e-learning-das-lernen-der-zukunft-3742746.html [Zugriff: 04.02.2021].

Stifterverband für die Deutsche Wissenschaft; McKinsey & Company (2018). Future Skills: Welche Kompetenzen in Deutschland fehlen. In: https://www.future-skills.net/which-skills-are-lacking-in-germany [Zugriff: 12.09.2019].

Stowasser, S. (2018). Arbeitswelten der Zukunft. KI verändert die Welt – auch die Arbeit. In: https://www.wissenschaftsjahr.de/2018/neues-aus-den-arbeitswelten/das-sagt-die-wissenschaft/ki-veraendert-die-welt-auch-die-arbeit/ [Zugriff: 11.09.2019].

Strack, R.; Baier, J.; Marchingo, M.; Sharda, S. (2014). The Global Workforce Crisis. $10 Trillion at Risk., Boston Consulting Group, https://www.bcg.com/publications/2014/people-organization-human-resources-global-workforce-crisis.aspx [Zugriff: 04.02.2021].

Stühmeier, T. (2019). Studie. Deutsche Wirtschaft muss 35 Milliarden Euro mehr in Wissenskapital investieren, Bertelsmann Stiftung. In: https://www.bertelsmann-stiftung.de/de/unsere-projekte/produktivitaet-fuer-inklusives-wachstum/projektnachrichten/deutsche-wirtschaft-muss-35-milliarden-euro-mehr-in-wissenskapital-investieren/ [Zugriff: 12.09.2019].

Torma, J. (2014). Hybrides Lernen – die Zukunft für Rhetorikseminare. In: https://rhetorikseminar.org/hybrides-lernen-die-zukunft-fuer-rhetorikseminare/ [Zugriff: 11.08.2020].

Ulich, E. (2005). Arbeitspsychologie. Stuttgart: Schäffer-Poeschel.

Ullrich, C.; Aust, M.; Kreggenfeld, N.; Kahl, D.; Prinz, C.; Schwantzer, S. (Hrsg.) (2015a). Assistance- and Knowledge-Services for Smart Production. Proceedings of the 15th International Conference on Knowledge Technologies and Data-driven Business. (i-know), ACM.

Ullrich, C.; Aust, M.; Blach, R.; Dietrich, M.; Igel, C.; Kreggenfeld, N.; Kahl, D.; Prinz, C.; Schwantzer, S. (2015b). Assistenz- und Wissensdienste für den Shopfloor. In: Rathmayer, S.; Pongratz, H. (Hrsg.). Proceedings der Pre-Conference Workshops der 13. E-Learning Fachtagung Informatik-DeLFI 2015 (S. 47–55), München.

Ullrich, C.; Hauser-Ditz, A.; Kreggenfeld, N.; Prinz, C.; Igel, C. (2016). Unterstützung von arbeitsplatzintegriertem Lernen in der Produktion durch Assistenz- und Wissensdienste – Industrie 4.0 wird im Projekt APPsist Realität. IM+IO – Das Magazin für Innovation, Organisation und Management, 31(4), S. 76–81.

Van Ackeren, I.; Aufenanger, S.; Eickelmann, B.; Friedrich, S.; Kammerl, R.; Knopf, J.; Mayrberger, K.; Scheika, H.; Scheiter, K.; Schiefner-Rohs, M. (2019). Digitalisierung in der Lehrerbildung. Herausforderungen, Entwicklungsfelder und Förderung von Gesamtkonzepten Aus: Die Deutsche Schule 111. Jahrgang, Heft 1/2019 ISSN 0012-0731. In: https://www.researchgate.net/publication/334069004_Digitalisierung_in_der_Lehrerbildung_Herausforderungen_Entwicklungsfelder_und_Forderung_von_Gesamtkonzepten [Zugriff: 04.02.2021].

Väth, M. (2016). Das Ende der Work-Life-Balance. Handelsblatt. In: https://www.handelsblatt.com/unternehmen/beruf-und-buero/wirtschaft_erlesen/buchauszug-new-work-das-ende-der-work-life-balance/14443096.html?ticket=ST-8035316-X23fvS9SRw6qKJxzKOYd-ap5 [Zugriff: 12.09.2019].

vbw (2019). Arbeitslandschaft 2025, Prognos-Studie im Auftrag der vbw, München.

Vladova, G.; Gronau, N.; Rüdian, S. (2019) Wissenstransfer in Bildung und Weiterbildung: Der Beitrag Künstlicher Intelligenz. In: https://www.researchgate.net/profile/Gergana_Vladova/publication/336263395_Wissenstransfer_in_Bildung_und_Weiterbildung_Der_Beitrag_Kunstlicher_Intelligenz/links/5e9d9443299bf13079aa99a5/Wissenstransfer-in-Bildung-und-Weiterbildung-Der-Beitrag-Kuenstlicher-Intelligenz.pdf [Zugriff: 04.02.2021].

Vodafone Stiftung; FHAM (2016). Gebrauchsanweisung fürs Lebenslange Lernen. In: https://www.vodafone-stiftung.de/wp-content/uploads/2016/10/Vodafone_Stiftung_Gebrauchsanweisung_fuers_lebenslange_Lernen.pdf [Zugriff: 04.02.2021].

Vodafone Stiftung; Fraunhofer ISI (2016). Der digitale Wandel der Arbeitswelt und Herausforderungen für die Bildung. Eine Foresight-Studie des Fraunhofer-Instituts für System- und Innovationsforschung. In: https://www.vodafone-stiftung.de/wp-content/uploads/2019/05/Vodafone_Stiftung_Fraunhofer-Foresight-Studie_01.pdf [Zugriff: 04.02.2021].

Vogel, C. (2017). Durchlässigkeit im Bildungssystem: Möglichkeiten zur Gestaltung individueller Bildungswege. BIBB – Bundesinstitut für Berufsbildung.

Voß, G.G.; Pongratz, H.J. (1998). Der Arbeitskraftunternehmer: Eine neue Grundform der Ware Arbeitskraft? In: Kölner Zeitschrift für Soziologie und Sozialpsychologie, Vol. 50(1), S. 131–158.

Wache, M. (2003). E-Learning – Bildung im digitalen Zeitalter. In: http://www.campussource.de/opensource/docs/E-Learning_Bildung_digitales_Zeitalter.pdf [Zugriff: 04.02.2021].

Walwei, U. (2017). Agenda 2010 und Arbeitsmarkt: Eine Bilanz. In: https://www.bpb.de/apuz/250663/agenda-2010-und-arbeitsmarkt-eine-bilanz?p=all [Zugriff: 27.03.2019].

Warning, A.; Weber, E. (2017). Wirtschaft 4.0: Digitalisierung verändert die betriebliche Personalpolitik. IAB-Kurzbericht 12/2017.

WEF – World Economic Forum (2015). New Vision for Education Unlocking the Potential of Technology. In: https://www.academia.edu/33277014/New_Vision_for_Education_Unlocking_the_Potential_of_Technology_Industry_Agenda_Prepared_in_collaboration_with_The_Boston_Consulting_Group [Zugriff: 04.02.2021].

WEF – World Economic Forum (2017). Global Shapers Survey 2017. In: http://www.shaperssurvey2017.org/static/data/WEF_GSC_Annual_Survey_2017.pdf [Zugriff: 12.09.2019].

WEF – World Economic Forum (2018). Future of Jobs Report 2018. In: http://www3.weforum.org/docs/WEF_Future_of_Jobs_2018.pdf [Zugriff: 12.09.2019].

WEF – World Economic Forum (2020). Schools of the Future: Defining New Models of Education for the Fourth Industrial Revolution. In: http://www3.weforum.org/docs/WEF_Schools_of_the_Future_Report_2019.pdf [Zugriff: 04.02.2021).

Weibler, J. (2016). Personalführung. 3. Aufl. München: Vahlen.

Weinert, P.; Baukens, M.; Bollérot, P.; Pineschi-Gapenne, M.; Walwei, U. (Hrsg.) (2001). Beschäftigungsfähigkeit: Von der Theorie zur Praxis (Soziale Sicherheit; Bd. 4). Bern: Peter Lang.

Wenning, N. (2007): Heterogenität als Dilemma für Bildungseinrichtungen. In: S. Boller, E. Rosowski; T. Stroot (Hrsg.): Heterogenität in Schule und Unterricht. Handlungsansätze zum pädagogischen Umgang mit Vielfalt (S. 21–31). Weinheim, Basel: Beltz.

Wilkens, U.; Lins, D.; Prinz, C.; Kuhlenkötter, B. (2019). Lernen und Kompetenzentwicklung in Arbeitssystemen mit künstlicher Intelligen. In: Spath, D.; Spanner-Ulmer, B. (Hrsg.): Digitale Transformation – Gutes Arbeiten und Qualifizierung aktiv gestalten, S. 71–88. In: https://library.gito.de/open-access-pdf/Tagungsband_WGAB-2019_e-book.pdf#page=30 [Zugriff: 04.02.2021].

Wollseifer, H. P. (2019). »Es gibt keine Aufweichung des Meisters«. Interview. In: https://www.zdh.de/presse/interviews/es-gibt-keine-aufweichung-des-meisters/?L=0 [Zugriff: 17.09.2019].

Wolter, A. (2013). Gleichrangigkeit beruflicher Bildung beim Hochschulzugang? Neue Wege der Durchlässigkeit zwischen beruflicher Bildung und Hochschule. In: https://www.agbfn.de/dokumente/pdf/a12_voevz_agbfn_13_10.pdf [Zugriff: 29.03.2019].

Wolter, A.; Banscherus, U.; Kamm, C.; Otto, A.; Spexard, A. (2014). Durchlässigkeit zwischen beruflicher und akademischer Bildung als mehrstufiges Konzept: Bilanz und Perspektiven. In: Beiträge zur Hochschulforschung, 36. Jahrgang, 4/2014.

Wolter, M.I.; Mönnig, A.; Hummel, M.; Schneemann, C.; Weber, E.; Zika, G.; Helmrich, R.; Maier, T.; Neuber-Pohl, C. (2015). Industrie 4.0 und die Folgen für Arbeitsmarkt und Wirtschaft: Szenario-Rechnungen im Rahmen der BIBB-IAB-Qualifikations- und Berufsfeldprojektionen, IAB-Forschungsbericht, No. 8/2015, Institut für Arbeitsmarkt- und Berufsforschung (IAB), Nürnberg.

Wolter, M.I.; Mönnig, A.; Hummel, M.; Weber, E.; Zika, G.; Helmrich, R.; Maier, T.; Neuber-Pohl, C. (2016). Wirtschaft 4.0 und die Folgen für Arbeitsmarkt und Ökonomie. IAB-Forschungsbericht 13/2016.

WSI – Wirtschafts- und Sozialwissenschaftliches Institut in der Hans-Böckler-Stiftung (2013). Teilzeitquoten von Frauen und Männern: Deutliche Unterschiede zwischen den Altersgruppen. In: www.boeckler.de/5984.htm [Zugriff: 26.10.2015].

WSI – Wirtschafts- und Sozialwissenschaftliches Institut in der Hans-Böckler-Stiftung (2015). Gender News: Große Unterschiede in den Arbeitszeiten von Frauen und Männern. WSI Report 22, März 2015, Düsseldorf.

WSI – Wirtschafts- und sozialwissenschaftliches Institut in der Hans-Böckler-Stiftung (2017). Höchster Schulabschluss der 20–29 jährigen Frauen und Männer von 1991–2015. In: https://www.boeckler.de/52377.htm [Zugriff: 16.03.2019].

XING 2018 New Work Trendbook (2018). Die 15 wichtigsten Trends zur Arbeitswelt der Zukunft. In: https://blog.xing.com/wp-content/uploads/2018/11/XING-New-Work-Trendbook.pdf [Zugriff: 12.09.2019].

Z_Punkt (2019). Megatrends Update. Understanding the dynamics of global change. In: http://www.z-punkt.de/uploads/default/WEB1_ZP_Megatrends_A5.pdf [Zugriff: 12.09.2019].

Zehnder, E. (2019). Power moves: redifining leadership by gender, generations, and geographies. In: https://www.egonzehnder.com/what-we-do/diversity-equity-inclusion/insights/power-moves-redefining-leadership-by-gender-generations-and-geographies [Zugriff: 04.02.2021].

Zinn, J. O. (2006). Der Individualisierungsdiskurs in Deutschland: konzeptionelle Divergenzen und empirische Perspektiven. In: Rehberg, K.-S. (Hrsg.): Deutsche Gesellschaft für Soziologie (DGS) (Hrsg.): Soziale Ungleichheit, kulturelle Unterschiede: Verhandlungen des 32. Kongresses der Deutschen Gesellschaft für Soziologie in München, Teilbd. 1 und 2. Frankfurt am Main: Campus.

Zuboff, S. (2014). Der menschliche Faktor, Feuilleton, 17. Juli 2014, Frankfurter Allgemeine Zeitung.

Zukunftsinstitut (2017). Lebensstile. Kunden verstehen. Märkte erobern! In: https://www.zukunftsinstitut.de/documents/downloads/Lebensstile-Poster-20171109.pdf [Zugriff: 12.09.2019].

Zukunftsinstitut (2019). Die Pioniere der neuen Arbeitswelt. In: https://www.zukunftsinstitut.de/artikel/lebensstile/die-pioniere-der-neuen-arbeitswelt/ [Zugriff: 09.12.2020].

Sachwortverzeichnis

Über die Buchautorinnen

Prof. Dr. Jutta Rump

Dr. Jutta Rump ist Professorin für Allgemeine Betriebswirtschaftslehre, insbesondere Internationales Personalmanagement und Organisationsentwicklung an der Hochschule Ludwigshafen. Sie hat zudem zahlreiche Mandate auf regionaler und nationaler Ebene inne und ist in Unternehmen als Projekt- und Prozessbegleiterin tätig. Darüber hinaus leitet sie das Institut für Beschäftigung und Employability IBE, das den Schwerpunkt seiner Forschungsarbeit auf personalwirtschaftliche, arbeitsmarktpolitische und beschäftigungsrelevante Fragestellungen legt.

Silke Eilers

Silke Eilers war während ihres berufsintegrierenden Studiums der Betriebswirtschaftslehre an der Hochschule für Wirtschaft und Gesellschaft Ludwigshafen im Vertrieb und im Personalmanagement der Koenig & Bauer AG in Frankenthal tätig. Seit dem Jahr 2003 ist sie wissenschaftliche Projektleiterin am Institut für Beschäftigung und Employability IBE. Ihre Arbeitsschwerpunkte liegen in den Themenbereichen Trends der Arbeitswelt, Employability, Zeitpolitik sowie Lebensphasenorientierte Personalpolitik.

Über die Gastautor*innen

Nadine-Aimée Bauer

Nadine-Aimée Bauer ist Leiterin Personalentwicklung der VPV Versicherungen. Sie hat Diplom Sozialwissenschaften an der Universität Mannheim studiert und war im Anschluss als Projektmitarbeiterin in Forschungs- und Kundenprojekten zu den Themen Leadership und Diversity Management tätig. Bevor sie zur VPV Lebensversicherungs-AG wechselte, war sie mehrere Jahre als Leiterin der Personalentwicklung bei der Universität Stuttgart tätig. Sie ist darüber hinaus ausgebildeter Coach und zertifizierte Online-Trainerin.

Dr. Bernd Blessin

Dr. Bernd Blessin ist Leiter Personal und Organisation sowie Recht und Compliance (CCO) der VPV Versicherungen. Zuvor war er in Personalleitungsfunktionen für die Coca-Cola Erfrischungsgetränke AG und den Gerling-Konzern tätig. Er ist darüber hinaus im Aufsichtsrat der »Vereinigte Post. Die Makler-AG« sowie im Präsidium des Bundesverbandes der Personalmanager e. V. (BPM) und Mitautor von »Führen und führen lassen«.

Dr. Steffi Burkhart

Seit sechs Jahren forscht und spricht sie aus der Perspektive ihrer Generation, der Generation Y (*1980–1995) über die Zukunft der Arbeit und Arbeit der Zukunft. Dr. Steffi Burkhart ist mittlerweile Deutschlands bekannteste Expertin und Top Keynote Speakerin zu diesen Themen. Sie ist unter anderem Mitglied im Advisory Board des European Workforce Instituts der Kronos Inc. und Kuratoriumsmitglied der Stiftung flexible Arbeitswelt. In 2019 hat sie sich dazu entschieden, ein Human and Technology Centered Ecosystem im Herzen von Köln aufzubauen, weil es ihr eine Herzensangelegenheit ist, Arbeit für Millennials und Workforce sprunghaft weiterzuentwickeln, um Deutschland fit für den globalen »War for Talents« zu machen und den Wandel in das digitale Zeitalter als Land exzellent zu meistern.
http://www.steffiburkhart.de

Heidi Hahn

Heidi Hahn ist Expertin Personalentwicklung der VPV Versicherungen und zertifizierte Online Trainerin. Zuvor war sie als Managementberaterin und -trainerin sowie als Personal Key Accounterin bei der Landesbank Baden-Württemberg tätig. Sie ist darüber hinaus als Trainerin bei der VWA Stuttgart im Kontaktstudiengang Leadership Professional im Einsatz.

Prof. Dr. Walter Jochmann

Walter Jochmann studierte in Bochum Psychologie und promovierte über die berufliche Wechselmotivation von Führungskräften. Der Kienbaum Gruppe gehört er seit 1983 an. Er war zunächst Assistent von Jochen Kienbaum. Danach war er Berater im Recruitment und in der Personalentwicklung. Diesen Bereich baute er sehr erfolgreich zu einem eigenständigen Geschäftsfeld auf. Als Managing Director und Partner im Bereich HR Transformation berät Walter Jochmann heute Großunternehmen bei der strategischen Neuausrichtung von Personalbereichen, im Change-Management und in der Beurteilung von Top-Führungskräften. Er hat zahlreiche Publikationen zu Themen aus Personalmanagement und Change-Management veröffentlicht. 2014 übernahm er zusätzlich als Head of Innovation die Leitungsfunktion des Kienbaum Instituts @ ISM für Leadership und Transformation.

Kerstin Kägler

Kerstin Kägler hat Wirtschaftsingenieurwesen in Pforzheim und Wirtschaftspsychologie in Hamburg studiert. Nach elf Jahren verschiedener Aufgaben, Team- und Gruppenleitungen der Produktion bei TRUMPF Werkzeugmaschinen GmbH & Co.KG in Ditzingen hat sie Ende 2018 die Leitung des Bereichs Corporate HR Development übernommen. Heute ist sie als Head of Corporate HR Learning & Development bei der TRUMPF GmbH & Co. KG im Tandem mit Birgit Labling tätig.

Anna Kaiser

Anna Kaiser ist Gründerin und Geschäftsführerin von Tandemploy, einem HR-Tech-Startup, das seit 2014 die Arbeitswelt auf den Kopf stellt. Tandemploy entwickelt digitale Talent-Marktplätze für Unternehmen. Auf diesen können sich Mitarbeitende für neue Arbeitsformen und -modelle vernetzen. So brechen Organisationen gezielt Silostrukturen auf, werden beweglicher und menschenfreundlicher und treiben ihre digitale Transformation voran. Zu den Nutzern und Fans der Software gehören neben Großkonzernen, wie der Lufthansa, SAP, EY und Evonik, auch mittelständische Unternehmen. Für ihren Pioniergeist und ihren pragmatischen Ansatz, die Arbeitswelt neu zu gestalten, wurden Anna und ihr Team bisher 29-fach ausgezeichnet. Sie ist eine der 40 führenden HR-Köpfe, LinkedIn Top Voice, gehört zu den ›25 Frauen‹, die unsere Wirtschaft revolutionieren, war unter den IT-Women of the year 2018 u.v.m. Ihr Anliegen einer vernetzten, innovativen und zukunftsgewandten Arbeitswelt diskutiert sie auch auf höchster politischer und gewerkschaftlicher Ebene, ist im Beirat »Junge Digitale Wirtschaft« des Bundeswirtschaftsministeriums, im »Ethikbeirat HR-Tech« und ist Vizepräsidentin beim Bundesverband Digitale Wirtschaft.

Birgit Labling

Birgit Labling studierte Internationale Betriebswirtschaftslehre und absolvierte ein Masterprogramm in HR-Management. Sie war in verschiedenen Branchen (Pharma, Luftfahrt, Banken/Versicherung) tätig und seit 2012 bei der TRUMPF GmbH & Co. KG für diverse Themen rund um die Personalentwicklung verantwortlich. Aktuell ist sie insbesondere für das Thema Learning zuständig und als Head of Corporate HR Learning und Development im Tandem mit Kerstin Kägler tätig.

Oliver Maassen

1964 in Hamburg geboren. Ausbildung zum Bankkaufmann in Düsseldorf, Studium der Betriebswirtschaftslehre in Bochum. Von 1991 bis 1994 Referent im Bereich Personalentwicklung bei der ehemaligen Vereinsbank in München. Bis 1998 Leiter der Einheit Personalmarketing. 1998 bis 2003 Leiter Konzernpersonalmarketing und Nachwuchsentwicklung bei der HypoVereinsbank. Ab 2003 Leiter des von ihm ins Leben gerufenen Talent Centers der HVB Group. 2006 bis 2008 als Head of HR Integration verantwortlich für die Harmonisierung der weltweiten HR-Prozesse der UniCredit Group in Mailand (Italien). Von 2009 bis zu seinem Ausstieg im Jahr 2012 Bereichsvorstand und Personalchef der HypoVereinsbank in München. Nach einem Sabbatical 2013 Geschäftsführer bei der PAWLIK Consultants GmbH in Hamburg. Von April 2017 bis September 2020 Leiter Human Resources der TRUMPF Gruppe in Ditzingen, seit Oktober 2020 Arbeitsdirektor und Gruppengeschäftsführer Personal.

NOTIZEN

NOTIZEN

NOTIZEN

NOTIZEN